おいしいはおもしろい

ニッポンの食をささえる素敵な会社

どんな時も
どんな料理も
ほら いつものわたしが
できあが

はじめに

本書『おいしいはおもしろい ～ニッポンの食をささえる素敵な会社～』は、食品産業新聞社大阪支局が2018年10月に開設60周年の節目を迎え、特別事業として企画・製作しました。

食品産業新聞社は1951年に設立し、『食品産業新聞』と日報（米麦・大豆油糧・酒類飲料・畜産・冷食）、月刊誌（麺業界・米と流通・メニューアイディア））等の各種出版物を手掛ける専門紙です。内勤者を除いて、若手から社長までみんな記者と、現場がすべての会社です。

本書に登場する企業は、誰もが知る超有名企業にとどまらず、業界では有名だけれど一般には知られていないプロ向けの企業、「この会社がこんなことも?」と意外な顔を持つ企業など、さまざまです。食品分野の記者にならなければ出会えなかったような企業も多く登場します。

本書では、記者が出会ったそんな企業の歴史と強みを、ギュッとコンパクトにまとめて紹介します。

本書が、おいしい食を支えるおもしろい世界への理解を深め、また興味をもつきっかけになればこれほど幸せなことはありません。

2019年5月31日

食品産業新聞社「おいしいはおもしろい」編集部

おいしいはおもしろい

ニッポンの食をささえる素敵な会社

目次

巻頭対談

関西きっての食通と、大阪を見守る小説家が語る

大阪の“おもろい”食文化

"OMOROI" FOOD CULTURE IN OSAKA

あまから手帖編集顧問
門上武司 氏
1952年大阪生まれ。フードコラムニスト。株式会社ジオード代表取締役。関西の食雑誌『あまから手帖』の編集顧問を務めるかたわら、執筆、編集業務を中心に、プロデューサーとして活動。「関西の食ならこの男に聞け」と評判高く、テレビ、雑誌等のメディアにて発言も多い。著書に、『門上武司の僕を呼ぶ料理店』(クリエテ関西)、『スローフードな宿』(木楽舎)、など。

作家
柴崎友香 氏
1973年大阪生まれ。2000年の初の単行本『きょうのできごと』が2004年に映画化。2007年『その街の今は』で芸術選奨文部科学大臣新人賞、織田作之助賞大賞、咲くやこの花賞、10年『寝ても覚めても』で野間文芸新人賞（18年に映画化)、14年『春の庭』で芥川賞を受賞。著書に『ドリーマーズ』、『わたしがいなかった街で』、『パノララ』、『かわうそ堀怪談見習い』、『千の扉』、『よう知らんけど日記』など。東京在住。

大阪グルメといえば、たこ焼き、お好み焼き、串カツ、きつねうどん……いわゆる“コナモン”のイメージが強烈だ。しかしながら、総務省の家計調査によると、大阪府の小麦粉消費量は毎年、下から数えたほうが早いくらい。「一家に一台たこ焼き器がある」といわれている大阪なのにナゼ？食という切り口から大阪の真の姿に迫るのは、関西きっての食通と、心に大阪スピリットをしのばせる東京在住の作家。

1985年の創刊以来、関西の食を真摯な視点で紹介してきた月刊誌『あまから手帖』は“関西グルメの精神的支柱”ともいうべき存在。門上武司氏は長年同誌の編集主幹を務め、現在は編集顧問、また㈱ジオード代表として、さまざまな食の楽しみと驚きを発信している。

大阪出身で現在は東京在住の小説家、柴崎友香氏は、近年著作が世界各国で翻訳されており、海外へ赴く機会が増えたという。旅先で出会う食べ物の記録はぬかりなく、3か月のアメリカ滞在をつづった連作小説[*1]でも食に対する鋭い観察眼が光る。

大阪を知り尽くし、世界を食べ歩くふたりが語る、“大阪の食”とは？

*1　柴崎友香「公園へ行かないか？　火曜日に」新潮社

東と西では いろいろ違う

門上　柴崎さんは東京へうつられて何年になりますか？

柴崎　13～4年になるでしょうか。

門上　何か食で困られたことはありますか？

柴崎　300円くらいの持ち帰りのお好み焼き屋さんとか、うどん屋がなくて困りました。そば屋は多いですが。「みんな小腹すいたとき何食べてんの？土曜日のお昼は？」と不思議でした。味については、昔ほど東西の差はなくなってきたのかなと思います。

門上　鯖寿司とかないですよね。関西なら割烹でもうどん屋や定食屋でも、どこでも鯖寿司が食べられます。

柴崎　押し寿司自体がほとんどありませんね。にぎり寿司ばかり。でも、たまたま東京で一番最初に住んだところは、近所に「大阪押し寿司」の持ち帰りの店がありました。

あとは、“しろ菜”がないんですね。しろ菜と揚げを炊いたのを食べたいのですが、小松菜しかありません。小松菜は東京原産らしく、すごい勢力です。水菜はサラダにも使われたりするようで、最近たくさん売っています。

お菓子も売っているものが違いますね。関西では当然のお菓子がなくて、地域性に気づきます。学生のときも、関東出身のともだちが「満月ポン[*2]」を知らないというから「そんなわけないやろ～」と言いつつ、製造元をみてみたら「住之江区」で、めっちゃローカルでした。似てるけどちょっと違う、ということもあります。例えば縁日に行ったとき、ミルクせんべいにソースを付けるのには驚きました。

きりたんぽがスーパーで売っていたり、東京のスーパーには東日本の食文化が集結しています。インスタントラーメンの売り場も全然違います。大阪はエースコックと日清食品が強い。東京は「サッポロ一番」がメインで据えてあります。

門上　1月に姫路で「ニッポン全国鍋グランプリ」という、ご当地鍋の日本一を決定するイベントが開催されていました。これまで14回の開催の内、肉を使った鍋の優勝回数が13回だそうです。それも牛肉が多い。日本人は牛肉が好きだと実感しました。関東は豚肉文化でしょう？

柴崎　それは今もよく感じています。関西で“肉”といえば牛肉のこと、豚肉のことは豚と言うし、鶏肉はかしわと言います。「肉○○」というメニューを注文して豚肉が出てきたらアレ？と思います。肉じゃがも、肉豆腐も。それにもだいぶ慣れたのですが、山形県のそば屋で「肉そば」を頼んだら鶏肉が入っていて、何が起きたのかよくわからなかった（笑）。おいしかったけど。あとはスーパーで牛スジが売っていないとか。

食べ物も建物も 独自路線の大阪

門上　柴崎さんのご両親は大阪のご出身ですか？

柴崎　うちは母が広島、父が香川で、家の味は大阪じゃないんです。お好み焼きは広島式で、雑煮は白味噌ベースという中途半端な関西風。鶏肉とか大根が入っていたような……門上さんは？

門上　父が北海道、母が大阪、雑煮はすましでした。京都に行って白味噌の雑煮を知り、衝撃を受けました。

柴崎　お正月には丸い餅を食べたいのですが、東京は丸いおもちも探さないとないです。おせち料理は、東京に来てからはイタリアンレストランのおせ

ちを頼んでいます。

門上　大晦日に友だちの家に集まって、それぞれが持ち寄ったおせち料理を食べる会というのをやっています。和食、中華、フレンチ……といろいろあります。ここ数年の習慣です。

柴崎　中身が変わってもおせち料理は食べるものですね。

門上　正月におせち料理を食べる、その習慣こそが和食の食文化です。それが無形文化遺産となったのです。こんな日本独特の文化を保護して継承していかないと。

柴崎　習慣とか食べ方とか。いわゆる恵方巻なんかは中身いろいろで、もう“巻いてあったらいい”という感じで、ロールケーキとかありますよね。今年はプルコギ巻を食べました。恵方巻には食品ロスの問題もありますね。バレンタインのチョコレートと違って、巻き寿司は日持ちしませんし、作りすぎは問題ですね。

門上　関西はまだ、流行を意識しますが、“作りたいものを作る人”が残っています。

柴崎　東京はブームがはげしいですね。

門上　ラーメン店の店主によると、東京はつけ麺が流行るとつけ麺だらけになると。大阪へ来たらみんな自分の好きなラーメンをやってる！　と驚いていました。食べる側にとってはおもしろいこと。

柴崎　大阪は独自路線ですよね。それでも、最近は関西も並ぶようになったなと思います。私は行列が全然だめ

*2　松岡製菓（大阪市住之江区）製造、甘辛しょうゆ味の丸いせんべい

で、ちょっと待っている人がいたらすぐに“もうええわ”で、並ばないんですけど。東京は行列が多いです。
門上　全国に「小京都」と呼ばれるところが数多くあります。ここ数年で、一時期の2割ほど減って、その土地独自のカラーが出てきているようですが。一方、「小大阪」「小道頓堀」なんていうものはありませんね。誰も真似してくれない……。大阪はほんとに独自路線なのかもしれません。
柴崎　以前、大阪の建築のガイド本[*3]をつくったことがあります。専門家の解説を聞きながら街を歩いたのですが、アカデミズムの建築界にいた人が、東京にいるときには“これが良いとされている”というものを意識せざるを得なかったのに、大阪に来たら好みが爆発してすごい個性が出ることがある、ということがわかりました。同じ人でも東京と大阪では作ったものが全然ちがう。大阪で花開いたひとも多いようです。東京ではメインストリームに寄っていないと、というプレッシャーがあって、大阪に来て自分の路線を発見するという……。
門上　いま、大阪ではスパイスカレーが流行っていますが……。
柴崎　独自進化ですね。
門上　インデアンカレー[*4]に始まり、大阪の人はカレーが好きだなと思いますね。
柴崎　ほんとに好きですねえ。
門上　大阪は一瞬のブームがあってもなじまない。例えばうどん。麺の讃岐、だしの大阪と言われていましたが、いっとき讃岐うどんがブームになりました。でも、そこで一度踏みとどまって、今では新しい大阪のうどんができています。寿司にも江戸前ブームがありましたが、大阪では“ちょっとちゃうな”と思ったのか、寿司飯が以前ほど甘くなく、といって江戸前のように酢が強くない新しい寿司ができました。ブームが踏みとどまって大阪の味になってしまうのではないでしょうか。そもそも、カレー粉は道修町あたりの薬問屋でできたそうです。移転しましたが、それがいまのハチ食品です。
柴崎　薬膳的な。カレーにはウコンも入ってますものね。

門上　その後はレトルトカレーがうまれ、阪急百貨店の大食堂では、リーズナブルなカレーが出されて、カレーは大衆食になっていきました。そう思うと、大阪人のカレー好きは納得です。
柴崎　ラーメンもそうですけど、カレーはカレーという名前でいろんなことができますね。そういえば、カレーうどんも東京では違いました。カレーの残りでカレーうどんしないみたいです。大阪の家庭ではゆでうどんに残ったカレーをそのままかけるのに。

とにかく「食べてしゃべりたい」！

門上　基本的に大阪のひとは“みんなで一緒にうまいもん食おう”という意識が強い。
柴崎　まさにそれ！　そう思います。食べてしゃべりたい。味を追求することより、おいしいものをみんなで食べてしゃべりたいという気持ち。
門上　すぐにコミュニティができてしまいます。集まって、“一緒にええ思いしたい”という感じです。
柴崎　コミュニケーションのひとつですね。離れてみてわかったのですが、大阪の人は常にしゃべっていたいようです。食べることもその一部で、人としゃべることと食べることが結びついています。
門上　カウンター割烹がまさにそう。あのやり取りは独特です。
柴崎　お店の人ともしゃべるし、となりのお客ともしゃべる。
門上　横の人も巻き込んでね。この文化は大阪で強く感じます。京都でもあるのですが、やはり大阪。
柴崎　しゃべること自体が目的なのでは。情報を伝えるため、とかじゃなくて。タクシーに乗っても大阪の運転手さんはすごくしゃべる。東京の運転手さんは年々しゃべらなくなっています。しゃべりかけられたくないお客さんが多いからかもしれないけど。東京のタクシーはシーンとして静か。大阪のタクシーはまずAMラジオがついていて、運転手さんがしゃべり始めるとご本人の個人情報がダダ漏れに……。
門上　運転手の個人情報が（笑）。いつも同じ運転手さんにお世話になっていたときは、最終的に人生相談にのっていました。
柴崎　スーパーで買い物をしていても、“これどうやって食べるんやろ？”と聞かれたりします。東京でもおばちゃ

＊3　倉方俊輔・柴崎友香『大阪建築　みる・あるく・かたる』京阪神エルマガジン
＊4　1947年大阪にオープン。独特の辛さは「口の中が火事」と表現

んは話しかけてきますが。

門上　おすそ分け文化はまだありますね。たくさん作ったから、という。

柴崎　東京は知らない人率が高い。人の入れ替わりが激しくて近所付き合いが難しいです。転勤者も多い。そうしていろんなところの文化を取りこんでいるのかもしれません。

門上　そんな中では、自分の料理を作りたい、という部分はより強くなるかもしれません。単に混ぜるのではなく。

柴崎　ニューヨークやロンドンで連れて行ってもらった店は、メキシコ料理、インド料理、中華料理……新しくやってきた人たちの料理です。

世界中がグルメになっています（門上）

門上　和食を海外に出してほしいというリクエストが多く、ある種のブームだと感じています。フェアが開催されたり。ここ数年変わってきたなと思うことがあります。海外で店を出したい、独立したいというような人が、チームを組んでフェアで各地を転々としながら出店したいというのです。

柴崎　店という形式にとらわれない……。

門上　料理人、ソムリエ、インテリアデザイナー、フラワーコーディネーターといった人たちがチームを組み、どこかのホテルで一か月間のフェアを開催する。場所にはこだわらないけど、その分、語学は必要なので、イギリスに留学して勉強していたりする。こういった形態はこの後も増えていくのではないでしょうか。変わったなと思います。

柴崎　現地の文化と混ざってできている食文化があります。アメリカにはラーメン屋がたくさんありました。ロサンゼルスのホテルの向かいにあったのは、京都市左京区に本店がある「天天有」。すごくおしゃれで、“ラーメンバー”となっていました。メインのラーメンは同じですが、ベジタリアン用のメニューもあり、どんぶりもおしゃれでした。カリフォルニアロールは有名ですが、マグロとチリソースのドラゴンロールというのもあって、おいしかった。日本でも売ってほしい。現地の文化と混ざってどんどんおいしいものができています。また、ドイツでシュニッツェルを食べて、豚カツは最初、こういうのを作ろうとしていたのかな、と思いました。最近は豚カツも外国人に人気だし……。ふわふわの生パン粉は日本独特のものらしいのですが、最近は外国でも売られているようです。昨年9月に訪れた中国にもおいしいものがたくさんありました。お店もおしゃれで、日本のバブル期のような、ものすごい大バコレストランもありました。メニューも図鑑みたいに分厚い！

門上　世界中がグルメになっていますね。“The World's 50 Best Restaurants”というアワードがありまして、この影響力がすごい。このランキングでものすごく人が動くのです。

柴崎　人の移動もあるのですね。シドニーオリンピックの開催でオーストラリアに料理人がたくさんやってきたため、料理のレベルが格段に上がったという話を聞いたことがあります。

門上　2025年の大阪万博開催に向け、食に対する取り組みが始まりました。大きな動きになると思います。大衆食はもちろん、いろいろな階層の店を取り上げていくつもりです。

柴崎　割烹文化もあるのに、コナモンに目がいきがちです。

門上　料亭などの建物自体がなくなったりすることがあり、さみしいことです。

柴崎　京都はちゃんと残していますね。文化として守っていかないと。いろいろなものがあって重層性が生まれ、そこからさらに新しいものが生まれます。お好み焼き、たこ焼きは好きですし、大阪の文化の一つだとは思うのですが、それだけでは発展がなく、止まってしまう。大阪人はサービス精神があるから、コナモンが求められていると思ったら応えてしまう（笑）。“家にタコ焼き器あるで”みたいな。もう少しかっこつけてもいいのに。

海外に直接つながる、おもしろくなって良いのでは？（柴崎）

門上　お客さんが県外から来る、人が動いていく時代、情報の伝達をうまくすることが肝心ではないでしょうか。

柴崎　私が海外へ行くのはすべて仕事で、仕事でもなければなかなか出かけない（笑）。地方におもしろい取り組みをしているところも多くあって、例えば八戸ブックセンターなんかは、市がやっている公営の本屋さんです。カフェのカウンターもあって、そこで出しているのは地元食材を使ったメニューです。地ビールも出しています。いろんなものをつなぐ拠点になっています。北海道の東川町は「写真の町」として、長年「国際写真フェスティバル」という賞や、学生を対象とした「写真甲子園」などを開催しています。授賞式では地元の人たちが地元の食材で作った料理を持ち寄ってのレセプションがあったり、おもしろいです。審査員をしているのですが、とてもいいイベントです。町には移住者が増えて、取り組みが成功しています。以前は東京のメディアを通して発信していたことも、今は自分たちで直接発信することができます。

門上　価値観が多様化して大ブームが起きなくなっています。大きく作って大量に売るよりも、ブランドをたくさんに分けて細かく売るほうが、効率が良いようです。それぞれの特徴を活かしたものを消費者がうまくチョイスする、ということです。東京の一極集中は確かにありますが、それぞれの山をつくったらやっていけるのではないでしょうか。日本中にそれを広げていければ。

柴崎　これまでは、一回東京で売れる、そこから全国へ……という図式がありましたが、今は東京を経由せず、海外に直接つながったりします。おもしろくなって良いのでは？

門上　最近は地方にすごい店があります。例えば、石川県小松市にある店は、海外で料理を学んだ人が和食を出している。料理そのものや、見せ方、シェフの来歴など、新しい世代を感じる店で、お客さんはほとんど他府県から、その店をめがけてやってきています。静岡には天ぷらの概念を変えるような店があります。天ぷらは衣をつけて揚げるだけじゃない、「蒸す」もあるし「焼く」もあり、余熱調理もするのです。揚げたてを食べるだけではないのです。料理人の間でも話題になっていて、みなこぞって出かけています。そこに影響を受けた京都の洋食店が、肉に天ぷらの衣をつけて揚げ、食べるときに衣をはずす。天ぷらを調理法としてとらえているのです。

柴崎　ネットで店を見つけたりする時代、遠く離れていてもお店を探して行くことができますよね。昔はいい場所にないと、見つけてもらえませんでしたが。ちょっと離れたところにあるほうが、自分の好きなようにお店を作れるのかもしれません。

門上　ミシュランガイドはタイヤメーカーのグルメガイド。車で移動する、というキーワードがあるので、地域ごとにわけてあります。対して“The World's 50 Best Restaurants”では移動手段が飛行機。ある意味ミシュランは20世紀型といえるかもしれません。一気に食がグローバル化されました。“The World's 50 Best Restaurants”アジア版には日本の店もランキングされています。例えば鮎の塩焼きは外国人にとってほんとうにおいしいのか？和食がわかっていないと難しいかもしれません。そういうことをふまえて、世界をターゲットに料理をつくる、という明確な目的を感じる店もあります。たとえば京都のイタリアンレストランのシェフは「もし、イタリアに京都という州があればどうだろう？」という発想で京都の食材を使い、料理をしているそうです。それが“京都イタリアン”というジャンルをつくりました。それはおおいに“アリ”です。

柴崎　うまみ、という言葉は外国でも使われていますね。ベルリンの移民街で人気の和食屋さんを見かけました。ビミョーな和風インテリアで、おもてに提灯がたくさんぶら下がっていましたが、それには漢字で「旨味」と書いてありました。あとは「UMAMI BURGER[*5]」というのも……。

門上　フランスは長らく「四味」と言われていて、21世紀になって、うま味が認められて「五味」になりました。

柴崎　醤油もどこでも売っているし、日本の味に世界の人がなじんできたのかもしれませんね。

ほんとはシャイな大阪人

門上　食べ物に関わるいろいろな人が出会って、意見交換するネットワークが関西にあります[*6]。新しい出会いから、これまで思いつかなかったような発想が生まれたり。大阪では違うジャンルのシェフたちが集まって食材を見に行ったり、そんな文化があります。そしてやっぱりしゃべりたい（笑）。東京からもイベントに来てくれます。得るものは大きいのではないかと思います。

柴崎　大阪にはおもしろい人がいっぱいいますよね。やりたいことを自由にできる環境があればいいのに。全国チェーンや大手が儲けるための規制緩和ではなく、若い人や小さいビジネスが参加しやすい、そんな仕組みができればいいのにと思います。

門上　10年くらい、大阪の食はコナモンちゃうで、とみんなで言い続けていますが、なかなか伝わらない。どこかで一点突破しなければ、と思います。

柴崎　大阪の人はシャイなところがあって、アピールしきれていません。どこか斜に構えてしまう。シャイだからこそ冗談を言ってその場を収めようとするようなところがあります。意外に思われるでしょうが、シャイゆえに緊張していて、ときどき空回ってしまう。私の本を翻訳してくれたスイスの人は、東京と大阪のどちらにも住んだ経験があるそうなのですが、「違う国に来たのかと思った」と言っていました。コミュニケーションの仕方が全然違う。逆に、関東方面から大阪に来て「ダジャレに反応してくれる」と喜んでいる人もいました。

門上　人の身になっているのだと思います。

柴崎　大阪の人にとって、食べることとしゃべることはセット。たとえハズレの店に行ってしまっても、そのことをしゃべって楽しかったらそれでいいという感じ。いくらおいしくてもしゃべる相手がいないと。しゃべることも食べること、どちらも楽しむことが“大阪らしさ”なのかもしれません。

*5　2009年ロサンゼルスで誕生したハンバーガー店、17年に日本進出。
*6　関西食文化研究会、関西の食に関わる人が世代やジャンルを越えて交流する会。勉強会などさまざまなイベントを開催。

おいしいはおもしろい

ニッポンの素敵な社長

WONDERFUL PRESIDENT OF “NIPPON”

筋肉質な企業体質へ向け、進化と成長を続ける

伊藤忠食品 株式会社

代表取締役社長・社長執行役員
岡本 均 氏
HITOSHI OKAMOTO

1956年6月生まれ、兵庫県出身。1980年早稲田大学法学部卒、同年伊藤忠商事入社。2010年代表取締役常務執行役員繊維カンパニープレジデント、14年代表取締役専務執行役員、18年6月伊藤忠食品代表取締役社長。

充実するオリジナル商品群。左＝伊スパークリングワイン「ベルルッキ」、右＝からだスイッチ「おとなのミルク習慣 プレミアム」

食品産業は潮目が変わるとき

―― 社長就任2年目に入りました。振り返っていかがですか。

食品産業は生活消費関連の中でど真ん中の大きな業界だが、ちょうど潮目が変わるときにいるのかなという感じだ。消費がどんどん伸びていた時代ではなく、Eコマースの増加やドラッグストアの拡大など業態の進化を背景に、オーバーストアは加速し、流通再編はまだまだ続くだろう。一方で、TPP11や日欧EPAなど、マイナスばかりではなく、消費にプラスになる動きもある。

食品産業のバリューチェーンは、製配販がオーバーラップしながら相互補完の関係にある。きちんとしたルールや秩序があり、情報交換も活発で非常に風通しの良い業界であると言えるのだが、これだけ業界再編など経営環境が大きく変化していくなかにおいては、それぞれの機能が変わっていかなければならない局面も出てくるだろう。

我々もこれまで以上に卸機能を磨くことに加えて、新しい成長エンジンを持ち収益源を獲得していくことや、社会課題の解決に向けたビジネスを開発していくことが急務であると考えている。例えば、売れ残りや食べ残し、期限切れ食品など、本来は食べることができたはずの食品が廃棄される、いわゆるフードロスの問題が改めてクローズアップされている。生産から消費に至るフードサプライチェーン全体を通してフードロスが発生しており、避けては通れない課題の一つである。製配販それぞれが、どのようにこの問題解決に乗り出すのかということを消費者はみていると思う。もしかしたら、そこに当社の機能を発揮できるチャンスがあるかもしれない。

また、当社は伊藤忠商事の情報網や商社機能を活かせるという強みがある。ベンチャーへの投資や、AI・需要予測を活用した自動発注なども含めて、先入観を持たずに取り組んでいきたい。想像していた以上に新しいビジネスの動きがおきており、変化の潮流を読んでそれに対するソリューションを提供していかなければならない。並行して、先般実施をした合弁会社を通じた菓子総合卸売業コンフェックスへの資本参加のように、卸機能を広げる取り組みや、「物流」「情報システム」といった基幹機能への投資も継続的に行っていく方針だ。

「グッド・カンパニー」を実践へ

―― 改めてビジョンである「グッド・カンパニー」とは。

取引先様や株主、そして社員にとって良い会社を追求し続けることだと思う。会社人生70年の時代であり、当社も定年延長や、女性のライフイベントに応じた休暇制度、有給休暇の時間単位での取得などを導入している。スローガンだけでなく、名実ともに「グッド・カンパニー」を実現しなければならないし、「伊藤忠食品で働いてよかったな」と思える会社にしていくことが、経営者の務めだろう。

従業員の満足度向上は、個々人のパフォーマンス発揮につながり、取引先様からのさらなる信頼獲得や顧客満足度向上にも必ずつながると考えている。全てのステークホルダーの皆様から「信頼」されるよう、企業としての「価値」を追求していくことが当社の使命だと思う。

伊藤忠食品130年史

松下鈴木株式会社の誕生

日本の高度経済成長は1973年の第1次石油ショックで終焉を迎えるまで、国民所得の増大を背景に生活水準が向上し、国民生活は大量生産・大量消費時代へと移行していった。その中で、スーパーマーケットは、大量仕入れを背景として価格決定に対する発言力を強め、それにともない酒類食品卸売業同士の納入価格競争が激化、経営基盤にも影響を及ぼした。

このような時代背景のもと、1970年9月10日、大阪の松下商店と東京の鈴木洋酒店は合併を発表した。両社はともに明治時代に創業された薬種店向けの洋酒食料品販売から出発して酒類食品卸に発展した老舗で、それぞれ大阪と東京を本拠とする強固な営業基盤を有していた。互いに競合するエリアはほとんどなく、合併により全国を網羅する巨大な商圏を獲得することとなる。

松下鈴木・メイカン合併
伊藤忠食品に

バブル崩壊後、流通業界では消費の落ち込みにより価格競争は激化、広域展開する小売業の価格交渉力がさらに強くなった。小売業からは、低い納入価格や物流・情報機能など効率的なシステムを要求され、コスト削減の努力を続けながらも、継続的な投資が必要となった。

こうした中、1996年10月1日、松下鈴木とメイカンが合併して伊藤忠食品株式会社として新たなスタートを切った。新会社の社名は、伊藤忠商事の食料グループをリードするにふさわしい社名であること、また社内アンケートで最上位であったことなどが決め手となり伊藤忠食品に決定した。

鈴木洋酒店／松下善四郎商店

1875	明治8年	鈴木洋酒店＝鈴木恒吉が洋酒罐詰直輸出入商の鈴木洋酒店を創業（東京都中央区日本橋）（9月）
1886	明治19年	松下善四郎商店＝大阪高麗橋にて松下善四郎が武田長兵衛商店から洋酒食料品部門を譲り受け、同店の番頭であった桜井勝蔵と共に松下善四郎商店を創業（大阪市中央区高麗橋）（2月）
1887	明治20年	鈴木洋酒店＝鈴木洋酒店の創業者鈴木恒吉が、渋沢栄一、浅野総一郎、大倉喜八郎等と札幌麦酒株式会社を創立
1888	明治21年	鈴木洋酒店＝鈴木洋酒店が札幌麦酒の設立に際し重役を派遣し、同時に札幌麦酒の特約店となる
1892	明治25年	松下善四郎商店＝大阪麦酒がビールの製造販売を開始すると同時に西日本の主要特約代理店となる（5月）
1918	大正7年	松下善四郎商店を株式会社松下商店に改組　桜井勝蔵が代表取締役社長となる（11月）

鈴木洋酒店／松下商店／メイカン

1927	昭和2年	松下商店＝岩井清七　社長就任（2月）
1934	昭和9年	乾物問屋の4社が手を組み、名古屋乾物株式会社（後のメイカン）創立。名古屋水産市場で営業を開始（9月）
1941	昭和16年	松下商店＝宝来商店設立（12月）
1945	昭和20年	松下商店＝松下善一　社長就任
1949	昭和24年	松下商店＝酒類配給公団の廃止に伴い本店及び京都支店共に国税庁指定酒類卸売業の認可を受け全酒類の卸売業を開始
		油糧公団、食糧公団等の廃止に伴い、味の素、缶詰、食油、醤油等は再び自由販売となり、これらの卸売を開始
1953	昭和28年	松下商店＝岩井感吾　社長就任
		名古屋乾物＝第30回定期株主総会にて佐藤良嶺が代表取締役社長に就任（11月）
		松下商店＝福岡出張所開設（現：九州支店）
1954	昭和29年	松下商店＝大阪本社社屋完成（延べ908坪、地下1階、地上5階）（8月）
1963	昭和38年	名古屋乾物＝社名をメイカンに変更（7月）
1966	昭和41年	松下商店＝創業80周年（2月）
1969	昭和44年	松下商店＝今井重太郎　社長就任

松下鈴木／メイカン

1971	昭和46年	松下商店（本社：大阪市中央区）と鈴木洋酒店（本社：東京都中央区）が合併し、松下鈴木となる（4月）
1975	昭和50年	創業100周年（9月）
		高松出張所（現：中四国支店）新設
1977	昭和52年	松下善四郎　社長就任
1982	昭和57年	伊藤忠商事（本社：大阪市）と資本・業務提携し、営業および管理機能の強化をはかる（7月）
1983	昭和58年	メイカン＝中部メイカン設立（6月）
		メイカン＝伊藤忠商事と全面提携（7月）
		新日本流通サービス（本社：大阪市）を設立、当社の物流業務を委託（12月）
1985	昭和60年	宇坪正隆　社長就任（12月）
1987	昭和62年	冨江弘吉　社長就任（12月）
1989	平成元年	伊藤忠商事横浜港北ビル（CTCC）にコンピューターセンターを移転
1990	平成2年	カタログ販売システム「PARDIS」開始（6月）

伊藤忠食品

1996	平成8年	メイカンと松下鈴木が合併し、商号を伊藤忠食品株式会社に変更（10月）
		尾崎弘　社長就任（10月）
2001	平成13年	東京証券取引所市場第一部に上場（3月）
		一括物流センター専用システム「ILIS」スタート
		ギフト装製専用センターとして城東アソートセンターを開設（大阪市城東区）（4月）
2002	平成14年	東名配送センターの株式を譲受け子会社化
2004	平成16年	関東メイカン（横浜市）と合併（4月）
		濱口泰三　社長就任（12月）
2005	平成17年	中期経営計画「NEXT 10」発表（11月）
2006	平成18年	創業120周年（2月）
		アイ・エム・シー設立（6月）
2008	平成20年	ISCビジネスサポート（本社：東京都中央区）を設立、当社の財務、経理、債権債務管理等の業務を委託（4月）
2009	平成21年	ビジョン「卸機能日本一のグッドカンパニーになる」発表（2月）
2010	平成22年	WEB事業部開設（10月）
2011	平成23年	ギフトカード事業開始（7月）
2012	平成24年	ギフト交換サイト「ギフトカードモールexchange.com」を開設（2月）
		スハラ食品を連結子会社化（4月）
2013	平成25年	新日本流通サービスが東名配送センターを合併（4月）
		星秀一　社長就任（6月）
2016	平成28年	創業130周年（2月）

写真は大阪の松下善四郎商店社屋。創業は1886年（明治19年）2月11日。
武田長兵衛商店（現・武田薬品工業株式会社）から洋酒部門を譲り受け、本格的に洋酒、食料品、雑貨の直輸入と問屋業を始めた。

消費者に好まれている
オージー・ビーフ

MLA 豪州食肉家畜生産者事業団

駐日代表
アンドリュー・コックス 氏
ANDREW COX

シドニー大学で経済学及びマーケティングを専攻。2006年MLA入社、12年からマーケティング・マネージャーとして数多くの画期的な消費者向けキャンペーンを実施。2014年に現職。同年ロゴマークを刷新した。

―― オージー・ビーフが日本で親しまれていますが、その理由は。

オージー・ビーフが日本で食べられるようになって50年以上が過ぎ、3世代にわたって楽しまれていることを誇らしく思う。

オーストラリアにとって日本は最も重要な市場であり、2018年のオージー・ビーフの対日輸出量（船積み重量）は約31.6万t（うちグレイン15.3万t、グラス16.3万t）となった。2年連続で前年実績を上回り、今回30万tの大台を超した。この結果、オージー・ビーフの日本での消費シェアは32％に達している。

日本にとってもNo.1の輸入国であり、この役割は将来的にも継続すると自信を持っている。その理由は、まず第一に日本のトレンドにオージー・ビーフが合致していることが挙げられる。MLAの消費者調査では、食肉の購入動機として最も重視されているのは「原産国」だった。これに対し、オージー・ビーフのブランドイメージの調査では、「安定した品質水準」「自分や家族が元気な気分になる」「自分や家族のお気に入り」「購入が簡単で便利」など一般消費者に非常に好まれ、高品質で健康にいいといった前向きなイメージを持たれている。また消費者のオージー・ビーフの認知度は95％に達し、ロゴマーク「TRUE　AUSSIE　BEEF」の認知度も2015年の18％から2018年は40％に上昇している。この認知度の向上にはさらに力を入れていく。その中で、ステーキ、BBQ、赤身肉など日本のトレンドに合わせた、さまざまな商品を提供できるとの自信を持っている。

第二の理由として、オーストラリアが国を挙げて輸出を重視していること。世界最大級の輸出国であり続けるために、安全で高い品質の牛肉を提供することに関して、世界でも最高レベルを維持している。オーストラリアで育てられる牛は一頭一頭の耳に電子タグがつけられ、個体識別される。この電子タグには、出生農場、雌雄の別、いつどこでどんな餌を食べたか、どこの水を飲み、どの牛と一緒に過ごし、どういった経緯でどこへ移動したかなど生涯にわたる牛の移動記録が刻まれている。

その上で、牛の生育の各段階で厳格な安全基準が定められ、すべての牛は生産者の証明書付きで出荷される。もちろん加工段階、輸出に至るまで、厳しい衛生管理と監査システムが導入され、品質の高い牛肉が安全に日本に届けられている。こうした管理により、オージー・ビーフの賞味期限は77日間に達している。米国産や国産の牛肉より2週間以上長いことが、日本食肉輸出入協会のガイドラインにも紹介されている。さらに一部のプラントや海外では100日に設定されている。

さらに、現在、日豪EPA、TPP11が発効されており、2019年4月現在で、関税率はチルドは28.8％、フローズンで26.6％と消費者にも経済的なメリットを提供している。

―― 今後のマーケティング活動は。

夏の季節には、ステーキを焼き友人や家族と過ごす絶好の機会であることを訴求する「レッツバービー！」プロモーション、冬の寒い季節には、「Are you ゲンキ」キャンペーンで鉄分豊富な赤身肉が元気に役立つことを訴求している。

さらにスポーツとオージー・ビーフを通して日本の子どもたちを元気にする「元気キッズ！プロジェクト―子供

の元気を応援」に取り組んでいる。

今期の話題は、ラグビーワールドカップ2019日本大会の開催であり、これに合わせてスポーツと栄養をキーワードに、子どもたちの健やかな成長を応援するプロモーションも検討している。

また2月に幕張メッセで開催されたスーパーマーケット・トレードショーに豪州輸出業者10社と共同で「オージー・ビーフ&ラムパビリオン」を設置した。その中では厚切りステーキを体験できるライブキッチンを構え、牛赤身肉に注目が集まる中で、家庭では難しいと思われがちなステーキの焼き方、厚切りならではのおいしさと魅力について、試食を通して体験してもらった。厚切りで食べてもらうことでオージー・ビーフの特徴を最大限に活かせると考えている。小売店でも徐々に広がっており、今回、体験してもらうことで、さらに多くの小売店・消費者の方に受け入れていただけると期待している。

サステナビリティのけん引役

―― サステナビリティへの取り組みも行っていますが、その概要は。

オーストラリアの国土面積は769万k㎡に及び、これは日本の国土の20倍になる。この広大な土地と自然は牛肉生産にとって理想的であり、約2,725万頭（2017年）の牛が飼養されている。その中で、日本人が望む安全で美味しく、ヘルシーな牛肉を生産し提供している。

豪州食肉産業は、生産現場とともに、工場、輸送、小売、外食など多くの人を雇用しており、産業として持続可能性に関する取組みが求められる。日本でもこの10年来、サステナビリティへの関心が高まっていると感じている。2015年の持続可能な開発のためのアジェンダで弾みがつき、2020東京オリンピック・パラリンピックに向けてさらに高まるとみられる。持続可能性に関する取組みはサプライチェーン全体での取組みが必要となっている。

外食業界、小売業界でも取り組みが進んでおり、MLAでは環境、動物福祉で世界のけん引役として、2017年4月にオージー・ビーフ・サステナビリティ・フレームワークを発足させた。主な重点分野として、動物福祉、バリューチェーンを通した収益性、森林と草地のバランス、気候変動リスクの管理、抗菌薬の適正使用、牛肉業界従事者の健康と安全など23の項目を挙げている。この1年間で、動物福祉の中で全国肥育場認定制度動物福祉基準の遵守率が96%に達するなどの成果が上がっている。さらに継続的な改善により、1981年に比べ牛の生産での水の使用量は65%削減、CO_2の排出量も2015年比で45%削減しており、2030年でのカーボンフリーを目指す。

「TRUE AUSSIE BEEF」ロゴとは

現在の「TRUE AUSSIE BEEF」ロゴは2014年7月に、真の姿のオージー・ビーフを正しく伝えること、またグローバル化に対応することを目的に一新された。このマークは、オーストラリアの国をシンボルとしたカラフルなロゴマークとなった。それまで20年間使われてきた“赤い三角マーク”のロゴは、消費者の認知度は高かったが、この間の20年間でオージー・ビーフのクオリティが非常に進化しており、それを示すためにも新しいロゴが必要と決断したもの。消費者は、オーストリアを美しく、誠実でフレンドリーな国、広大で豊かな自然を有する国と認識している。このロゴマークは、オーストリアらしい土地と気候、色合いを表現している。さらに「TRUE AUSSIE」とし、高品質で安全な食品であることの証、牛や羊を大自然の中で大切に育てている証を示した。日本だけではなく世界各国で使用され、渡航先の国々の小売店でも、すぐにおなじみのオージー・ビーフを見つけることが可能だ。

製粉リーディング企業
海外事業の拡大続ける

株式会社 日清製粉グループ本社

代表取締役社長
見目 信樹 氏
NOBUKI KEMMOKU

1961年生まれ。1984年一橋大学卒、日清製粉㈱（現・㈱日清製粉グループ本社）入社、2005年日清製粉㈱（2001年に製粉事業を分社化して設立）取締役管理部長、2015年日清製粉取締役社長、2017年日清製粉グループ本社取締役社長

グループの総合力を発揮する

―― 長期ビジョンの進捗は。

日清製粉グループは2018年5月に、10年、20年先を見据えたグループ経営の“羅針盤”として長期ビジョン「NNI（ニュー・ニッシン・イノベーション）“Compass for the Future”」を策定した。グループの目指すべき姿を「未来に向かって、『健康』を支え『食のインフラ』を担うグローバル展開企業」とし、更なる発展を目指している。その中で、海外事業を成長ドライブ事業の一つと位置づけているほか、既存コア事業（製粉・食品）のモデルチェンジに取り組んでいる。国内ではまた、成長分野である中食・惣菜事業、加工食品事業にも注力している。それら各事業において、次のステージに向けグループの総合力を発揮していくことを最重点に取り組んでいる。

海外製粉事業は、米国子会社のミラー・ミリング社のサギノー工場の能力増強を完了し、2019年4月には豪州の製粉のリーディングカンパニーであるアライド・ピナクル社（以下AP社）を買収している。海外5社19工場の生産能力（原料小麦ベース）は日産12,160tとなり、日本国内9工場（日産8,100t）の1.5倍の能力になった。

AP社は、製粉事業を核にプレミックス、ベーカリー関連原材料も扱うなど、日本国内のグループ企業である日清製粉・日清製粉プレミックス・オリエンタル酵母工業をミックスした業態であり、国内で培った技術・ノウハウを駆使して、海外事業でも総合力を発揮していく。

中食・惣菜事業も新段階

2019年3月にトオカツフーズの連結子会社化を発表、高度に事業化された中食・惣菜事業への展開も進めている。ここでも、小麦粉・パスタ・プレミックス・酵母などの各事業で培ったものを結集し、総合力を発揮していく。

―― トップシェア企業として。

日清製粉グループは、多くの分野でトップシェアの事業を展開しており、安全・安心な素材・食品を安定供給すべき使命を持っている。大げさになるが、日本の食を支える重責を担っている。これまでにもパスタや冷凍麺の市場開拓・普及、日本におけるナポリピッツァ市場の創出などに取り組んできたほか、付加価値製品の開発にも積極的に取り組んでいる。「日清 クッキングフラワー」に代表されるボトルシリーズや、簡便ニーズに対応した「早ゆで」スパゲティ、2019年春発売の新形態パスタ「パレット」シリーズなど、新需要創出のための取り組みにも注力している。

さらに機能性素材の開発と製品開発では、日清フーズとしても注力しており、すでに複数の製品で機能性表示食品の届出が受理されている。さらに、グループ企業横断の「健康プロジェクト」を展開し、各社の強みを活かし製品開発に取り組んでいる。成長ドライブ事業として取り組みを進めている海外事業では、製粉事業に加え食品事業（パスタ、パスタソース、プレミックス、イースト等）で、北米・アジア・オセアニア・インドなどで今後の事業展開の足がかりを得ており、事業エリアの拡大にも取り組んでいきたい。

食のインフラ担うグローバル企業

創業は1900（明治33）年。「企業は変化することによってのみ生存が可能となり、かつ発展を望み得る」との認識のもと、社是の1つに「時代への適合」を掲げ、絶えず自己改革に挑戦し続けている。元々は日清製粉株式会社という1つの会社から2001年に分社化した日清製粉グループ。

グループ体制に移行することで、グローバル化やライフスタイルが多様化する現代社会にスピーディに適合すべく、変革を行っている。

海外事業にも積極的で、米国、カナダ、タイ、中国、ベトナム、インドネシア、豪州、ニュージーランド、インド、トルコなどで事業展開している。

「信を万事の本と為す」

「信」とは信用・信頼のこと。「事業はつねに社会と結ぶことを念頭に。自分1人が儲けることを考えると事業はけっして長続きしない。すなわち信は万事の本である」という日清製粉グルグループ創業者の言葉で、社是の1つにもなっている。今でも日清製粉グループに属する全社員がこの言葉を念頭に、様々な事業活動に携わっている。

日清製粉グループでは各事業会社が自立し、それぞれの市場でスピード感のあるビジネスを展開しながら全力でマーケットリーダーを目指している。一方で、グループとしての戦略、異なる力同士の融合が必要なテーマには、強力に手を取り合う。この「自立と連合」こそ、日清製粉グループの最大の特徴であり、原動力ともいえる。

食のインフラカンパニーである同グループは、社会への大きな影響力を持っているため、「食を支える」という大きな使命を担っている。

パン、うどん、ラーメンなど、様々な食品の原材料となる小麦粉。現在日本国内で生産する小麦粉の約40％を日清製粉が提供。また、パスタ、パスタソース、お好み焼粉など様々な食品カテゴリーでのナンバーワン商品がある。

世界最高レベルの粉体技術

「粉体技術」とは文字通り粉を扱う技術のこと。小麦の製粉からスタートしたこの技術は、110年を超える日清製粉の歴史において数多くの実績を挙げており、その水準は今や世界最高レベル。健康食品やペットフードといった領域に加え、医薬品、自動車、鉱工業など、食品以外の分野でも同グループの技術が数多く活かされている。

日清製粉グループでは、創業120周年となる2020年に向け、中期経営計画である「NNI－120 Ⅱ」を策定し、収益基盤の再構築と、買収事業を含めた自立的成長等を柱とする基本戦略の実行により、着実な利益成長を目指している。更に2018年5月には、10年後、20年後の社会全体の構造変化を見据え、未来へのコンパス（羅針盤）として、長期ビジョン「NNI “Compass for the Future” 新しいステージに向けて～総合力の発揮とモデルチェンジ」を策定し、新たな取組みをスタートしている。その通過点である2020年度を最終年度とする経営計画「NNI－120 Ⅱ」の達成に向けて、各事業において、製品・サービスの高付加価値化と販売拡大、コスト競争力強化と安全・安心の両立、成長戦略の実行に取り組んでいる。

ボトルシリーズ「日清 クッキングフラワー」

「マ・マー 早ゆでスパゲティ」1.6㎜（結束、500g）

日清製粉グループの長期ビジョンで掲げた目指すべき姿は“未来に向かって、「健康」を支え「食のインフラ」を担うグローバル展開企業”。その実現に向けてグループの「総合力」を発揮し、更に成長戦略を推進しており、成長エンジンの一つである海外製粉事業は、生産能力で国内の1.5倍に拡大。国内でも中食・惣菜事業の伸長が著しい。

PROFILE

資本金148億7,500万円（株式会社日清製粉グループ本社）、従業員6,545人（2018年3月末現在）、連結売上高5,650億円、営業利益275億円、経常利益320億円（2019年3月期予想）。

製粉基盤に中食・冷食・ヘルスケア・海外を拡大

日本製粉 株式会社

代表取締役社長
近藤　雅之 氏
MASAYUKI KONDOU

1954年生まれ。東京都出身。1976年早稲田大学政治経済学部卒、日本製粉入社。2007年6月取締役執行役員経理・財務本部副本部長兼IR室長、2009年常務取締役常務執行役員経理・財務部長、2015年取締役専務執行役員、2016年6月代表取締役社長（現任）。

持続的成長図る

―― 多角的総合食品企業に向けて。

1896年の創立以来、製粉事業を基盤としながら食品素材、加工食品、冷凍食品、中食、ヘルスケア事業を拡大し、海外事業も含め、グローバルな多角的総合食品企業を目指して持続的成長戦略を図っている。2018年3月期の売上高構成では、製粉が約30％、製粉以外が約70％、営業利益でも製粉以外が約50％と、コア事業の製粉と、成長ドライバーとなる食品事業とのバランスの取れた多角化経営を進めている。

特に成長ドライバーである中食、冷凍食品、健康ヘルスケア事業の拡大に注力している。中食では、ファーストフーズグループ5社10工場の体制で、大手CVS向けにフルラインの供給体制を構築し、更に事業拡大のため、経営資源を投入している。冷食では、「オーマイプレミアム」をはじめとした冷凍パスタに加えて、冷凍米飯にも力を入れ、ラインアップを拡充している。

ヘルスケア事業は、小麦胚芽製品からスタートし、現在は「アマニ」、「マスリン酸」（関節）、「パミス」（歯）等の機能性素材の提案を行っている。

―― 海外事業について。

日本国内では人口減少となっているが、海外には人口増加、経済成長著しい市場があり、海外事業の拡大も図っている。現在は、米国（パスタの製造販売・食品食材の販売）、中国（プレミックスの製造販売）、タイ（プレミックスの製造販売）、インドネシア（プレミックスの販売）で事業展開しており、生産能力の増強を図り、事業拡大をスピードアップしている。

海外ではまた、経済成長に伴い、冷食、ヘルスケアの需要が拡大するとみており、国内で培った技術力を駆使し、事業拡大を更に進める考えだ。これまでの海外事業は、原料メーカーとして国内事業の延長線だったが、これからは食品メーカーとして製造拠点を整備し、人材も含めた経営資源の投入を強化していく。

基幹の製粉事業は、自由化に向け環境も大きく変化していくが、基盤事業として拡大を図り、同時に成長エンジンの各事業を一層大きくしていく。

親しみやすい「ニップン」へ

さらに、連結売上高5,000億円を目指すために、事業領域・分野の拡大にも取り組んでいる。味付油揚げなどの大豆加工品、トマト・野菜加工品等の分野にも進出している。日本製粉グループは現在、連結47社（非連結含むと86社）で、直近の20年間で約20社が仲間入りしている。今後も、企業風土を確認しながら、M＆Aも含めた事業拡大に取り組んでいく。そのための資金も、社債の発行、営業キャッシュフローで十分対応できる体制を整えている。

―― ブランドの強化は。

日本製粉には、コミュニケーションネームでもある「NIPPN（ニップン）」とパスタ・パスタソース等の「オーマイ」、プレミアムパスタの「REGALO（レガーロ）」等があるが、今期は「NIPPN（ニップン）」ブランドを更に強化したい。これまで信頼・信用のブランドと認知されているが、それを一歩進めて「親しみやすい」ブランドに成長させたい。もちろん「オーマイ」「REGALO」ともブランド強化を図る。

創立123年 製粉産業のパイオニアカンパニー

日本製粉は、1896年創立の製粉産業のリーディングカンパニーで、国内製粉ではシェア2位。小麦粉の安定供給と品質の向上に努め、パイオニアとして製粉産業をリードしてきた。豊富な小麦粉製品（家庭用、業務用）に加え、そば、米、トウモロコシ（コーン）、大豆などの穀物全般を原料とした商品を扱い、近年では機能性素材、野菜など多岐にわたる原料・商品を扱っている。事業分野は多岐にわたり、「ニップン」ブランドの小麦粉、「オーマイ」ブランドのパスタ・パスタソース等の加工食品、冷凍食品、中食、健康素材・食品、野菜加工品等がある。

日本製粉の創立は1896年（明治29年）だが、前身には、日本初の蒸気機関による機械製粉工場であった官営札幌製粉所と、日本の近代製粉事業の始まりとされる泰靖社があり、日本における近代製粉の150年近くに及ぶ歴史の重みを担っている長命企業でもある。

日本製粉は本格的なロール式製粉機を導入するなど、民間では日本初の近代的機械式製粉会社として創立、明治期におけるベンチャー企業としてスタートを切った。大正期、昭和期初期は、国内では企業合併により事業規模を拡大し、海外では中国大陸に進出したことで急激に拡大し、戦前では日本最大の製粉企業となった。しかし、戦災により国内の事業拠点は大きなダメージを受け、中国大陸ではその拠点を全て失ってしまった。

しかし、ここでもベンチャー精神を発揮し、復興から成長へと新たな歴史を刻んでいる。

ニップン アマニ油 100g

事業の多角化推し進める

日本製粉の歴史は、製粉事業を基盤としながら事業多角化を進めた歴史でもある。小麦粉製粉に続き、1913年（大正2年）にはそば粉製粉に参入、1955年には「オーマイ」ブランドでパスタ事業へ進出、1959年にはプレミックスで食材分野に参入している。

1969年には健康食品事業に、1973年には冷凍食品事業を開始。平成の時代に入っても平成元年の1989年に家庭用ペットフード事業を本格化させ、1991年には中食事業に参入。さらに、2003年には大豆加工品事業へ、2013年にはトマト加工食品事業へと事業領域の拡大、多角化を進め続けている。海外事業もアメリカ、タイ、中国、インドネシアへと展開している。

ニップンの家庭用小麦粉（薄力粉）「ハート」

（写真提供：川澄・小林研二写真事務所）

同社は原料素材から加工度の高い商品を生み出す開発力を縦展開に、小麦粉製粉で培った技術を穀物や新規素材へ展開する素材活用技術を横展開することで、事業の多角化を進めてきた。また、米・トウモロコシの組成成分の研究から抽出した「セラミド」は機能性表示食品や化粧品に使用されている。縦と横のシナジーで進化するビジネスモデルが特徴だ。

PROFILE

1896年創立。本社東京都千代田区麹町4-8。関連会社86社（うち連結対象47社）。資本金122.4億円（2018年3月期）、連結売上高3,500億円（2019年3月期予想）。従業員3,754人（連結、2018年9月末）。

Be HAPPY with HOPPY!
ホッピーを通じて幸せ実現へ

ホッピービバレッジ 株式会社

代表取締役社長
石渡　美奈 氏
MINA ISHIWATARI

「ホッピー」は、1948年東京赤坂で製造販売を開始、2018年7月15日に発売70周年を迎えた

1968年東京都生まれ。立教大学文学部卒業後、日清製粉（現：日清製粉グループ本社）入社。退社後、広告代理店でのアルバイトを経て、1997年にホッピービバレッジ入社。2003年取締役副社長、2010年4月ホッピービバッレッジ3代目として社長就任。

東京からNY、そして地球へ

―― 昨年7月の「ホッピー発売70周年記念感謝の集い」から“ホッピー2.0”がスタートした。

7月14日を新たな起点日として、大きな変化が続いた。一番嬉しいことは次の10年を担う人材が育ち、要職に就き始めたことだ。私は新卒採用は弊社にとって生命線の一つだとの考えから、2007年を第一期生として、毎年採用している。「望む人には、望むだけ成長の場を提供するマネジメントの実現」は、私の目標であり、社員たちとの約束の一つとなっている。その社員たちが幹部となっていくことは感無量だ。

次に象徴的なことは、ついにニューヨークに現地法人Hoppy-Mina Americaを立ち上げたことだ。由緒あるメトロポリタンタワーの76階にオフィスを構えた。5月10日には30階にあるレストランでローンチパーティを開き、55名の現地の方に集まって頂いた。ここを拠点にニューヨークから全米へとホッピーを拡げていく。

私たちの理念は「Be HAPPY with HOPPY」、これはホッピーを通じて、人々の幸せな生活の実現をお手伝いさせていただく、という意味だが、この理念のもと、国内に留まらず、グローバルに展開していきたい。そのためにも日本のヘッドクオーターがしっかりと足元を固めていく。

真剣に考えたい「環境」と「健康」

―― 様々なCSR活動を展開している。

地元赤坂では、赤坂氷川神社の、歴史的価値の高い山車の保存事業や地元の飲食店とのコラボレーションによる地域活性化イベントなどを行っている。日本で最も人気のあるモーターレース「SUPER GT」では、参戦するレーシングチームをメインスポンサーとして支援しているほか、福武財団とのご縁で、この4月には、瀬戸内海に浮かぶ犬島にある古民家をリノベーションして、島民同士、観光客同士の交流の場となる犬島ホッピーバーをオープンした。

その他、クラシックやポップスの音楽ライブ支援、ショートフィルム製作など、多岐にわたる地域活性化活動と文化支援活動に取り組んでいる。

これからは「環境」と「健康」の視点抜きに企業経営はできないと考えている。奇跡の星「地球」はいま、悲鳴を上げている。私は政府が推進する地球温暖化対策運動「COOL CHOICE」の有識者会議に初回から名を連ねており、社を挙げて運動を推進している。ホッピーが1905年の創業以来、ガラス瓶にこだわっている理由の一つは、それがリサイクル可能だからだ。

「健康」でいえば、世界一の長寿国となった日本では「長寿を全うするまで健康で元気に長生きする」ことが昨今の大きな関心事になっている。そして、国民の関心事の変化とともに、ホッピーに求められる在り方も変わってきたと感じている。現在、「発酵食品」のパワーが再認識されているが、ホッピーは、低カロリー・低糖質・プリン体ゼロの「健康に良い麦芽発酵ドリンク」だ。

ホッピーの「発酵力」は面白い。それを活かした商品開発も考えているし、健康意識の高さで知られるニューヨークの方々のお役にも立てるのではないかと思う。

ホッピーは「ハッピーにさせてくれる友人」

ホッピーとは関西の人間にとってどんな飲み物か。東京のローカルドリンクとして東京近辺では圧倒的な支持を得ており、消費の9割は東京近辺という。とはいえ現在では、東京で修行をした関西出身の料理人が地元で自分の店を出すときにホッピーをメニューに載せることも多くなってきた。関西でも徐々に市民権を得つつあるホッピーだが、全くと言っていいほど関西での知名度がなかった時代から同商品を取り扱い続ける店がある。それがOsaka Metroの淀屋橋駅から歩いて7分の場所にひっそりと店を構える「江戸幸」だ。

最初は「あれ?」という味わい

同店は今年でオープンから37年目。ホッピーを取り扱い初めたのは昭和が平成へと移り変わる約30年前。店主の山口博敬さんは、他の店との差別化、また、当時人気を集めていた韓国産の焼酎をもっと美味しく飲める方法がないかと模索していた。そんなとき、東京から来店した客にホッピーを教えてもらい、取り扱いを開始。当時は大阪でホッピーを取り扱うお店はなく、大阪では同店が初めてホッピーを取り扱った飲食店となる。

取扱開始から間もないころ、ホッピーの本場である東京の下町ではどのように飲まれているのか気になった山口さんは、浅草の「ホッピー通り」へと向かい大衆酒場でホッピーを注文。しかし提供されたホッピーは「あれ？」と思うような味わいに思えた。「正直な話、美味しいとは言い難い味だった」と回想する。

そこで情報取集を開始し、試行錯誤の末、「ホッピー」「焼酎」「ジョッキ」を冷やした、いわゆる「3冷」での提供を開始。今ではホッピービバレッジが公式で提案している「ホッピーを最も美味しくする飲み方」だ。味わいについては間違いないだろう。現在もこの提供方法にこだわっており、70個ほどのジョッキを常に冷凍庫で冷やしている。また、焼酎も現在では多くのホッピー採用店で使用されている宮崎本店の「キンミヤ焼酎」を使用。この焼酎も同じく東京からの来店者に教えてもらったもので、まだ同商品が大阪で一般的でない時分から使い続けている。

注ぎ方も研究、教えを乞われることも

提供品質には並々ならぬこだわりを持っており「大前提としておいしくないホッピーは提供したくない」という。氷を入れないのはもちろん、注ぎ方も研究し、よく泡立つよう、独自に開発した。大阪でホッピーを提供する料飲店関係者が教えを乞いにくることも。

キンキンに冷え、霜が降りた焼酎入りのジョッキにホッピーの瓶を突っ込み、ぐるぐると瓶ごとかき混ぜる「トルネード」や、「ドバドバッ」と注ぐことから名付けられた「ドバイ」など、独自開発した注ぎ方にはユニークな名前が付いている。ホッピーは冷えていることに加え、泡が立つことによってより美味しく飲むことができる。加えて、お客さんに楽しんでもらいたいということで山口さんが実演しながら注ぐ。店内では「トルネード」で提供された常連客が「待ってました！」と言わんばかりの反応。それもそのはず、「トルネード」で注ぐと、泡はクリームのようにきめ細かくなる。これまで飲んだことのないような冷たさと、なめらかな喉越しは爽快の一言だ。

「落語で言う“マクラ”のようなもの。笑顔になってもらってから、おいしいホッピーと料理を味わってもらいたい」と山口さんは語る。

その他にもトマトリキュールとホッピーを割った「トマピー」も常連客から支持を集める名物メニューの1つ。トマトのさわやかな酸味とホッピーのほのかな苦みが絶妙にマッチするドリンクだが、東京でもあまり見かけることはない、珍しいメニューだ。山口さんは「意外とおいしいでしょ？」と自信ありげだ。料理も串焼きを中心に、「食の都」で多くの口うるさい関西人から支持を得るだけあるクオリティだ。

最後に山口さんはホッピーについて「私が37年も店をやらせてもらっているのも、これからやっていけるのも間違いなくホッピーのおかげ。四半世紀以上付き合っており、ずいぶんと長い間ハッピーにさせてくれている友人のようなもの」と語った。

PROFILE

大阪府大阪市中央区平野町3-1-7 日宝セントラルビル1F
TEL：06-6222-0857
営業時間：昼の部 11:30〜13:15
夜の部 17:30〜22:00
定休日：土日祝

緒に就いた変革を本物に
事業通じてCSVを実践へ

キリンビール 株式会社

代表取締役社長
布施 孝之 氏
TAKAYUKI FUSE

1960年2月17日千葉県生まれ。82年早稲田大学商学部卒、キリンビール入社。神戸支店、東京支社を経て2008年近畿圏統括本部大阪支社長。10年3月小岩井乳業社長、14年3月キリンビール社長（当時はキリンビールマーケティング）。

ニッポンの素敵な社長

「世界の先進的なCSV企業になる」

―― キリングループは2019年2月に「キリングループ・ビジョン2027（KV2027）」を発表した。

KV2027では、事業会社も含めて、CSV（クリエーティング・シェアド・バリュー）を戦略の柱に掲げているのが特徴だ。

10年後に企業としてありたい姿を描いている。一言でいえば「世界の先進的なCSV企業になる」ということだ。ただ単に売上がいくらとか、経済的価値がどうとかということではなく、これからは、企業の社会的使命をしっかり果たし、社会課題の解決に真摯に取り組むことで利益を向上していく。

社員にもCSVのマインドを醸成していく。例えば工場では、廃棄ロスを減らしたり、原材料・資材の効率化を図ることが地球環境に貢献することになる。営業もマーケティングもしかりだ。

もともと当社の強みは、誠実な人材と、商品・サービスの開発力・技術力だ。これを拠り所として、更に世の中に貢献する。ステークホルダーや地域社会に“キリンはなくてはならない会社だよね”と言われる存在にしていきたい。

事業会社のキリンビールの中計は、まずは2018年までに緒に就いた変革を本物にする3年間とする。そして、それを基礎として、CSVの発想で、ビールビジネスを考えていく。社会に貢献できることはないかという着眼点を常にもち、ビジネスモデルの構築にチャレンジする種まきの3年間となる。

組織改革を進めた5年間を振り返る

―― 2014年3月に社長（当時はキリンビールマーケティング）に就任して6年目になった。

就任当時は、いわゆる「キリン一人負け」と言われた時代だった。14年は、機能系のいわゆる「ゼロゼロ戦争」があって、「淡麗プラチナダブル」がヒットするなど、小さな成功はあったが、流れを変えるには至らなかった。そして15年、16年と「9工場の一番搾り」、「47都道府県の一番搾り」にチャレンジしたが、これに大きな意味があった。

営業部門では、その土地にふさわしい「一番搾り」を開発すべく、県民気質や地元の誇りに寄り添い共有する活動ができた。製造部門では、９工場・47都道府県の一番搾りで見事に味を造り分けたことで、造るよろこびを通したチャレンジする姿勢に変わってきた。これが17年の「一番搾り」リニューアルにつながっている。つまり、生産・マーケティング・営業が同じ方向を向くことで、垣根が取り払われ、組織改革が緒についた。

17年からは「変革プロジェクト」を立ち上げ、現場と膝詰めで議論を重ねた。この頃から全社員に危機感とこれまでの反省をいわばあからさまに伝え、組織変革を一気に進めた。

そして、18年を「変革のスタートの年」と定め、ここで結果を出すと宣言したが、実際、「一番搾り」をはじめとしたロケットスタートを切ることができ、「本麒麟」の大ヒットもオンして、いま全社的に大きな自信となっている。

「顧客満足度No.1企業」の実現へ

国分グループ本社 株式会社

代表取締役社長執行役員兼 COO
國分 晃 氏
AKIRA KOKUBU

1971年7月生まれ、94年慶応大学法学部卒、ネスレ日本入社、98年国分入社財務部副部長、2004年取締役営業推進部長、05年常務、07年専務、11年代表取締役副社長経営統括本部長、15年代表取締役副社長執行役員COO経営統括本部長、17年社長。

オリジナル商品は幅広いがワインと缶詰の存在感が群を抜く。左＝KWV　クラシック・コレクション ピノタージュ、右＝「缶つま」広島県産かき燻製油漬け

「食のマーケカンパニー」を実践

―― 近年の貴社の歩みと、特色を。

昨年は2016年からスタートした第10次長期経営計画の折り返し3年目にあたり、ビジョンに掲げる「食のマーケティングカンパニー」として「顧客満足度No.1企業」の実現を目指し、各種施策に取り組んできた。一昨年施行の改正酒税法、酒類業組合法を踏まえて、収益管理に関する内部規定を改定し、グループとしての収益管理の在り方について改めて強化を図る一方、時間有給制度、テレワークなど働き方改革につながる各種取り組みをスタートさせ、従業員が柔軟な働き方を選択できる環境整備を進めた。

第10次長計の根底に流れる、社員一人ひとりが働き方と意識を変え、グループ全体で顧客満足度を高める活動を継続している。「総マーケティング人材化」では、顧客の求める価値の仮説立案→仮説に基づく価値を提供→提供した価値の検証→実行施策の見直しを廻していく。これを「マーケティングPDCA」と定義し、一段と定着をしてきたと感じる。本年度もすべての社員がマーケティング意識を高め、お客様の真のビジネスニーズに主体的にお応えすることで、顧客満足度の向上を目指していく。

本年は消費税の増税、ラグビーワールドカップ、来年の東京オリンピック・パラリンピックに向けた訪日外国人の増加など業界でも様々な変化があると想定される。2020年をゴールとした第10次長計の4年目にあたり、総仕上げに向けた大変重要な1年となる。

「顧客満足度調査」を継続実施

―― 長計総仕上げの基本方針は。

まず、本年も「顧客満足度調査」を実施する。すでにお取引先向けに3月に、仕入先向けには6月に実施する。本年からWEBでの回答も併用し、より迅速に改善活動のPDCAを回していく。

次に「戦略5業態」にしっかり取り組む▽メーカー▽健康・介護▽ネット／通販▽外食▽中食の5つだ。

「物流機能強化」では本年、帯広総合センター、関西総合センター（大阪府茨木市）が本格稼働し、三温度帯総合センターは全国に13拠点となる。また、沖縄にも整備構築を進めている。外食・中食業態や小売業各社に温度帯をまたぐ物流サービスを提供する。

「地域密着 全国卸」の取組では、全国レベルでの販売、物流、情報発信機能を発揮すると共に、エリアのグループ企業においては、引き続き地域に密着した活動を進め、各エリアで食品流通のメインプレーヤーを目指す。

「海外事業の基幹事業化」では、輸出入事業・中国事業・アセアン事業の3本の柱を強化する。

また、今後のデジタル化社会に対応すべく、新たな価値創造を目指すデジタルソリューション課を経営企画部に新設、加えて経営企画部環境課をサステナビリティ推進課に改称しSDGsへの取組を強化していく。

セントラルフォレストグループの設立では、トーカン、国分中部と力を合わせ、両社の経営資源を結集し、中部エリアにおける地域密着卸として、プレゼンスを発揮し、お取引先への更なるご期待に応える存在感ある総合食品卸となるよう、支援していきたい。

以上の取り組みを通じ、後半3カ年中期予算として、2020年に売上高2兆円、経常利益180億円を目指す。

外食産業の支えになる総合厨房メーカー目指す

タニコー 株式会社

代表取締役社長
谷口 秀一 氏
SHUICHI TANIGUCHI

はいむるぶしに納品されたオーダー機器

1961年生まれ。1983年武蔵野音楽大学卒、同年データ通信システム入社。1986年㈱タニコーテック入社、2006年タニコー取締役電算室長、2008年代表取締役専務、2010年代表取締役社長。趣味はピアノ演奏。

ものづくりにこだわるDNA

―― 貴社の歩みと考え方の原点を。

1946年に東京で建築板金業を営む谷口商店を開業し、1964年に業務用厨房機器を製造する谷口工業を設立した。国産初の中華茹で麺器や中華レンジを発売してヒットし、1971年にステンレス天板ガスレンジテーブルで勢いに乗った。総合厨房機器メーカーを目指し次々と国産初の機器を開発するなか、2000年にタニコーに社名変更した。2011年の東日本大震災で主力工場が一時閉鎖したが、これを契機に組織改革を断行した。2014年には日本初の「涼厨」仕様のスチームコンベクションオーブンを開発して食品産業技術功労賞を受賞した。町工場の時代から常に社会貢献を謳い、外食産業全体を見据えた機器の開発こそ社会に役立つとの考えで発展してきた。

―― 強みや差別化できる点は。

設計力とデザイン力だ。レストランやホテルには独自のこだわりがあり、厨房に求められる機能やレイアウトを通して効率性や意匠性のニーズに応えてきた。また、優れた動線設計はじめ現場の問題を解決して喜ばれてきた。

昔は売った数の成功報告が多かったが、今は販売プロセスの成功報告が多い。一人ひとりが自発的に考えて取り組めば、顧客が真に困っていることに敏感になり、速さのある的確な改善案が生まれる。例えば現場で働く方々の動画を撮って厨房の改善案を提案するといった顧客のために何ができるかを考えた行動に繋がっている。

既製品とオーダー比率は3対7と、オーダーが多い。製造工程やコスト面で非効率的だが、要望に応じてきた結果だ。店内で最後に納入するのが厨房機器。成果が最も出る配置を顧客が満足するまで協議し何度でも図面修正する。その数は年間2万回に及び、そのやり取りが信頼に繋がる。ものづくりにこだわる会社の考え方こそ自分たちのDNAでありタニコーの勲章だ。

価格帯を上げて業界体質を強化

―― 外食産業の現状と目指す方向は。

2017年に文化芸術基本法が制定され、食文化の振興が新たに明記されたことで魅力ある産業になっていく。料理人が正当に評価されてこそ夢があり、外食産業に若い人が入ってくる。

日本は自然が豊かで、水産物でも農産物でも、北海道から沖縄まで上質かつ均一な原材料や商品が、どこでも短期間で手に入る。原料・生産・運搬の条件がこれほど低単価で提供され、その上で料理人の腕を発揮できる環境はそう多くない。海外から日本食が評価されるのは、単に健康的と言うより安全・安心な美味しい料理とサービスを自国に比べて圧倒的に低単価で食べられることへの称賛ではないか。

一方、価格帯が少し上がることで解決できることは多い。低価格の店で安く仕上げるためにマニュアル通りに働く人を募集するから人手も不足する。逆に夢を提供できるお店なら働き甲斐も出てくる。やる気を持ったパートやアルバイトに仕事の主導権を与え、改善案を率先して出せる環境を作れば好循環が生まれる。夢を提供できた店には客も満足して集まる。

当社はそうした外食産業界の支えとなれる企業を目指している。

「ストロング&グッドカンパニー」を目指す

日本酒類販売 株式会社

代表取締役社長
田中　正昭 氏
MASAAKI TANAKA

プロセッコ「BOTTEGA」はイタリアからの輸入ブランド。このほか、国内産の清酒、焼酎・泡盛、洋酒、飲料など数多くの自主企画商品を持つ。

1951年5月31日生。1974年3月、一橋大学経済学部卒業。同4月、大蔵省（現財務省）入省。2006年7月、国税庁東京国税局長。2012年6月、日本酒類販売代表取締役副社長就任。2016年6月29日付で日本酒類販売代表取締役社長就任。

時代や業界の変化を乗り越える

―― 社長に就任してからを振り返って。

市場を取り巻く環境がいろいろと変わるさなかで社長に就任したが、少子高齢化が進行し、社会経済に変化をもたらしている。酒類食品市場においても、消費者の行動に大きな変化が生じている。嗜好の変化により、飲み方、食べ方、そして買い方も変化している。

また、酒類市場においては酒税法の改正があり、安売りが規制された。適切な価格提案と粘り強い交渉の結果、法改正の趣旨にそった価格改定が実施できたと考えているが、時代の変化はさらに続くので、我々の力でうまく乗り越えなければならない。

―― 代々の社長の功績を改めて振り返って。

初代の式村義雄社長は、1949年に創業し、数十億円の売上から3,600億円まで売上を伸ばした。2代目の江守堅太郎社長は、業容拡大を図り、輸入エージェントとなってハードリカーやシャンパン、ワインを直接、外国から仕入れることを始めた。3代目の篠田信義社長は、小売免許の自由化があり、量販店でも酒類を扱えるようになったことから組織改編を行い対応に努めた。支店の統廃合によりコストを削減したほか、先駆的な共同配送にも取り組んだ。また、酒卸ユニオン<創SOU>を立ち上げた。現在、29社加盟しており、売上は1兆3千億円を超える。

4代目の松川隆志社長は、数多くの施策によりコストの上昇を抑え、黒字基調を作るとともに、取引先を飛躍的に拡大させた。量販店、コンビニ、ドラッグストア、ホームセンター、ネット通販と取引先を拡大させ、利益率を確保し、黒字体質を定着させた。

1,100人超える食の有資格者

―― 日酒販の強みは。

川上と川下に多くの取引先を持ち、酒類食品市場で揺るぎない地位を占めていることだと思う。我々の仕事は、スムーズにモノが流れるようにすることが重要であり、消費者が安定的な食生活が送れるよう、重要な役割を担っているという自負がある。

数多くの新商品が現れるが、小売に説明、提案するためにも、当社の社員は自ら積極的に勉強しており、ソムリエ、シニアソムリエ、唎き酒師、総菜、管理栄養士など含め、現在1,100人を超える食に関する資格保有者がいる。営業では支店長も含め370人くらいであり、1人で複数の資格を持つ社員も多いということであり、それだけ説明も信頼される。

当社は「ストロング＆グッドカンパニー」を目指している。ストロングとグッドというのは、相互に関係はあるが、違う目標だ。「ストロング」とは、売上があって、財務体質も危機管理も強いということ。「グッド」とは社会規範に則って正しく仕事をしていく。ストロングであれば、グッドかと言えばそうではなく、両方とも追い求めなければならない。

これからの日酒販は、ヒト、モノ、コトを育て、卸としての立場から、メーカーの商品形成を後押しする。我々に最も近しいところであれば、酒蔵ツーリズムなど、そういったイベントも応援し、酒類食品の文化育成に積極的に寄与し、地域社会の活性化に貢献していきたい。

困難と闘う企業風土で
高付加価値な品質を実現

日東ベスト 株式会社

代表取締役社長
大沼 一彦 氏
KAZUHIKO OHNUMA

1951年5月生まれ、山形県寒河江市出身。1970年寒河江工業高校卒、同年日東ベスト入社、2003年取締役天童工場長、2010年常務取締役生産本部長、2013年代表取締役社長に就任。座右の銘は「一得一失」。

―― 貴社の歩みと考え方の原点を

当社は1994年、日東食品グループ関連7社の合併により誕生した。1948年には国産コンビーフ第1号の開発に成功し、1967年にはいち早く業務用冷凍食品の分野に進出、「食品産業分野で広く社会に貢献する」を共通理念に日々努力し、今では日配食品・チルド・常温食品までラインアップし高い評価を得ている。これからも“楽しい食生活を創造”するため、健康と豊かさを追求する技術「ライフサポートテクノロジー」を駆使し社会貢献していく。

原材料高騰や低価格競争が依然と続き厳しい環境だが、「マンネリの打破」をキーワードに、原価低減に取り組み、流通関係者と連携し難題解決を進める。少子高齢社会となりライフスタイルも変化したが、食生活はますます重要となる。癒しや元気、感動シーンを実現する食材やメニュー提案、食の演出を提供することが我々食関係者の任務だ。

専用工場で食物アレルギー対応

―― 強みや差別化できる点は。

細やかな対応ができる点で、ニーズに応えた特注品など様々な商品に応えている。コスト面は厳しいが、困難や面倒臭いことに立ち向かう企業風土がある。顧客の課題を解決できる商品を、ともに開発するのが、当社の伝統だ。

食物アレルギーにもいち早く対応した。卵・乳・小麦不使用の「フレンズシリーズ」は、2018年に10周年を迎え、ミールとスイーツで約60品揃えている。専用工場への投資は莫大だが、通常品と価格があまり変わらない美味しい商品を提供できれば需要は確実に増えると見越して取り組んできた。

また、リスクの大きい大口顧客のスポット対応も重要だが、各地域の卸と取り組むことが大事で、小ロットの特注にいかに応えるかに注力してきた。

差別化を図るため、高付加価値を追求している。高度な品質実現を経営戦略と考え、2018年は生産技術部を設置、2019年には加工技術部を計画。約20人体制で技術に注力することで、味や美味しさを追求した商品開発にもつながる。また高齢者施設が増える中、介護食など高齢者食分野でも拡大できる。

働き方改革対応に環境整備強化

―― 国内と国外の見通しは。

働き方改革の実現には経費がかかり、利益増が不可欠となる。工場勤務も24時間体制から日勤1本にスライドしていく努力が必要だ。5年前に稼働した山形工場のスペースが空いている。主幹工場として、集約ではなく生産能力を落とさないライン作りや機械化により環境整備を進めていきたい。

2016年、ベトナムにおける日配物菜の製造販売、畜肉原料の加工製造販売を目的に新会社を設立した。この新事業も少しずつ進展している。信頼を築ければ相手国が裕福になったときに大きく花開くと考え、商品作りと組織体系構築に力を入れている。ベトナムは力がある国であり、時間がかかってもそこで基盤を作って、海外事業の足掛かりとしたい。

人材不足に関しては、日本でも欧米のように外国人労働者を多く活用するという方向性には疑問がある。座右の銘である「一得一失」を考えればバランスが必要と思う。

ニッポンの素敵な会社

WONDERFUL COMPANY OF “NIPPON”

アサヒビール 株式会社

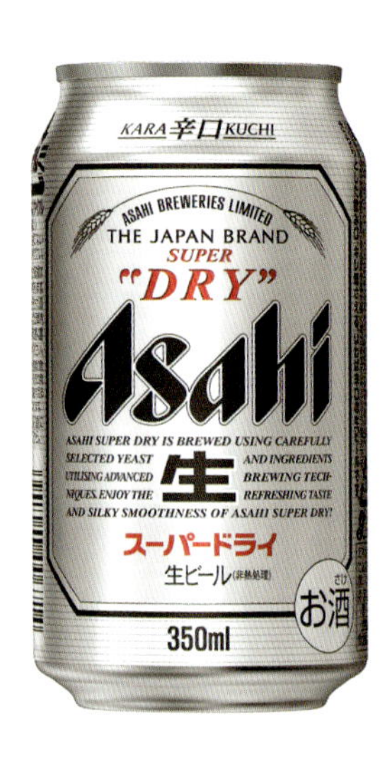

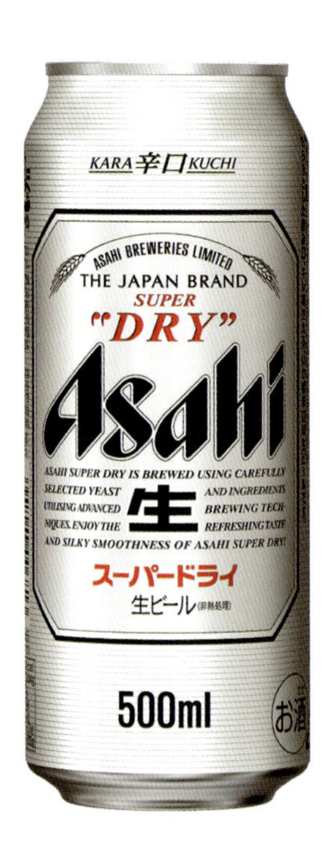

ビールに「辛口」という新たな価値を与え、発売以来ビールのみならず日本を代表するプロダクトとして常にNo.1ブランドとして走り続けてきた「アサヒ　スーパードライ」。製造するアサヒビールは同商品発売までは業界3位というポジションであったものの、1987年に同商品を発売すると快進撃を続け98年には業界1位の座を奪取。「日本のビール市場を変えた」とまで言われることもある同社だが、老舗ブランドとなった現在でも「スーパードライ」の進化の手は止めない同社の取り組みについて、同社ビールマーケティング部の古澤毅次長に伺った。

名実ともに「THE JAPAN BRAND」

「スーパードライ」は商品やパッケージのクオリティアップはもちろん、「瞬冷辛口」や「ドライブラック」、「ドライプレミアム 豊醸」やギフト専用商品など多くの派生商品を発売しており、2019年4月9日には新たに「スーパードライ ザ・クール」を発売。同商品は「スーパードライ」の持つ「さらりとした飲み口」「後味のキレ」を持ち合わせながら、冷涼感のあるホップを一部使用することで、更にスッキリとした飲み口を実現。また、「スーパードライ」の派生商品では初の業務用専用商品で、容量も334mlの小瓶のみ。かなりターゲットを絞り込んだように思える同商品だが、古澤次長に同商品について聞くと「若年層をターゲットとした、新たな需要を開拓するための商品」と話す。

「我々が考える“当たり前”と、これからの需要を担っていく若い人たちの“当たり前”は違って当然。中には“お酒を飲み始めてから栓抜きを初めて見た”という方もいる程。“違う”ということを踏まえて“若年層の酒離れ”について改めて検証したが、100%その通りではなく若い人もお酒が好きな人は多いことが判明。次の段階として“離れた“のではなく飲む場面や飲み方が変わった、のではないかという仮説を立てて様々な面から検証に当たった結果、これまで25歳前後の若い社会人は会社の先輩や上司と飲みに行くことが多かったが、最近ではその相手が大学の友人など、仕事以外で知り合った人物へと変化していることが分かった。その変化に合わせて当然飲む場所や飲み方も変わってくる。したがってこれまでと同じような提案ではなく、提案の形を変えてあげれば若い方にも大いに手にとってもらえる商品となるはず、ということから“ドライ ザ・クール”の発売に至った」と発売の経緯について説明する。

「その上で、1月から放送しているTVCM“THE JAPAN BRAND宣言”篇でも登場しているような、小瓶でそのまま乾杯し、飲めるようなスタイルで同商品を提案する。これも我々の世代ではなかなか見ない光景だが、若年層からすれば珍しいものではなく馴染みがある飲み方。発売前に飲食店経営者向け試飲会を開催したのですが、味わいの新規性も含めてその場でも若手経営者の多くから“ぜひとも取り扱いたい”と高く評価。徹底的に若年層に向けた商品ということで、ダーツバーやスポーツバー、ビリヤードやクラブといった業態を中心に開拓を行ってお

としており、1月からはイタリアの「ペローニ ナストロ・アズーロ」を製造するパドヴァ工場で同商品が製造されている様子を写したTVCM「THE JAPAN BRAND宣言篇」や、3月からは世界で唯一の「東京2020オリンピック・パラリンピックオフィシャルビール」であることを訴求した「日本から生まれる、世界最高のドキドキ」篇の放送を開始している。オリンピックとパラリンピックを見越した取り組みでもあるそうだが、古澤次長はブランドスローガン変更やTVCMについて「スローガンを“THE JAPAN BRAND”としたことや、この2つのTVCMと“アサヒビール イノベーション 辛口篇”を合わせ、“唯一無二の味わい”であることを訴求するメッセージとして発信している」とブランド戦略に込められた真意を話す。

続けて海外での取り組みについては「実際にヨーロッパ市場やオセアニア市場でも多くの支持を獲得しており、プレミアムビールとしての立ち位置を確立しつつある。現地のルールに則ってラベルの表記を行うので一部記載できない文言もあるが、基本的には日本と同じく“辛口”という価値を全面に押し出して商品の魅力を訴求している」と手応えがあることを説明。

最後に「いま、お客様に最も伝えたいことは」と聞いたところ「最近では少し“ドライ（辛口）”の意味合いが変化しているようだが、同商品を通じビールにおいて“ドライ＝さらりとした飲み口と、後味のキレ”という価値を創造してきたという自負がある。その味わいの魅力を改めてお客様に訴求し、さらなるファンの増加につとめていきたい」と熱く語った。

り、同商品を片手に味わいと場の雰囲気を楽しんでもらいたい」と古澤次長。

史上初「製造後翌日出荷」の商品も

既存ブランドへの取り組みも当然忘れていない。2018年11月には、30年以上の歴史の中で蓄積してきた製造ノウハウや品質基準等の知見を活かし、製造基準を厳格化した「さえるキレ味」をさらに高いレベルで実現。加えて、同商品はこれまで短くても「製造後3日以内」の出荷としていたものを、2019年4月と6月には「製造後翌日」の出荷とした「鮮度実感パック」を発売。古澤次長曰く「工場や流通各社にはかなり無理を聞いてもらい実現した企画。お客様からの“ビール工場で飲むビールは、やっぱり美味しい”という意見はかなり多く、家でも同じクオリティの新鮮な商品を楽しんでもらうための取り組みとして行っている。大々的にサンプリングも行うので一度口にして頂き、美味しい“スーパードライ”を楽しんでもらいたい」とのこと。

また、今年から中長期のブランドスローガンを「THE JAPAN BRAND」

「東京オリンピック・パラリンピック公式ビール」である同商品だが2018年からは「五輪」と大会の競技数（55）にかけた「555ジョッキ」を展開。「中ジョッキ」の1.5倍ほどのサイズで持った感じも飲んだ感じも「ごつく」感じる。大会のロゴもあしらわれているので、2020年の大会期間中はぜひこのジョッキで「スーパードライ」を楽しんでもらいたい。

PROFILE

1889年大阪市にて創立（朝日麦酒前身の大阪麦酒）。ビール類などの酒類の製造・販売を行う。本社（東京都墨田区吾妻橋）のほかに10の統括本部と8工場、海外では北京、上海、ロンドン、カリフォルニアに事業所を所有する。

伊藤ハム 株式会社

ハム・ソーセージなどの食肉加工品、調理加工食品、惣菜類の製造・販売、食肉の加工などを行う食品加工メーカー。創業精神である「事業を通じて社会に奉仕する」のもと、健康に大切な動物性たんぱく質である食肉や食肉加工食品を届けることにより、食生活の向上に貢献してきた。「食」を担う企業として社会から信頼される企業であり続けるため、コンプライアンス体制を充実させ経営品質を高めるとともに、地球環境への配慮、社会貢献活動などの分野においても、社会の一員として責務を果たすべく活動している。2016年4月には米久との経営統合による伊藤ハム米久HDがスタートしている。

100周年に向けておいしさを追求

食肉加工品市場は、生活者の根強い節約志向や競争の激化などによって、価格の低下が続いている。このように厳しい市場環境の中で、伊藤ハムは生活者を想定した価値のある商品提案に努め、市場の活性化を図っている。

熟成ウインナー市場で購買金額シェアNo.1※の「The GRAND アルトバイエルン」は、豚肉100%の原料肉を、伊藤ハム伝承の製法で手間暇かけて72時間以上じっくり熟成して肉の旨みを充分に引き出し、ドイツバイエルン州産の岩塩を使ったコクと深みが特長。肉の挽き方にもこだわり、豪快なあらびき感を演出しており、独自の香辛料と調味料の配合によって素材の旨みとの相乗効果を生みだしている。多様化する生活者のニーズにあわせて巾着タイプ、大袋タイプ、ロングタイプなどの包装形態やサイズをそろえている。今春から4本入りの使い切りパックを2連で投入するなど、生活者の使いやすさに着目した商品を投入している。

プロモーション活動では、熟成させる時間など手間暇かけて製造しているからこそのおいしさであることを訴求するため、商品そのものにスポットをあてた展開を行っている。また、伝え方も生活者に寄り添い、購買行動を調査したうえで変化させている。その一環として、今春からパッケージ裏面の調理例を変え、時間がかからずにおいしく食べる方法として、レンジでの調理方法も記載している。このように「熟成＝おいしい」を伝え、生活者のニーズにも応えることでファン拡大につなげている。

発売85周年を迎えた「ロイヤルポールウインナー」は創業者の伊藤傳三が開発。飴や薬を包むのに使われていたセロハンの端切れを筒状の袋になるように貼り合わせ、その中にウインナーの原料を詰めて紐で縛り、セロハンウインナーとして発売した。基本的な味付けは現在も変えておらず、手軽なたんぱく源となる。個食化されており、簡便性もあることから、そのまま、炒める、巻きずしなどに使うなど料理の素材として幅広いシーンで利用でき、現在でも十分通用する商品コンセプトである。年々、首都圏でも展開が広がっており、専用サイトでは「ポールウインナー目撃情報」コーナーを設け、日本全国のどこで「ロイヤルポールウインナー」が販売されているかの情報投稿・閲覧することができる。

1974年発売の皮なしウインナー「パルキー」は、関西エリアを中心に展開している。お弁当

ロイヤルポールウインナー

「おかずプラス」シリーズ

にぴったりのひとくちサイズで食べやすい食感が特長。「パルキー」を皮切りに、ミニサイズウインナー「ポークビッツ」、チーズ入りリオナソーセージ「チーズイン」の展開へとつながっている。発売から45周年を迎え、2個バンドル商品を投入して販促売場での展開にも取り組む。定番商品として、「ポークビッツ」「チーズイン」「赤ウインナー」とともに面での展開を目指す。

また、「ポークビッツ」「チーズイン」では、新学期や夏休みなど季節イベントに合わせ、シーズンごとにパッケージデザインを変更。「子ども」との親和性を高め、「子ども向けウインナー＝『ポークビッツ』『チーズイン』」となることを目指して訴求していく。

※2018年1月～12月金額集計（全国） 熟成ウインナー市場 ブランド別 伊藤ハム調べ （マクロミルQPRデータより）

レンジ調理アイテム充実

調理加工食品では、袋のままレンジ調理ができる「おかずプラス」シリーズを立ち上げて、「味しみ牛肉じゃが」「ビーフシチュー」「麻婆豆腐」など和・洋・中の定番おかずを10アイテム投入している。内容量は1食分の適量サイズで、冷蔵庫でもかさばらないスタンディングパウチ形態を採用。賞味期間は45～90日で、買い置きおかずとして展開しており、単身世帯だけでなく、ファミリー世帯もターゲットにしている。レンジで温めるだけで食材のロスがなく、おかずを1品追加することができる。

容器にうつしてレンジで温めるだけの「レンジでごちそう」シリーズは、「ビーフシチュー　赤ワイン仕立て」や「シチュー・ド・ハンバーグ」などのお肉が主役のごちそうメニューをそろえている。常温保存に対応しており、昨年の災害後は需要が急増した。今春から牛すじをやわらかく煮込み、クミン・ブラックペッパーなど31種類の香り高いスパイスを使用した「牛すじ黒カレー」を投入して、シリーズアイテムの充実を図っている。

サラダチキンカテゴリを強化

サラダチキン売場の活性化を目指し、今春からビッツタイプのチキンソーセージ「サラダチキンビッツ」を発売。焼かずにそのままサラダにトッピングするほか、オムライスなどの料理素材としても利用できる。加熱済みなので、「混ぜ合わせるだけ」と、使い勝手の良さが特長。注目の「チキン」を原料にしたソーセージの投入で、「ポークビッツ」とは異なる購買層の獲得を目指す。

さらに、ブロックタイプから新フレーバー「タンドリー風味」を投入したほか、サラダやサンドイッチに利用できる切り落としタイプを発売している。また、ブロックタイプでは材料の風味や旨みを逃さず調理できる真空調理製法を活用して「旨みジュレ」でチキンを包んだ「梅しそ」と「瀬戸内レモン」の2品をリニューアル。既存品とあわせて、サラダチキンカテゴリではブロックタイプ、切り落としタイプ、3連タイプ、「糖質0」アイテムなど、取引先の要望に応えられるように幅広い商品をラインアップしている。

サラダチキンビッツ

いとうあさこさんを起用した「朝のフレッシュ」のテレビCMなど、商品以外でも業界内外の注目を集める。ハム・ソーセージだけでなく、ハンバーグやピザ類、簡便商品など幅広いカテゴリで商品を展開。食肉事業では鹿児島県産黒豚「黒の匠」、ブランド牛肉の「いとう和牛（国内）」「伊藤和牛（海外）」を国内外で広く展開する。

PROFILE

1928年大阪市北区で伊藤食品加工業として創業。食肉加工品や調理加工食品の製造・販売のほか、食肉卸も行う。資本金284億2,700万円。本社（兵庫県西宮市高畑町4-27）、従業員数1,881人（2018年3月31日現在）。

サッポロビール 株式会社

サッポロビールのルーツは北海道開拓使にあり、1876年に開業した開拓使麦酒醸造所が前身だ。そのアイデンティティは「開拓者精神」。自ら物事を切り開いていくDNAを受け継ぎ、「お客様起点」を持ち続け、オンリーワンをつみ重ね、感動創造企業ナンバーワンの実現に向け歩んできた。基軸ブランドである「黒ラベル」は、2019年4月1日、42歳の誕生日を迎えた。2015年から18年まで4年連続で売上アップを果たしている。特に「黒ラベル」缶が好調で、この1～3月で前年同期比9％増と、停滞するビール市場で群を抜く存在となっている。

若年層からの支持が拡大中

「サッポロ生ビール黒ラベル」は、生ビール時代の先駆け的商品として、1977年に「サッポロびん生」の名で誕生した。年々、改良を重ね、今年の1月下旬製造分からは生ビールの重要な要素である“泡”を、より白く美しくするため、原料・製法・消費者の口に届くまでの徹底した品質管理に加え、製造方法をさらに工夫し、「白く美しい泡」を実現した。

今年のマーケティング方針について「黒ラベル」マーケティング担当の同社ブランド戦略部サッポロブランド第1グループシニアマネージャーの田邊稔博氏に聞いた。

「黒ラベル」缶は2014年比で1.4倍の実績となっている。ビール類総需要が毎年、2～3％減り続けるなか、ある意味で“異常値”といえる。まず、どうしてこんなに「黒ラベル」は好調なのだろうか。

「発売した当初の目的は“工場で飲む生ビールのおいしさを家庭でも”だった。その思いは今も全く変わっていない。今は料飲店で“完璧な生ビール”を体験してもらうことで、家庭用にもつなげていくというマーケティングだ」と田邊氏。

田邊稔博シニアマネージャー

「今日的には、ターゲットを若年層、特に20～30代に置いているのが、大きな特徴。彼らに響くプロモーションを意識している」

田邊氏は「黒ラベルが他のブランドと大きく違うのは機能価値ではなく情緒価値を前面に出すようにしていること。味の特長や、製法の特長も謳っているが、機能価値よりも情緒価値を訴える方が強い」と語る。

「黒ラベル」の世界観を体現しているのがご存知、テレビCM「大人エレベーター」だ。2010年から放映しており、2019年で10年目になる。「大人の雰囲気、世界観を訴求している。黒ラベルを飲むことが“大人への憧れ”につながったり、“大人になった瞬間に立ち会う”というものだ。WEB上でスキップされることが少ないことで、お客様から支持されていると考えている」

次にパッケージデザインだ。「なかなか気が付きにくいが、デザインはちょっとずつ変えている。この3月にもリニューアルを行い、デザインをよりシンプルにした。黒ラベルのシンボルである黒丸に金星を基として、少しづつデザインを考えている」。

次に業務用と家庭用の連動だ。前述したように、「完璧な生ビール」のリアル体験イベントを全国の主要都市で積極展開している。昨年も全国7都市で「黒ラベル」のイメージカラーである黒を基調にデザインしたキャンピングトレーラーがキャラバンする移動式のビアガーデン「パーフェクトスターワゴン」、全国5都市で「パーフェクト黒ラベル」を楽しめる体験型スタンディングバー「パーフェクトデイズ」、

4月から刷新したポスター

新宿と西梅田の2カ所で夏場の長期間オープンする「THE PERFECT BEER GARDEN 2018」と、矢継ぎ早に展開した。「そこで“美味しい”と実感したお客様にご家庭でも黒ラベルをご購入していただいている」。

また、この4月からポスターとPOPを刷新した。「他メーカーと異なり、黒ラベルの世界感をより訴求するために、黒ラベルのキーカラーである黒を基調としたポスターを展開している」(田邊氏)。これもまた、業務用・家庭用のマーケットブリッジを創造する施策だ。

2015年 西日本で大躍進始まる

西日本には近畿圏本部、中四国本部、九州本部の3本部があるが、このエリアでの伸びが「黒ラベル」の躍進を支えている。なにしろ、西日本ではすでに48カ月連続で前年同月の販売数量を上回っているのだ。

大躍進のきっかけは「ひょんなことだった」と語る田邊氏は、近畿圏本部で5年間の営業を経て、2014年当時、リテールサポートの職についていた。近畿圏のエリア戦略を立案中にデータとにらめっこしているうちにあることに気が付いた。当時ノーマークできていた「黒ラベル」がCVS（コンビニエンスストア）で「ヱビス」の1.2倍売れている。

各社、同じ価格・同じフェース数で販売されているCVS業態で売れているのであれば、「実力」だ。田邊氏は、営業担当者の力を借り、SMチェーンに提案して、試験的に店頭をつくったところ、これが本当に売れた。

そこからは怒とうの展開だ。近畿圏本部の営業部署が一丸となって、課題と改革のあぶり出しにかかった。様々な提案が飛び交ったが、大きくはカテゴリーとして「社内意識」「得意先意識」「消費者意識」の3つに分かれたという。最終的に9つの具体的方針を打ち出した。「結局は私たちの“売る”意識を変えることを起点として、お得意先、お客様の黒ラベルへの認識を変えていく、このことに尽きた」と田邊氏。

「近畿圏のお客様にもっと黒ラベルのおいしさを知ってもらいたい」という営業担当者の思いが具現化したのが西梅田での「THE PERFECT BEER GARDEN 2015」だ。「ビアガーデンに得意先をお連れし、“完璧な生ビール”を体験してもらう。すると、理解も深まり、認識が変わった」。店頭の販促計画も通るようになり、社員のモチベーションは高まった。2015年からの快進撃により「近畿圏本部で3年で箱数を倍にすると言っていたが、そうなった」と話す。

「始まっているけど、始まりはこれからだという感触もある。まだまだ伸びしろはある。これからも積極的にマーケティングを行っていく」と力強く語った。

西梅田の「THE PERFECT BEER GARDEN 2018」

ビール大麦とホップの自社内育種をはじめ、同社のフィールドマンが畑から生産者と一緒に取り組む「協働契約栽培」といった世界に誇る独自の取り組みも行っている。1984年に北海道空知郡上富良野町にあるバイオ研究開発部で開発したフレーバーホップ「ソラチエース」は、いまや世界中のブリュワーから重宝されている。

PROFILE

1876年の創業以来の開拓者精神を受け継ぎ、140年以上の歴史のなかで「モノ造り」にこだわってきた。お酒を製造・販売する事業を通して「お客様に楽しさを提供し豊かで潤いのある生活に貢献すること」を目指している。

サントリービール 株式会社

新型電動式神泡サーバー

サントリーの2代目社長、佐治敬三氏は1963年、創業者である故・鳥井信治郎氏にビール事業に再参入する決意を告げた。そのとき鳥井氏の放った言葉が「やってみなはれ」だったというのは、あまりにも有名なエピソードだ。2008年、サントリーのビール事業は初の単年度黒字化を達成、シェアも3位に上げ、最初のステップは達成した。企業DNAである「やってみなはれ」を体現し、ビール事業を花開かせた立役者が03年に本格発売した「ザ・プレミアム・モルツ」だ。ここでは特に18年から取り組んでいる"神泡"プロモーションにスポットを当てていく。

〈神泡〉がビールの選択基準を変える

山田賢治社長

「これまでの電動式神泡サーバーは、一部で洗浄が面倒という声が寄せられていたが、これをクリアした。担当者のチャレンジングなスピリッツから生まれた、まさに画期的な"発明"だ」(サントリービール山田賢治社長)。

昨年、サントリービール社がビールの選択基準を〈泡〉に変えるとして提唱した〈神泡〉プロモーションが、今年、また進化した。〈神泡〉とは、「ザ・プレミアム・モルツ」ブランドこだわりの素材・製法・注ぎ方によって実現したクリーミーな泡のことだ。昨年、この〈神泡〉を、家庭でも再現できる画期的なツール「神泡サーバー」(手動式、電動超音波式)を、スーパー店頭などで販売するカートンや、6缶パックに景品として同梱した。その画期的おいしさを体感した方は"ビール本来のおいしさ"を改めて実感した。

一方で、昨年のサーバーは缶蓋に直接載せるというシンプルな構造だが、「シンプルだけに、思っている以上に洗浄が面倒」ということで、家庭での使用が定着しない場面もあった。そこで今年の3月19日に本格登場したのが、なんと洗浄いらずを実現した電動式神泡サーバーだ。

これまでもビールファン向けに開発された家庭用サーバーというのはもちろんある。ビールメーカーが製造し、景品にしたり・あるいは販売し、また玩具メーカーが独自に開発したりといった具合だ。

しかし、山田社長が胸を張って紹介する今回の電動式神泡サーバーは、「液体そのものに超音波を当てて微細な泡をつくる」というこれまでのサーバーの常識を根底から覆した。液の外から、つまり缶体に超音波を当てても同じ泡を生成するできることを示したのだ。缶の外から1秒間に4万回振動の超音波を当てる。

その使い方は▽缶容器に電動式神泡サーバーをセットして▽グラスの内側に沿わせて泡立たないように7分目まで注ぐ▽サーバーのスタートボタンを押しながら、ゆっくりと缶を傾け泡を乗せる——という実に簡単なもの。

これで「旦那が楽しんだあと、ほったらかして、カミさんが不機嫌に洗う」というシーンはなくなる。食卓にいつも置いているだけで良いのだから。

3月19日から新型神泡サーバーを付けた商品を発売し、3月下旬には全国1,000店規模で、同社グループ社員が店頭に立ち、"洗浄いらず"の電動式神泡サーバーの実演販売を実施。

インテージ社の調査によると、プレモル新規購入者率は35%で、うちビール類新規購入者率は約1割と推定しており「ビールの選択基準が泡に変わりつつある」(同社)とみる。

好評を受け、電動式神泡サーバーの投入数を、8月までに120万個としていたが、170万個に前倒しする。

「各家庭に必ず一個ある」が目標

「〈神泡〉活動の一番の成果は、泡への気づき・意識を通じて、ブランドの“おいしさ”イメージがアップしたことだ」と、サントリービール水谷俊彦マーケティング本部プレミアム戦略部長（写真）は語る。

「シャンパンにも缶チューハイにも泡はあるが、液の上にずっと乗っているものではない。ビールは、上手に注げば、飲み干すまで泡が最後までグラスに残って、結果、最後の最後までおいしく飲める。このことを実感してもらいたい。これを当社は、業務用ではプレミアム達人店・超達人店などの取り組みを通じて、首尾一貫して取り組んできた。しかし、家庭用では、それをやり切れていないという想いは常にあった。それをブレークスルーする武器が今回のサーバーだ」「200万個と言わず、最終的には各家庭に必ず1個ある、というのが目標だ」。

ここで、「ザ・プレミアム・モルツ」ブランドの2017年からの3カ年戦略を振り返っておこう。17年に更なるおいしさを追求して、味わいの改良とマーケティングを刷新する「リバイタライズ」を行い、これが成功する。18年には〈神泡〉プロモーションを展開、業界を驚かせる。その結果、18年のビール市場は前年比95％だったが、プレモルは100％を実現した。

18年の〈神泡〉の成果としては、業務用では、神泡品質提供店（以下、神泡提供店）3万5,000店で約2億杯の〈神泡〉「ザ・プレミアム・モルツ」ブランドを提供。神泡提供店での杯数は、非提供店を100とした場合、102となっている。家庭用では、神泡サーバーを投入することで、お客様接点は550万となり、1人当たり購入容量は、1～2月の前年比98％が、神泡活動後の3～12月は同101％となった。

だが、このような数字に表れる成果はもちろんだが「一番の成果は、泡への気づき・意識を通じて、ブランドの“おいしさ”イメージがアップしたことだ」と水谷部長。「そればかりでなく、イメージ構造が変化した。17年までは“価格が高いから”“高級感があるから”おいしい、というイメージ。これが18年には“泡が良いから”“コクがあるから”おいしい、となった。いわば外からの情報ではなく、自分の判断で、納得してプレモルのプレミアムたる所以をイメージしてもらえるようになった」（水谷部長）。

「神泡BAR」、客数7割増で推移

2月9日に東京・八重洲に「神泡BAR」をオープンした。客数が計画比約7割増と好調に推移している。ここで〈神泡〉を深く体験してもらう。「神泡マイスター」が注ぐ神泡BARのみの特別なプレモル「限定樽生」。シーズンごとに提供されるものが変わるようだ。泡だけのビール「神泡ミルコ」（写真）は、泡の1粒1粒に香りが凝縮され、クリーミーな口あたりが初体験で驚かせる。

「日によっては行列ができたくらい。

ミルコ

一番の売れ筋は“ミルコ”だった。初めて見るクリーミーな泡だけのビールは、泡アートを施すことでインスタ映えするものとなった。神泡BARでの成果は、これから多くの得意先料飲店に広げていきたい」（水谷部長）。

新幹線でも“神泡”を提供中

ジェイアール東海パッセンジャーズとの共同取り組み。2月6日から8月31日まで、東京～名古屋間の一部の東海道新幹線で、専任パーサーが新型電動式神泡サーバーで注いだ「ザ・プレミアム・モルツ」と、オリジナルおつまみをセットにした「神泡セット」を500円（税込）で提供するもの。「対面だからこそできるサービス。きちんと電動式神泡サーバーでクリーミーな泡をつくって提供するので、近くの方も“オッ？”となり、トライアルにつながる。それが狙いでもある」（水谷部長）。

対象列車のビール販売数量を前年比約4割増に引き上げるなど新たな需要を創造している。

「最後の洗浄というひと手間が煩わしい」。ユーザーの声を聞いて、すぐに議論を進め「直接、液に超音波を当てなくても、クリーミーな泡はできるんじゃないか」と一回常識を捨てた。金属であるアルミは超音波を通す。理想が「発明」になった瞬間だ。サントリーの“やってみなはれ”精神の面目躍如といえる。

PROFILE

サントリーの歴史は1899年、創業者・鳥井信治郎氏が大阪市に「鳥井商店」を開業し、ぶどう酒の製造販売を始めたことから始まる。以後、「赤玉ポートワイン」「ウイスキー角瓶」など日本の洋酒文化をけん引している。

シメイビール

昨今「クラフトビール」の消費量が世界的に急増しており、それは日本でも例外ではない。この人気はアメリカ合衆国が起点となったもので、同国のビールの消費量の20%がクラフトビールになっているという。「クラフトビール」の定義こそまだ曖昧ではあるが、日本での割合が0.5%ということを考えるとアメリカでの市場の大きさがわかる。確たる地位を確立したアメリカのクラフトビールだが、大手ビール輸入業者の代表者曰く、実は技術的なヒントはベルギービールから得ていることが多い、とのこと。しかしそのベルギーには「クラフトビール」という概念が存在しない。

1862年から変わらぬベルギービール

ベルギーには日本やアメリカで言うところの「大手ビールメーカー」はない。大昔から小規模な醸造場が各地に点在しており、スタイルも多様。「ビールの種類が多すぎて分類不可能」という国のため、我々が想像する「クラフトビール」という概念が存在しないのだ。

また、トラピストビールといわれる修道院で製造されるビールが多いのもベルギーの特徴だ。現在トラピストビールの醸造場（修道院）はオランダに2場、オーストリア、イタリア、アメリカ、イギリスにそれぞれ1場ずつ存在しているのだが、ベルギーには6場もあり、世界中のトラピストビールの醸造場の半分はベルギーに存在している。

中でも日本のみならず世界中で高い知名度を誇るのが「シメイ」だ。1862年にスクールモン修道院にて産声を上げたそのビールは、現在に至るまで同じ修道院の同じ井戸水を用いて製造されており、唯一無二の深く濃厚な味わいと芳醇な香りが特長だ。

1862年から続く同ブランド。これまで発売したラインアップは「レッド」「ホワイト」「ブルー」「ゴールド」の4商品のみ。かなり保守的なブランドと捉えられる一方、2016年からは新たな取組として「ブルー」を樽に詰めて熟成した「グランドリザーブ・エイジドオーク」を発売するなど昨今では挑戦的な取り組みも行う。

伝統を継承しつつも、新たなことにも挑戦する「シメイ」。現地でも幅広く取り扱われており、多くのベルギー国民から愛されているビールの1つだ。ブリュッセル在住の日本人は「手軽に手に入る上に、飲みやすく美味しい。アルコール度数が高いビールが多いベルギーにあって、“シメイ”はマイルドで味わいも尖ったところが少なく、洗練されている。特に“レッド”は最も好きなビールの1つ」と高く評価する。

個性豊かな味わいが特徴的

日本でもベルギービールの代表格として高い知名度を誇る同商品、料飲店でも取り扱う店舗は多い。その中の1つである大阪・本町のイタリア料理店「ブライトンベル本町通店」では多くのクラフトビールが取り扱われているのだが、中でも「シメイ」はほぼすべての商品を用意しており、3,000mlの「グランド リザーヴ・ジェロボアム」が注文されることも珍しくない。6,000mlの「グランド リザーヴ・マチュザレム」が開栓されたこともあり、軒先には瓶がディスプレイされている。

同店のオーナーである出口昌紀さんは「17年ほど前にたまたま飲んだのが“レッド”。個性豊かな深い味わいに感銘を受けたのは今でもはっきりと覚えている」と「シメイ」との出会いについて語る。

続けて当時の市場環境について、

ビールといえば大手のピルスナーしか置いていない料飲店がほとんどの中、幅広くこの味わいを伝えたい、ということで当店を創業。開店から現在に至るまで多種多様なビールを取り扱ってきたが、「シメイ」は客の反応も良い。予約の時点で、シメイの大きいボトルの有無を尋ねる常連客もいる。多いときには1日で20～30本は注文が入る人気ぶりだ。

また、男性よりも女性に多く飲まれるようだ。中には入店から延々と濃厚な「ブルー」を飲む女性客も。「食に対する興味が強く、流行に敏感。ビールは黄色いものという認識も薄い人が多く、飲んでもらえれば高確率でファンになってもらえる」と出口オーナーは語る。

「容量違い」による飲み比べも楽しみの1つ

同店で「シメイ」の魅力に取りつかれ、リピーターとなる客も多い。来店客へは、それぞれの個性を最大限に生かした勧め方をしている。初めて「シメイ」を飲むという人には、まず最初に“レッド”を、次に“ホワイト”、最後に“ブルー”の順番で勧める。料理についてもそれぞれに合わせたものを提案している。

オーナーである出口昌紀さん

レッドはフレッシュなカシス、クランベリーのような赤い果実の味わいが特徴。さっぱりとした白身魚のエスカベッシュなど前菜的な料理とマッチする。ホワイトはホップの香りが豊かで口当たりはドライでビター。魚介類を用いた料理に幅広く合わせられるほか、鶏のから揚げとの相性も良い。ブルーは唯一無二の濃密さや重厚さを持っており、ステーキなどの肉料理とぴったりだ。

軒先には「シメイ」の空瓶がぎっしり

実際に料理と合わせて“シメイ”各商品を飲むと、総じて絶品。中でも“ブルー”と牛ステーキとの相性が秀逸だ。牛肉の旨味と脂の甘味に“ブルー”独特の濃密なカラメルのような甘味と苦みが合わさることで、牛肉のいい部分をさらに引き立てる。「味にうるさい大阪人を開店以来うならせ続けてきたコンビ」とのこと。

また、「シメイ」は全商品瓶内二次発酵が行われており、その容量が異なれば二次発酵の進み方も異なる。したがって、ほかのビールではあまり提案できない“容量の違いによる味の違い”が楽しめる。小さければよりきりっとしたメリハリのある味わい、大きければよりまろやかなでコクのある味わいへと変化する。樽生については最も小さな330mlよりもさらにきりっとしている。出口オーナーは「個人的に好きなのは“ブルー”の1,500ml“グランドレザーブ マグナム”。発酵のスピードがちょうどよく、リリースされる頃にはまろやかで極上のコクが楽しめる」と楽しみ方を語る。

ビジネス街という都合上、昇進や栄転、歓迎会や送別会といったおめでたい“節目”での利用も多く、そんな際に大容量の“シメイ”を仲間と共に飲む客も多い。「私の人生の節目にもなったビールで、最も好きな銘柄の1つ。皆さんにもさらに愛されるビールとなるべく頑張っていきたい」と“シメイ愛”を語った。

「ブルー」の表ラベルにはビールとしては珍しくビンテージが記載されている。容量が小さくなれば小さくなるほど二次発酵が速くなり、若い商品となる。また、全商品裏ラベルには“ジョッキ禁止”のロゴもあり「専用のグラス」で楽しんでほしいとのこと。その専用のグラス、修道院生まれのビールらしく「聖杯」を模したものだそう。

PROFILE

現在世界に12あるトラピストビールの1つ。修道院内の天然地下水と天然の農産物を使用して造られており、熱処理・ろ過を行なわず、瓶詰の直前に新鮮な酵母を加えて造る「味のグラディエーションを楽しめる」自然熟成ビール。

昭和産業 株式会社

昭和天ぷら粉は2020年に発売60周年を迎える。昭和産業が日本で初めて無糖プレミックスとして「天ぷら粉」を日本で発売したのは1961年のことだが、その前年の1960年に米国・ロサンゼルスで日系人向けに「天ぷら粉」の輸出・販売を行っていた。当時、米国在住のある貿易商から「サンフランシスコには日系人が多いが、天ぷらを揚げるには、普通の小麦粉では上手くいかない。専用のプレミックスが作れないか」という要請を受け、「昭和天ぷら粉」を輸出したもので、その商品が現地で大ヒットした。

「昭和天ぷら粉」来年発売60周年

「昭和天ぷら粉」は、実は米国発売の前年に一度、国内で販売されていたのだ。食用油のギフトとして天ぷら粉をセットした商品を発売したのだが、当時の消費者は、天ぷらは小麦粉（メリケン粉）を使うのが普通で、「売れずに在庫が積み上がった」（同社）という状況を経験している。そこに、米国からの天ぷら専用プレミックスの要請が舞い込んだのだった。

米国での大ヒットに自信を得て、日本国内でも発売に踏み切ったが、専用ミックスの「天ぷら粉」の普及・認知度向上を図るため、様々な媒体を活用した広告宣伝、プロモーションを繰り返し展開する。それが今日の「天ぷら粉」トップシェア（業務用・家庭用）の地歩を築くことになった。

初代の「昭和の天ぷら粉」

その後、揚げ物離れなどの状況から浮き沈みはあったが、今日では中食・惣菜の隆盛時代になり、業務用での引き合いが増加している。また、昨今のインバウンド消費の増加にともなって、海外からの「天ぷら粉」需要も隆盛し、国内業務用向けに加え、日本食料理店などの海外の業務用での販売が拡大している。700gタイプの天ぷら粉商品が、中国・東南アジアを中心に、中東・ヨーロッパ等の需要も掴み、毎年2ケタ増の伸びを示している。

製粉・油脂・糖質シナジー

昭和産業の最大の強みは、基幹事業に製粉・油脂・糖質などの事業を持ち、その事業間シナジーを生かした提案が、自社単独でできる点だ。

「お客様の様々なニーズに対して製粉・油脂・糖質の技術を活用することで、きめ細かい提案が出来ている。天ぷら粉のアイテム数では、おそらく業界No.1」の地位を築いている。

研究開発も強化し、揚げ物の調理メカニズム解明が飛躍的に高まり、若年層向けの「昭和 魔法の天ぷら粉」等を開発、新しい天ぷら需要の拡大に取り組んでいる。そして2019（平成31・令和元）年には、主力ブランドの「昭和天ぷら粉 黄金」で、「祝」マーク付商品を発売。「ハレの日メニュー天ぷら」を提案している。

さらに、入社内定者対象のユニークな「天ぷら研修」の実施、2019年4月からは社内認定制度「SHOWAマイスター（天ぷら）」を創設・導入し、昭和産業のフラッグ商品として様々なプロモーションを展開している。

「穀物ソリューション・カンパニー」

1936年（昭和11年）2月に設立され、創業地は宮城県。1938年に関連会社の日本加里工業、日本肥料、昭和製粉と合併し、新体制「昭和産業」として、肥料、油脂、小麦粉、飼料と多様な事業を展開し今日に至っている。戦後の事業復興の過程で、肥料事業からは撤退、新たにぶどう糖・水あめの糖質事業を開始し、今日の礎が築かれる。その後、鶏卵事業等も加わり、製粉、油脂、糖質、飼料、食品、鶏卵等多岐にわたる事業展開グループ形成している。日本で、世界で初めて「天ぷら粉」を開発・販売した企業でもある。

製粉・油脂・糖質・飼料などの業界では幾多の企業が存立するが、展開する事業それぞれの間で、連携（シナジー）を自社グループの中で展開できるのが昭和産業グループの最大の特徴であり、最高の「強み」だ。

穀物扱い量日本一

小麦・大豆・菜種・トウモロコシ等の穀物の取扱量は食品メーカーでは日本一（同社調べ）で、かつ、4つの穀物を扱う日本国内での唯一の企業でもある。これらの穀物をプラットフォームとして、多様な事業展開を行う「穀物ソリューション・カンパニー」として独自のビジネスモデルを構築し、「食」に関わる様々な課題を解決し、取引先に対する提案力を高めている。

2017年度からは、昭和産業グループならではの複合系シナジーソリューションを進化させるべく、創立90周年（2025年度）に向けて長期ビジョン「SHOWA Next Stage for 2025」に取り組んでいる。ありたい姿として「全てのステークホルダーに満足を提供する『穀物ソリューション・カンパニー Next Stage』」を掲げ、最終年度の連結売上高4,000億円、連結経常利益200億円を目指し、3か年の中期経営計画を3次にわたって展開している。

基盤事業強化が着々と進む

長期ビジョンの基本戦略では、「基盤事業の強化」「事業領域の拡大」「社会的課題解決への貢献」「プラットフォームの再構築」「ステークホルダーエンゲージメントの強化」を推進し、企業価値の向上を目指す。

2019年度は第1ステップの「中期経営計画17－19」の最終年度にあたり、長期ビジョン実現に向かうための足場固めとして、主力工場である鹿島工場の製油工場、糖質工場、荷役設備に合計約60億円の設備投資を実施している。これらの投資で、機能性製品等の生産体制とBCP（事業継続化計画）対策を強化し、長期ビジョンの基本戦略に掲げる「事業基盤の強化」を進めている。

鹿島工場サイロ

製粉事業でも、2018年3月にセントラル製粉（愛知県知多市）を連結子会社化し、グループ5社7工場で、最適生産体制の構築を進めている。

また、戦略的事業として海外事業にも注力している。2018年12月には、ベトナムでの新会社インターミックスメコン社設立・新工場の建設を発表。新会社では2020年春稼働予定で、年間1万t能力のプレミックス工場を建設し、既設合弁事業（年間1万t）と合わせ家庭用・業務用とも伸長させる計画だ。

糖質事業では、機能性製品の販売やRD＆Eセンターの活用、グループ会社（敷島スターチ等）との連携等を図り、価値提案型営業を推進している。

次期計画となる「中期経営計画20－22」の策定も進めており、並行して人手不足対策としてAIやIoT、ロボットや、国内外事業の発展のための人材確保・育成も大きなポイントになっている。

昭和産業の最大の特徴は、各事業間のシナジー（連携）を自社グループ内で全てできてしまう点だろう。日本で初めて「天ぷら粉」開発し、既にこの時点で小麦粉と糖質・油のシナジーが発揮されていたともいえようか。入社内定者対象の「天ぷら研修」、社内認定制度「SHOWAマイスター（天ぷら）」の創設も、まさに昭和産業らしい取り組みだ。

PROFILE

2019年で創業83年。2019年3月期連結業績（予想）は、売上高2,600億円（前期比11.5％増）、営業利益79億円（20.5％増）、経常利益91億円（17.6％増）、親会社株主に帰属する当期純利益63億円（28.7％増）。

株式会社 ソディック　食品機械事業部

麺にはたくさんの種類がある。生麺、茹で麺、冷凍麺、乾麺、即席麺……最終的な出来上がりのかたちはさまざまだが、茹でるにしろ、揚げるにしろ、すべては小麦粉を練ったものを細長く切り出した、「麺」が原型だ。小麦粉などの原料がミキサーで混ぜられ、それが延ばされて「麺帯」と呼ばれる生地になる。生地は切刃(きりは)という名のカッターで切り出され、そこから乾燥させたり、茹でたり、茹でた麺を揚げたり凍らせたりして、多様な麺が出来上がる。これらの連続した流れを形作る機械を設計・製造するのがソディック食品機械事業部だ。

「食文化の発展をとおして社会に貢献」理念に

ソディックは横浜市に本社をおく放電加工機や射出成形機などを製造する総合機械メーカーだ。同社で食品機械を製造している食品機械事業部は製麺機や茹でプラントなど、製麺関連機器600機種以上をラインアップする。同事業部の前身となる㈱トムは、1988年に兵庫県伊丹市で創業した製麺機メーカーだ。同社は1995年、阪神・淡路大震災で被災、工場に被害が出たため、石川県白山市にあるソディックの工場の一部を借りて製造・販売を展開した。2004年には本社を白山市に移転し、㈱ソディックの資本参加を得て㈱トム・ソディックとなった。その後、2012年にはソディックの食品機械事業部として新たなスタートを切った。そして、北陸に移転して21年目となる2016年、ソディック加賀事業所内に新工場を竣工し移転した。

加賀工場は、効率を重視した一貫生産が最大のポイントである。材料の搬入、部品加工・ストック、製品組立、品質検査、出荷の工程を一列に配置することで効率化が向上している。また、食品機械製品という特性上、部品加工エリアと組立のエリアを完全に分離することで金属粉などの異物混入を阻止、さらに給排配管への異物トラップの装備を徹底することにより工場全体で異物混入を防ぎ、安全・安心を保証する。

また、1階にはショールームを設置する。最新のプロトタイプ製麺ラインを装備、ミキシングから茹で、冷凍まで、実際の製品製造現場を再現し、一貫した試作や評価テストを行うことができる。少し視点を大きくとると、新工場の敷地内ではソディックグループの「放電加工機」「金属3Dプリンタ」「射出成形機」「高精度マシニングセンタ」「リニアモータ」など、さまざまな機械や装置が製造されている。これらの技術を食品機械に応用することにより、新しい開発のアイデアが生まれることも期待されている。

2階フロアにある「研究室」。ここにはできあがった製品の性質を科学的に分析する機器がそろう。専属の研究員が同社の製造ラインで製造された製品の分析・解析に取り組む。研究室には大きな顕微鏡が備わっている。正確には「デジタルマイクロスコープ」という顕微鏡で、最大倍率は2500倍という代物だ。これで着色した麺の切片を見てみると、グルテン質とデンプン質の成分分布がはっきりと確認できる。そのほか、製品の色味を数値化する、塩類の量を茹で前、茹で後で比較して調べる、酸性・アルカリ性の程度をph値で表す、麺の強度や耐性を実験するなど、食品の食味・食感・外見などを数値化して示すことができる。研究室には調理設備も備え、実際に製品を調理しながら品質を検証することができる。

ここで出た分析結果を機械製造に反映させ、ユーザーの立場にたった製品づくりを展開していくことが目的だ。

機械の設計・製造をハードとするなら、食品科学による製品の分析はソフト。ハード・ソフトの両面でユーザーをサポートしていく。中小企業が圧倒的な割合を占める食品業界では、製品を科学的に分析する設備を自前で備えるのは難しい。ユーザーとともに価値ある製品を生み出すために、できる限りの手助けをし、また、食品のプロであるユーザーから素材について学ぶ。ギブ＆テイク、ウィン - ウィンの関係を築くための研究室でもある。

製麺技術を応用「総合食品機械メーカー」へ

現在、製麺プラント製造の技術を活かし、無菌包装米飯の製造ラインや豆腐麺の製造ラインなどにも取り組んでいる。今後は製パンや製菓機械の製造にも参入する計画だ。製麺プラントのシステムは、麺以外の食品製造にも応用できると考えたからだ。連続装置のラインとして流すことで生産効率が向上する。麺には熟成という段階があるが、これはパンにおける発酵の段階に置き換えられる。無人化やスピードアップにつながることがポイントだ。

LL（ロングライフ）麺の殺菌装置と冷却システムは無菌包装米飯製造に転用された。パックごはん（包装米飯）には大きく分けて「レトルト米飯」と「無菌包装米飯」の2種類がある。電子レンジや湯せんで温めるという調理方法は同じ、いずれも常温で半年ほどの保存が可能だ。その違いは製法にある。レトルト米飯はごはんを容器に入れて包装した後で、加圧・加熱して殺菌処理をする。無菌包装米飯は無菌状態で米を炊いて包装することで、余分な加圧や加熱の工程を省いている。通常の炊飯に近い作業で製造されるため、普通に炊飯したごはんとそん色なく、おいしく食べられることが強みだ。

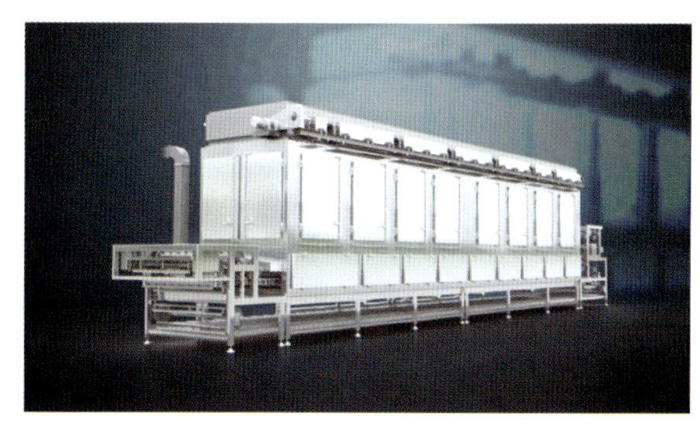
無菌包装米飯製造システム（炊飯装置）

同社の「無菌包装米飯製造システム」は連続システムにより洗米からできあがりまでほとんど人手に触れず、衛生的で、かつ生産効率が高い。短時間（45～60秒）で米を無菌化、米のうまみを最大限に引き出すことができる。

このようなシステムは、例えば漬物の殺菌にも応用することができる。食品業界を見渡してみれば、まだまだ可能性は広がっている。各業界からの引き合いも強く、生産計画は先までぎっしり詰まっている状態だ。

同社では早くから自動洗浄機能を備えた機械を開発し、食品の品質向上にも大きく貢献してきた。現在、HACCPの制度化などで、食品衛生に改めてスポットがあてられているが、そのはるか以前からの取組みである。こういった機能は、現在の食品業界の最重要課題である、衛生管理、人手不足などに対応している。まさに先見の明といえるだろう。

近年の和食・日本食ブームもあり、市場は海外に広がっている。タイや中国に拠点を置く同社は、東南アジア、中国、韓国、アメリカへ設備を納入している。海外では今後、麺メーカーに加え、外食産業からの引き合いも強まりそうだ。麺類だけでなく、菓子、パン、総菜などにも同社の機械が応用できる。「総合食品機械メーカー」として、国内外で展開を進めていく。18年の売上高は国内40億円、海外が25億円となった。今後の目標として「3年以内で売上100億円を達成」を掲げる。「食文化の発展をとおして社会に貢献する」を理念とし、確かな開発力と技術力で業界をリードする。

近ごろ、新食感をうたう即席麺が増え、いずれもヒット商品となっている。コンビニの麺類も一昔前に比べてずいぶんおいしくなったと感じている人が多いはず。冷凍麺もそうだ。こういった“おいしくなった”の陰には、製造機械メーカーの存在が欠かせない。決して前に出ることはないが、製品開発とはこうして二人三脚で協力し合って進めるものなのだろう。

PROFILE

1976年設立。横浜市都筑区仲町台3-12-1に本社を置き、福井県と石川県に事業所を展開する。年商827億円（連結）、従業員数3,676人（いずれも2018年3月期）。

宝酒造株式会社

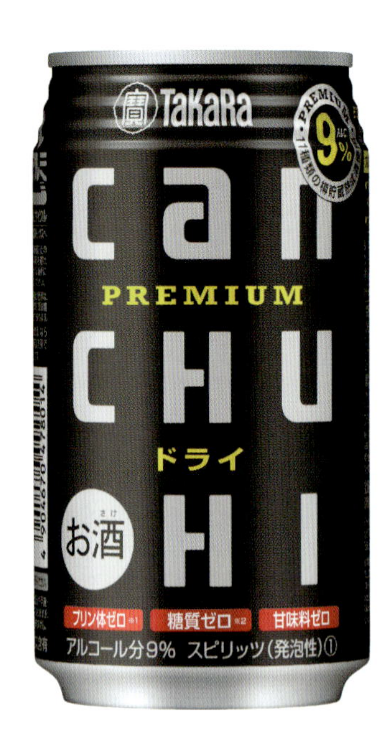

現在「缶チューハイ」市場が熱い。フレーバーの多様さや気軽さが消費者に支持されており、拡大の一途をたどっている。そんな缶入りチューハイを日本で初めて作ったのが京都に本社を置く宝酒造だ。同社は清酒や焼酎で業界トップクラスの出荷数量を誇る一方で、ビールメーカーなどが多く参入する缶チューハイ市場でもパイオニアとして確固たる地位を築いており、タカラ「焼酎ハイボール」など魅力的な商品を多数扱うが、中でも「タカラcanチューハイ」は同社が1984年に初めて発売した商品で発売から35年経た現在でも愛飲者が多いロングセラーブランドの1つとなっている。

発売35周年「タカラcanチューハイ」、ロングセラーの秘訣

割水にはクリアな炭ろ過水を使用

同商品の魅力を探るべく、製造を担当する同社伏見工場の坂田次朗工場長に話を伺ったところ「当工場では缶チューハイのほかにも清酒や焼酎、みりんなど約600品目を製造しており、特にみりんについては日本で消費される20%の量がここで造られている」と、まずは工場の概要について説明していただいた。

続いて缶チューハイの製造工程について解説いただいた。「原料となる焼酎や糖液、果汁を調合し水で割ったのちに炭酸を加え、アルミ缶に詰める。その後は缶蓋を巻き締め、箱に入れて出荷という流れで製造されている」。水についてもこだわりがあり「当工場では、伏見の日本酒造りを支えてきた名水“伏水（ふしみず）”を使用している。“タカラcanチューハイ”の割り水については、焼酎とレモンの味が引き立つようにそれを活性炭ろ過している」。

坂田工場長

最後に坂田工場長は「飲んでいただいているお客様へ“食の安全”を守るため、専門機関と同等の分析設備を配し、商品はもとより、原料・水など徹底した品質管理を行っているので、安心して“タカラcanチューハイ”を楽しんでもらいたい」と話した。

“焼酎のおいしさ”を伝えるための缶チューハイ

続いては京都市下京区の同社本社を訪ね、チューハイカテゴリーを担当する酒類事業本部商品部吉田隆裕蒸留酒グループ長に話を伺った。

まずは単刀直入に「激しい競争の中、なぜ今まで生き残れたのか」と質問してみたところ「“タカラcanチューハイ”は1984年の発売以来品質のリニューアルを一度も行わず、発売した当時の味わいを現在まで守ってきた。もちろんトレンドは年々変化しているがいつ飲んでもお客様の期待に応えられる味わいとなっていたからこそ“超”が付くほどのロングセラー商品になったと考えている。ちなみにパッケージデザインも当時から殆ど変わらないロゴタイプのデザインを採用し続けている」

と話す。

発売当初から変わらぬ味わいを守り続ける“タカラcanチューハイ”だが、当時 居酒屋でのチューハイブームが同商品開発のきっかけだと吉田グループ長。「1970年代後半から1980年代にかけては気軽に入れるチェーン店の居酒屋がトレンドで、そこで提供される“チューハイ”が爽快でライトなお酒として若者たちの間で爆発的なブームに。そこで、当時の開発担当者が参考になる味を求めて繁盛店に足しげく通い、味の研究を重ねた結果、ようやく“この味なら”と思える商品の原型が見つかった。その味をヒントに、“新しく”“手軽に”楽しんでもらえるよう、缶入りの商品で発売する計画が進んでいくのだが、当時は、缶入りチューハイの製造ラインがなく、設備投資にも莫大な費用がかかるなど、様々なリスクがあったが、それでもチューハイ人気の高まりをうけ、挑戦をする価値があると判断し発売。その結果、注文が殺到しまたたく間にヒット商品となった」と発売までの経緯を説明する。

ちなみに当時展開していたフレーバーは、「レモン」「プレーン」「グレープフルーツ」に加え、今では珍しい「プラム」の4種。「“プラム”は、居酒屋の定番メニューでもある梅酒のソーダ割りをイメージしたもの。他にも様々なフレーバーが展開され、1989年には10アイテムを数えるまでになった。男女雇用機会均等法の施行により、女性の社会進出が活発になるとそれに合わせてしっかりとした果実味が特徴の“デラックス”や“すりおろし”も発売。1994年には女優の宮沢りえさんを起用したTVCMのキャッチコピー“すったもんだがありました”が当時の新語流行語大賞を獲得するほど話題となった」。なお、2019年3月19日には発売当時の4フレーバーの復刻版商品も発売されている。

発売35周年を記念した「タカラcanチューハイ復刻デザイン缶」、フレーバーは左から「プレーン」「レモン」「プラム」「グレープフルーツ」

最後に「お客様に伝えたいことは」と伺ったところ「当社の強みはあくまでも焼酎。缶チューハイの売れ行きは好調だが、缶チューハイは焼酎のおいしさを伝えるための1つの手段と捉えている。現在他社ではウオッカベースの商品が増えたが、当社の缶チューハイはすべて焼酎を使用。特に“タカラcanチューハイ〈レモン〉”では当社の焼酎蔵である黒壁蔵（宮崎県児湯郡高鍋町）に所有する約85種・約2万樽の中から厳選した樽貯蔵熟成酒を11種類使用することで唯一無二の味わいを実現している。さらに“最高の缶チューハイ”にするべく、レモンについてもシチリア産の手摘みのものを採用している。お酒を愛する皆さんから支持をいただける商品として、今後も“最古参”のブランドとして存在感を一層高めていきたい」と商品へのこだわりについて熱く思いを語ってもらった。

〈宝酒造伏見工場の缶入りチューハイ製造ライン〉1分間に1,000本を生産する能力がある。クリーンルームで管理されているため、製造に関わる担当者のみ立ち入りが許されている。

工場の取材前に同社の研修施設である「宝ホールディングス歴史記念館」を見学させていただいた。同社がたどってきた歴史や発売した商品などが展示されており、かつて放映していたCMも紹介されていた。ちなみに新発売時の「タカラcanチューハイ」のCMではジョン・トラボルタが出演。そのキャッチコピーは「TOKYO DRINK」だった。

PROFILE

1925年9月創立、国内の酒類、調味料、酒精、その他の食料品および食品添加物の製造・販売などを行う。本社（京都市下京区四条通烏丸東入長刀鉾町20）のほか、北海道から九州まで全国に9つの支社と6つの工場を所有。

日本水産 株式会社

左＝水産事業：黒瀬水産・養殖ブリの水揚げ、右上＝食品事業：焼きおにぎり発売30周年、右下＝ファインケミカル事業：ファインケミカル総合工場鹿島医薬品工場

国内はもとより世界でも有数の水産・食品のリーディングカンパニー。1911年創業と、100年を超える歴史を誇る。現在は水産・食品に加え、EPAを軸としたファインケミカル、物流、海洋関連エンジニアリングなど、多岐に渡る分野でグローバルな事業展開を進めている。2020年度までの3カ年中期経営計画「MVIP+(プラス)2020」では「独自の技術を活かし価値を創造するメーカーを目指す。～持続可能な水産資源から世界の人々を健康に～」という基本方針を据えるとともに、CSRを重視し、事業を通じた社会課題への取り組み強化を図っている。

事業を通じた社会課題への取り組みを強化

中期経営計画（中計）「MVIP+（プラス）2020」の「プラス」とは、前中計の流れを踏襲しつつ、持続的な成長とさらなる企業価値向上を実現するための「新しい価値」、すなわち▽ライフスタイルの変化に対応▽海外展開▽ひとつ上のステージに向けた取組み▽技術力・経営基盤の強化——を実行し、さらにそれに横串を刺すものとしてCSR（社会課題への取組み）を置くことを示している。実際の主要事業活動においても、これらのテーマに沿った取り組みが進められている。

水産事業では養殖事業を推進

水産事業においては、「ひとつ上のステージに向けた取り組み」として、国内外での養殖事業の展開や新魚種への挑戦、養殖技術の革新を推進。既に海外ではチリでトラウト、国内ではギンザケ、ブリなどで養殖事業を展開、2017年度には完全養殖本マグロ「喜鮪（きつな）金ラベル」の出荷を開始した。また国産陸上養殖バナメイエビ「白姫えび」の事業化試験を推進中、極めて困難とされるマダコの完全養殖に成功、事業化に向けて研究中だ。海外では、2018年にオーストラリアのシーファームグループ社のブラックタイガー養殖事業に参画、新たに養殖場を開設して2021年より出荷を開始する。さらに、日立造船と共同開発で、国内初のマサバ陸上養殖にも進出、鳥取県米子市で実証施設を2020年4月に稼働、2023年4月の事業化を目指す。

脂のりのよい養殖ブリを通年提供

グループ企業・弓ヶ浜水産（鳥取県境港市）の養殖施設

冷凍食品で「焼きおにぎり」カテゴリを創造

食品事業では変化に対応

食品事業では、「ライフスタイルの変化への対応」として、即食・簡便や健康といったニーズに対応した事業の強化を図っている。家庭用冷凍食品の看板商品「大きな大きな焼きおにぎり」が2019年9月、発売30周年を迎える。同品は冷凍米飯売場で「焼きおにぎり」カテゴリを創造したが、これ

を「おにぎり」カテゴリに成長させるべく、2019年「梅ひじきおにぎり」など2品を新発売した。冷凍具付き麺のロングセラー「わが家の麺自慢ちゃんぽん」、自然解凍品「自然解凍でおいしい！」や、最近では食卓惣菜「若鶏の竜田揚げ」、おつまみカテゴリの提案など、社会や生活者の変化にあわせた新カテゴリの創造に挑戦し続けている。

すりみ商品でも新たな価値を訴求

商品開発のポイントの1つに「減少する魚食への対応」を挙げ、近年魚料理の調理が敬遠される中、健康によい魚を手軽に摂取できる商品を開発、提案している。長年手がけているちくわやフィッシュソーセージなどスケソウダラのすりみを原料とする製品について、たんぱく質に着目した新しい価値を訴求、商品の拡充も図っている。

ファインケミカル事業はEPA軸に展開

ファインケミカル事業では、青魚に多く含まれるオメガ3系必須脂肪酸、EPA（エイコサペンタエン酸）を軸に事業を展開。EPAは閉塞性動脈硬化症、高脂血症の治療薬として認可されており、同社は高度精製技術を確立し、医薬品原料として生産・供給している。また、EPAを含む特定保健用食品・機能性表示食品などのほかサプリメントなども開発・提供。2018年1月にはファインケミカル総合工場鹿島医薬品工場が稼働を開始し、海外への医薬品供給に不可欠なcGMP基準に基づく品質・生産管理により、世界最高水準の品質と生産性を実現した。中計で掲げる「海外展開」の1つとして、医薬原料の海外展開に向けて準備を進めている。

CSRを事業の基盤に

前述のように、今中計ではこれら事業の基盤としてCSRを据え、事業を通じた社会課題への取り組み強化を図っている。既に2016年、「CSR行動宣言」を発表し、取り組むべきマテリアリティ（重要課題）として「豊かな海を守り、持続可能な水産資源の利用と調達を推進する」という資源への取り組み、「安全安心で健康的な生活に貢献する」という食への取り組み、「社会課題に取り組む多様な人材が活躍できる企業を目指す」という人への取り組みの3つのテーマを掲げた。

特に水産資源の持続性の確保が世界的に大きな課題となる中、顕著な取り組みとして、同社が2016年に取り扱った水産物の資源状態に関する調査結果を公表し、国内外で高い評価を得た。今後も水産物資源状況の実態調査を定期的に行い、2030年までにグループ調達品すべての持続性が確認されている状態を目指す。

また、中計の主要戦略の中で「健康経営の推進」を掲げており、従業員の心と体の健康を積極的にサポートすることで、多様な人材が健康で能力を発揮できる環境を整備し、生産性向上につなげることを目指している。

同社独自の健康経営の施策として、2016年度より、生活習慣病の予防のため定期健康診断時に全社員の「EPA/AA比」の測定を実施している。EPA/AA比は、EPAとAA（アラキドン酸）の体内バランスを示す比率で、同社が到達目標とした0.4以下では心血管系疾患との関係が指摘されている。これを改善すべく、希望者にEPAを含有する製品を摂取してもらう「EPAチャレンジ」など実施し、全社平均値は改善しつつある。このような取り組みの結果、健康経営銘柄2019に認定された。

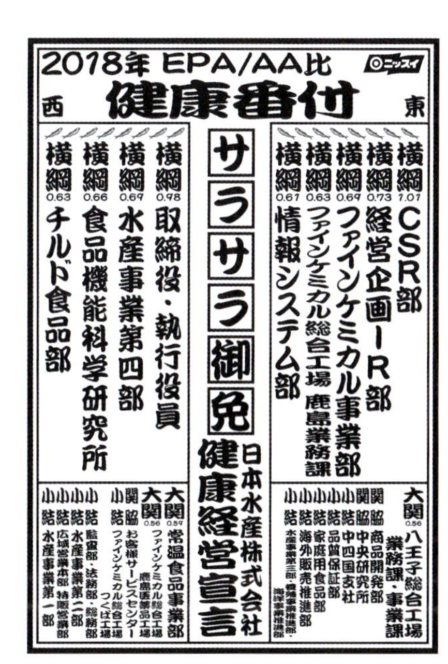

健康経営の推進にEPA/AA比を活用

今中計の基本方針が、同社の事業活動にも明確に反映されている。上に挙げたほかにも、MSC／ASCなど水産資源の持続にかかわる各種認証取得や、世界の水産業界のリーダー企業が参画するSeaBOSへの参加など具体的取組みを積み重ね、外部機関からも評価を受けている。理念を掲げるだけではなく、それを形にする力が優れた企業だと感じる。

PROFILE

2014年から東京・西新橋に本社を置く。全国5支社のほか、研究開発2拠点と8工場をもつ。国内はもとより、北米・南米・欧州・アジア・オセアニアに90社を超えるグループ企業を有し、グローバルに事業展開している。

日本ハム 株式会社

ニッポンハムグループは、企業理念に「食べる喜び」を基本のテーマとして掲げている。「食べる喜び」とは食を通してもたらされる「おいしさの感動」と「健康の喜び」を表しており、これは、人々の幸せな生活の原点だと考えている。ハム・ソーセージの製造から始まり、今では食肉をはじめ、加工食品、水産品など事業領域が広がっている。2018年4月1日からの3年間を「中期経営計画2020」として事業計画を策定。グループが持続的に発展し、持続可能な社会の実現に向け食と健康の面から貢献するために、テーマを「未来につなげる仕組み作り」としている。

「世界で一番の『食べる喜び』をお届けする会社」へ

同社では、「シャウエッセン」「アンティエ」「中華名菜」「チキチキボーン」などさまざまな人気商品をもつ。今後もより一層の食べる喜びを届けるために商品改良や新規提案を行い、さらなるブランド価値の向上にも取り組んでいる。

「シャウエッセン」は、年商670億円（小売ベース）を誇る同社の看板商品。今まではボイル調理を推奨しており、レンジ調理は加熱しすぎて皮が破れる恐れがあり、これまで「電子レンジやオーブンでの加熱はお控えください」と記していたが、若年層購買者の開拓や高まる世の中の時短調理ニーズに応えるため、繰り返しテストを行うことで加熱時間の目安を定め、発売35年目にして電子レンジ調理を解禁。新たな食べ方提案として、パッケージにレンジでの調理方法を記載している。ブランドサイト内に掲載の販促動画では、人気お笑いコンビの「和牛」を起用して電子レンジで簡単に調理できることを訴求している。インパクトあるキャッチコピー「シャウエッセンは、手のひらを返します。」とともに、レンジで調理できることはSNSや一般メディアなどでも取り上げられ、大きな注目を集めている。

また、若年層購買者を開拓するため、発売35年目を記念して初のフレーバー商品「シャウエッセン　ホットチリ」を春夏限定商品として発売した。“禁断の旨辛”「シャウエッセン ホットチリ」はパリッとした食感はそのままに、辛みを加えて、暑い夏に食べたくなる旨くて辛いウインナーに仕上げている。

シャウエッセン　ホットチリ

このほか、「シャウエッセン」ブランドを活用した商品として、「シャウエッセン」を贅沢にトッピングした本格ナポリ風ピザの「シャウエッセンピザ」を展開している。それに加えて、今春から「シャウエッセン」に仕上げる前の肉を使ったあらびきタイプの「ミートローフ」を発売した。分厚くスライスするほか、サイコロ状にカットするなど自由にアレンジできる。また、野菜と一緒に炒める調理方法もおすすめ。

発売25周年を迎えた「中華名菜」

中華料理のシェフの技法を再現した

中華名菜　酢豚

下ごしらえ済みの具やソースがセットになった「中華名菜」は今年、発売25周年を迎えている。野菜をひとつ加えてフライパンで炒めるだけで、おいしくてバランスの良い「酢豚」や「八宝菜」などの中華料理を手軽に調理することができる。多くの経験と高度な技法を習得したシェフが、「本物の味を多くの方に楽しんでいただきたい」という思いをもって商品開発に取り組んでいる。

「酢豚」は調理済みの豚から揚げ、にんじん、たけのこ、甘酢ソース入りで作るときの手間を省くことができる。タマネギ（好みでピーマンも）を加えて炒めるだけの簡単調理。

「八宝菜」は、うずら卵や鶏肉など8種類の具材とソースがセットになっており、キャベツまたは白菜を加えるだけで簡単に調理することができる。

今春は新商品を3品発売した。「豚肉麻辣炒め」では、トレンドである花椒（ホワジャオ）を使った「シビれ料理」として若年層の取り込みを図っている。しっとりやわらかい豚肉とにんじん入りで、花椒のしびれる辛さと唐辛子の辛さが特長の麻辣ソース付き辛口タイプ。ナスを加えて炒めるだけと簡単に調理できる。このほか、フライパン調理なしで盛り付けるだけとより手軽に利用できる冷菜中華「よだれ鶏」を投入。しっとり柔らかい蒸し鶏入りでラー油と麻辣醤、黒酢で仕上げた特製ソース付き。別添で辛さが調整できる花椒粉が付いている。また、香ばしく揚げてうまみを閉じこめたエビと、香味野菜を使ってごはんに合う味に仕上げた特製マヨソースがセットになった「エビマヨ」も発売している。

チルドピザシェアNo.1「石窯工房」

チルドピザ市場で17年連続購入金額シェアNo.1※の「石窯工房」は、ピザ職人の技を再現して発酵と焼きにこだわった生地に、バラエティにとんだ具材やソースをトッピング。家庭で温めるだけで手軽に熱々の専門店レベルのこだわりピザが味わえる。おいしさや鮮度にもこだわっており、削りたてのナチュラルチーズをトッピングして、パッケージには酸素を通さない材質を使用。ピザ生地は酵母が過ごしやすい温度と湿度でゆっくりと発酵させ、トマトソースは香りや風味を逃がさないように炊き上げた後、すぐに冷ましておいしさを保っている。

ピザ生地はサクッと軽いローマ風クラスト、縁までもっちりナポリ風クラストの2種類をそろえる。ローマ風クラストでは、バジル、チーズ、トマトのおいしさがクラストによく合う「マルゲリータ」（エキストラバージンオイル使用自家製バジルオイル付き）、エダム、クリーム、モッツァレラ、パルメザンといった4種類のチーズがクリスピーなクラストによく合う「4種のチーズ」などを展開。また、生地を二段に分けて仕込み、しっとりもちもちした食感を引き出したナポリ風クラストでは、桜チップで燻して仕上げたベーコンをトッピングした「ベーコンピザ」、自家製バジルソースのジェノベーゼにクリームチーズソースとベーコンを彩り良くトッピングした「ジェノベーゼ」をラインアップしている。

※インテージSCIデータ チルドピザカテゴリー購入金額シェア（2001年11月～2018年10月）

石窯工房　マルゲリータ

ハム・ソーセージの製造から始まった同社グループの事業。現在では調理加工品や水産品、乳製品などにまで事業領域が広がっている。また、スポーツを通して心と体の健康づくりにも貢献。プロ野球「北海道日本ハムファイターズ」、プロサッカーJリーグ「セレッソ大阪」の運営・支援、少年野球やサッカー大会への協賛などスポーツ活動も支援する。

PROFILE

1942年徳島食肉加工場として創設。本社（大阪市北区梅田2-4-9　ブリーゼタワー）。連結売上高 1兆2,692億100万円（2018年3月期）、製造拠点92か所、物流・営業拠点330か所、研究・検査拠点3か所（2018年4月現在）。

日本緑茶センター 株式会社

50周年の節目を迎え、その先の未来へ。1969年の創業当時からドイツのハーブティーブランド「ポンパドール」や、アメリカのハーブ調味料「クレイジーソルト」の国内総代理店を務める。ハーブが知られていなかった時代にいち早く目を着け、市場をリードしてきた。日本におけるハーブのパイオニア企業だ。その後も海外商品の輸入、販売に加えて、世界中から集めたティーやハーブ原料の加工・製造、卸、小売へと業容を拡大。川上から川下まで一貫して事業を行う専門商社へ成長した。世界各国のティーやハーブを扱う自社ブランド「ティーブティック」も根強い人気を誇る。

日本におけるハーブのパイオニア

戦後、GHQ統治下に置かれた日本ではコーヒーやコーラが台頭し、お茶やその文化が軽視されていた。こうした状況に危機感を覚えた創業者の北島勇氏が、1969年に日本で初めて世界の茶を商う「日本緑茶振興センター」を東京・世田谷で開業し、71年に「日本緑茶振興センター」を会社組織として開設。翌80年に現「日本緑茶センター株式会社」へと社名を変更し、2019年に創業50周年となる。

創業当初から国内総代理店として輸入、販売を手がける「ポンパドール」と「クレイジーソルト」は、現在も同社の屋台骨となっている2大ブランドだ。他社に先駆けて輸入を開始し、現在も市場のけん引役として、市場の活性化とハーブ文化の発信、定着に取り組んでいる。

2020年で
日本発売40周年

「ポンパドール」は、西ドイツ（現ドイツ）・ティーカネン社のハーブティーブランドとして1913年に誕生した。1882年の創業以来、高品質な紅茶を世界中に輸出するティーカネン社が、紅茶の製茶技術や経験を生かして開発した。現在では世界50カ国以上で親しまれる世界最大のハーブティーブランドだ。

日本緑茶センターではこの「ポンパドール」を、創業年の1969年から輸入している。しかし、前述のように当時の日本では、ハーブティーの存在はほとんど知られておらず、蛇のハブや漢方薬のハブ草と間違われることもあったという。

その薬理作用から、薬用飲料として定着してしまうことを危惧し、ハーブティーという名称を“フラワーティー”と言い換えて売り出した。

花・葉・枝・実・種・皮・根といったハーブの部位の中で、花が最も多く使われていること、何より「花」の見た目の美しさをイメージしてもらう方が、より分かりやすいと考えたからだった。こうした柔軟なアイデアは当時の人々に受け入れられ、「ポンパドール」は大都市の百貨店や輸入食料品店の棚へ導入されていく。瞬く間に若い女性たちの間で話題となり、嗜好品として広がった。

その後、1982年には東京・北青山に「ティーブティック青山」をオープン。ハーブとティーを量り売りする日本初の専門店として人気を博した。

さらに同社は、市場の健全な発展を目指し、業界内・外へと強く働きかける。1984年の「日本ハーブ協会連絡協議会」を皮切りに、1986年に「日本マテ茶協会」、2001年に「ミント普及協会」、2005年に「日本中国茶普及協会」を次々と発足。業界の関連企業とともに普及へ向けた活動を積極的に行っている。

日本で初めて輸入に成功

一方、「クレイジーソルト」は、アメリカ生まれの岩塩とハーブのミックススパイス調味料だ。肉料理から魚料理、卵料理、サラダまで幅広いメニューに合う万能調味料として食卓には欠かせないアイテムとなっている。日本でも簡便志向の高まりからシーズニングソルトの需要が拡大。その草分け的なブランドとして根強い人気を誇る。

同社では1980年に「クレイジーソルト」の輸入、販売を開始した。しかし当時の日本では、塩は専売制度で管理されていたため、国内産はもとより海外産を輸入することができなかった。

そこで塩ではなく“ハーブシーズニング”と言い換え、調味料とすることで、この難題をクリアした。「ポンパドール」に続き、同社の気転が功を奏した形だ。この商品の存在は1997年、塩の専売制度撤廃を導き、塩の自由化の門戸を開く。

そして2020年に「クレイジーソルト」は、日本発売40周年となる。現在では、定番「クレイジーソルト」に加え、味のバリエーションも全6種に広がり、多くの人々に愛されている。

時代が求める多彩なラインアップ

ハーブの魅力を伝え、日本人の食文化に新たなページを書き加えてきた。こうしたパイオニア精神は、時代を超え、現在も引き継がれている。

“モロッコの黄金”と称される希少な植物油・アルガンオイルを1990年に日本に初めて輸入した。駐日モロッコ王国大使から要請があり、品質の高さに加え、アルガンの植樹促進は砂漠化の拡大を防ぎ、現地の雇用支援にもつながることから取り扱いを決めた。2009年にはこのアルガンオイルを使った化粧品も発売。同年、「日本アルガンオイル協会」を発足した。

自社ブランド「ティーブティック」から提案するカフェイン0.00gの紅茶「やさしいデカフェ紅茶」シリーズも、市場にインパクトを与えた商品のひとつだ。

日本国内のカフェインレス需要の高まりにいち早く気づいた同社が2012年に発売。すると想定を上回るペースで売り上げを伸ばし、他メーカーが後を追う形で続々と市場に参入。現在ではカフェインレス紅茶カテゴリーが形成されている。

また、紅茶を飲むシーンそのものを提案する“コト消費”向けの商品「フックティー」シリーズも好調だ。犬や猫などのイラストを描いたカップのふちに手をかける“SNS映え”する商品。自分へのご褒美やプチギフトとしても人気が高まっている。さらに直近では、訪日外国人の増加を背景にさくらを咲かせたお茶「スイート サクラ ティー」が注目されている。

このように創業から50年の時が流れ、専門商社として事業を拡大し、取り扱う商材も茶から菓子、食品、化粧品へと広がってきた。ティーサロンの運営も手がけている。体に良く、おいしいもの、そしてその先に楽しさや心地よさ、感動があるものを世界中から探し出し、提案し続けてきた結果だ。

これからも同社は、日本の食文化に新たな歴史を刻み続ける。

2018年にはオーガニックマテ茶を発売（左）／中国茶専門店「茶語（チャユー）」新宿高島屋店

ハーブティーや紅茶は“静”の飲み物だが、同社で働く社員たちは“動”だ。ファッションもキャラクターも個性派が多く、エネルギッシュな印象を受ける。各部署間はもちろん会長や社長と社員一人ひとりの距離が近い。社内は和やかな雰囲気で、時には受付まで笑い声がこぼれてくることも。常に新しい商品を生み出せるのは、この自由な風土にあるのだろう。

PROFILE

1969年11月創立。ティー、ハーブ、ソルト、オイルなど原料・製品の輸入事業中心に、製造から小売までを一貫して手がける専門商社。本社（東京都渋谷区桜丘町24-4）、大阪支店、1工場。従業員数110人（2019年4月現在）。

株式会社 にんべん

初代髙津伊兵衛が、日本橋の土手蔵で鰹節と干魚類の商いを始めた1699(元禄12)年を創業年とする。老舗の鰹節専門店ながら、1964年に「つゆの素」を、1969年には削り節を小袋に詰めた「フレッシュパック」を発売。削りたての風味を長期保持可能にした削り節商品を、日本で最初に開発したパイオニア企業でもある。現在はこれらの商品に加えて、削り節や各種だし、ふりかけ、惣菜類など加工食品の製造、販売事業を展開している。2010年には直営店「日本橋だし場」をオープン。和食に欠かせない鰹節の魅力とその食文化を、時代とともに伝え続けている。

鰹節の価値を追求し続ける専門店

1699（元禄12）年に創業者の初代髙津伊兵衛が、日本橋の土手蔵に戸板を並べて鰹節と干魚類の商いを始めた。同社ではこれを創業年としている。

初代が現在の本社所在地に鰹節の小売店を構えたのは、1720（享保5）年。翌1721年に建て直した堅牢な土蔵造りの店舗は、以後、関東大震災で焼失するまでの200年間、火災による類焼を免れ続けた。

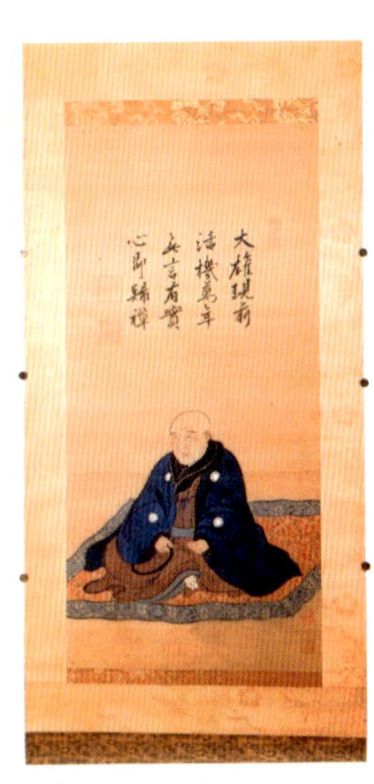
初代伊兵衛肖像画

1918年には個人商店から法人組織「株式会社髙津商店」に変更し、正式に会社組織となる。その後、震災と戦災による二度の店舗焼失を乗り越えて、1948年、同地に店舗を新築。同時に、社名を現在の「株式会社にんべん」に改めた。

やがて高度経済成長期を迎えると、日本経済の急激な成長と女性の社会進出を背景に、家事の負担を軽減する家電が普及していく。すると家庭内調理にも利便性が求められるようになり、食卓ではうま味調味料が台頭した。

このような状況の中、1964年に同社はかつお節だしと昆布だし入りの「つゆの素」を日本で初めて開発した。当時は品質劣化しやすい動物性のかつお節だしを植物性の醤油や昆布に加えることは難しいと考えられていたが、同社は缶詰の技術を応用した製造工程を確立し、業界内で初めて商品化に成功した。醤油に化学調味料を加えた程度の簡易的なつゆ製品しかない時代に、かつお節だしをしっかり使用した本格的な品質の「つゆの素」は、料理の簡便化にもつながる画期的な商品として、次第に家庭内へ普及していく。現在では出荷量、売上高ともに業界トップのロングセラー商品へと成長した。

削りたての風味と利便性を実現

1969年には、鰹節削りの「フレッシュパック」を業界に先駆けて発売する。

1960年頃になると、それまで本節のまま売られ、専用かんなを使って家庭で削られていた鰹節の需要が減少し、これに代わって、削る手間がいらない袋入りの削り節に人気が集まるようになった。だが、袋入りの削り節は空気によって急速に酸化し、風味が損なわれやすく、カビや害虫が発生するという問題を抱えていた。

こうした状況を見かねたにんべんの社員たちは、1958年に「削りたての風味をいつでも手軽に味わえる」商品の開発に着手。最もむずかしかったのは、酸素を通さない袋の素材選びだった。遮断性に優れ防湿性が高く、透明

発売当時の「フレッシュパック」ポスター

で印刷の仕上がりもよい素材を選ぶのは困難を極めた。

1968年、ついにフィルムメーカー数社と共同開発した積層フィルム包材が完成。包装素材のポリエチレンと他のフィルム素材を張り合わせたラミネート袋を用いて酸化の問題を解決した。また、削り節本来のふんわりとした質感を生かしながら風味を残すために、不活性ガスの充填技術も開発。袋内の空気を除き、真空にしてから窒素ガスを充填することにした。

こうして苦労の末に完成した「フレッシュパック」は、「削りたて風味の長期間保持」を可能にする優れた製品だったが、従来の常識を打ち破る斬新さ故に社内からも、販売関係者からも発売への抵抗があった。しかし、当時代表取締役だった髙津照五郎らはこうした反対を押し切り、販売に踏み切った。

すると風味の良さと利便性、ギフトにも好適なアイテムとして「フレッシュパック」は大ヒット。にんべんはこの製法を広く公開し、鰹節の需要増大と業界の発展、カツオ漁業の経営安定化に貢献したとして、1979年には日本農林漁業振興会から天皇杯を受賞する。

だしの魅力を商品と体験で発信

和食のだしに欠かせない鰹節の魅力を伝える取り組みとして、にんべんが近年、力を入れているのは、素材の品質や製法にこだわったプレミアム商品の開発と直営店「日本橋だし場」を介してだし体験を提供することだ。

プレミアム商品のうち「つゆの素ゴールド」は、2003年の発売以来、売り上げを伸ばし続けている。

「つゆの素ゴールド」には、その前身となる化学調味料無添加タイプの「特撰つゆの素」があったが、発売から10年が経過してテコ入れを図るタイミングに来ていた。その頃の食品業界は、安心安全に対する関心の高まりを受け、有機農産物やその加工品に対する認証制度の制定が相次ぎ、消費者の関心も高かった。そこでにんべんは、有機JASの認証を取得した醤油を主原料に使用して付加価値を高めた「つゆの素ゴールド」を開発し、世に送り出した。

有機醤油と、レギュラー品の1.5倍量のだし素材を使い、化学調味料無添加

発売当時の「つゆの素」

で仕上げたナチュラル志向の商品設計は、品質を重視する50代〜60代の支持を集め、シェアをじわじわと拡大してきた。近年は30代〜40代の利用も増加しつつある。つゆの素を手掛ける大手食品メーカーの中で唯一、レギュラーとプレミアムの2ラインを定番として揃えるブランド力も人気の理由だろう。

また、にんべんの原点、東京・日本橋からかつお節だしの魅力を広く発信することを目指し、2010年にオープンした直営店が「日本橋だし場(NIHONBASHI DASHI BAR)」。「一汁一飯」をコンセプトに、かつお節だしや月替りのだしスープ、かつぶしめし、惣菜と幅広くメニューを用意し、日本型の食生活(鰹節から始める健康生活)を提案する場所だ。「にんべん 日本橋本店」店内の「削り場」では、本枯鰹節の削り実演や、鰹節の削り方をはじめ、鰹節全般について相談を受け付けており、にんべんと消費者が直接つながる場所としても機能している。現在、国内に4店舗、海外に1店舗(2019年4月時点)。2019年、看板メニューの「かつお節だし」(1杯100円)は累計100万杯を達成する見込みだ。

2014年には、かつお節だしのうま味を生かした定番料理"古典技"と、だしの新たな魅力を引き出す"はなれ技"を提案する飲食店「日本橋だし場 はなれ」をオープン。"だしのうま味"を生かした料理を一汁三菜のスタイルで提供している。

江戸時代に創業した鰹節専門店にんべんは、日本の味を世界の味へと広めていくため、伝統を守りながらも時代の変化に合わせた新たな挑戦を続けている。

江戸時代から320年にわたり鰹節ひとすじで、その魅力を伝え続けている。時代のニーズを先取りする企画・提案力と、素材を生かした商品開発力が強みだ。2014年に和食がユネスコ無形文化遺産に登録されたことは、にんべんにとっても追い風。圧倒的なブランド力とその歴史は、海外市場でも武器になる。

PROFILE

1699(元禄12)年創業。鰹節および加工食品の製造・販売事業を展開。拠点は、本社(東京都中央区日本橋室町1-5-5室町ちばぎん三井ビルディング12F)、14事業所。従業員数206人(2019年4月現在)。

ハニューフーズ株式会社

食肉の輸入･販売事業を行うハニューフーズは、1947年に食肉卸売業を行う浅田商店として創業して以来、70年以上にわたって食肉の流通に携わってきた。「お客様にご満足いただける経営」に徹することを信念に、食肉に関するプロフェッショナル集団として、同社グループならではのお役立ちを実現してきた。1985年には商号をハンナンに変更。元号が変わった2019年5月1日から社名をハニューフーズに変更している。社名変更に伴い、変化し続けるマーケットに対応するため組織変更を実施。国内での販売を行う販売事業部を再編するなどの改革を行っている。

新しい時代の、新しい社名。

元号が「令和」に変わった2019年5月1日から、社名をハンナンからハニューフーズに変更。グループ名もハンナンフーズグループからハニューフーズグループに変えた。新社名のもと、グループ全体の組織体制と従業員1人1人の意識向上に取り組んで、今まで以上に安定した経営基盤構築にむけてまい進している。

新たな社名には、顧客の存在があってはじめて商売が成り立つという創業の原点を忘れてはいけないとの思いから、創業の地である「埴生（はにゅう）」の地名を使用している。「埴生」は日本最古の歴史書である古事記の中で履中天皇が詠んだ歌にも出てくる歴史ある場所。「埴生」のDNAと、新たな時代に「あたらしい食卓の価値」を届けるため進化を目指す使命と決意を表す。また、英字表記では、原点を忘れないとの思いと新たな時代に新たな組織体制を組み立ていく思いから、「HANEWFOODS」と“NEW”の文字を入れた。

また、社名変更に伴って新たなコーポレートロゴに変更。創業以来、積み重ねてきた成熟した技を「熟成の赤」で、そして常に新しさを求め続ける精神を「新鮮な緑」で表現。「熟成の赤」と「新鮮な緑」の2つのカラーが、同社を取り囲み、共存していることを表したロゴに変更している。

新しいガバナンスへと進化

社名変更に伴い、以前の組織体制から新たに組織のガバナンスへの進化に取り組んでいる。近年、売上高は右肩上がりで伸び続けており、2018年12月期の連結売上高は2,600億円を超える。従来からの個人のガバナンスだけではカバーできない規模となっていることから、組織体制の改革にも着手。4月1日から組織再編を実施して、従来の販売事業部を商社機能に特化した「原料事業本部」、食肉専門店など末端向けに販売を行う「販売事業本部」に分割している。それにより、それぞれの事業判断のスピード化を実現。また、末端に特化した事業を独立化させることで消費者の動向や少子高齢化など変化の激しい社会情勢に迅速に対応していく。市場の環境が変わってきている今が、ビジネスチャンスと捉えており、状況にあわせてグループ会社の統廃合も行っていき新たな体制づくりを進めていく。

組織体制をさらに確立

2018年10月にはグループの販売拠点拡充、地域戦略の一環として、埼玉県戸田市に販売会社のハンナンフーズ関東を新設。また、11月には、九州エリアでの事業拡大の一環として、子会社である広島プロセスセンターの熊本工場を分割して加工会社の九州プロセスセンターを開設して、九州北部エリアへの供給体制をより強固にするなど組織体制の確立に取り組んでいる。このほか、グループ各社の決算情報をホームページ上で公開し、外部の有識者を入れた第三者委員会を立ち上げるなど、より透明性の高い経営を行う組織体制に進化させている。また、今後の対処すべき課題の1つとして、自由貿易協定時代を想定しており、3カ国以上との貿易協定にもより対応していける組織作りにも取り組む。グループ会社では5月1日付で、阪南畜産を埴生ミートパッカーに、埴生フーズを埴生ミートサービスにそれぞれ社名変更している。

各部門に専門性の高い人員を配置

ハニューフーズグループは、事業部ごとに専門性の高い人員を配置して効率的な組織運営を行っている。7つの事業部に分かれており、販売関連では海外から食肉などの原料、食肉製品の輸入・販売を行う「原料事業本部」と国内での末端への販売を担当する「販売事業本部」がある。また、食肉製品の製造、販売を行う「加工事業本部」、国産牛の肥育、製造、生体牛馬の輸入販売を手掛ける「国産事業本部」のほか、アメリカ・オーストラリア・中国・韓国において同国内での販売や他国へ食肉の輸出を行う「海外事業本部」を有する。管理部門関連では、各事業部に対する一体的な事業支援の機能強化を目的とした「事業推進本部」、グループの組織運営を高度な知識でバックアップする「管理本部」があり、各事業部同士が連携し合う事でグループを構成している。

さまざまな食肉ブランドを展開

同社では牛や豚などで幅広く食肉ブランドを展開している。輸入牛肉では、飼料となる良質なトウモロコシの生産が多いアメリカのネブラスカ州で生産された日本人好みの穀物肥育牛「グランドアイランド・ゴールド・ビーフ」を有する。生体の肥育農場までトレースできるシステムを備え、安心・安全の確保に取り組む。また、複数回の枝肉洗浄を行うなど、衛生面の向上にも注力して、生菌数の大幅削減を実現している。このほか、厳選された素牛を良質の穀物飼料で大切に育てたショートグレインフェッドビーフ（穀物肥育）のオーストラリア産の「まろやか牛」などのブランドをそろえる。「まろやか牛」は品質と価格のバランスがとれており、コストパフォーマンスに優れた特長をもつ。

豚肉では、複数の畜種を掛け合わせることでそれぞれの長所を引き出した四元豚、三元豚※をはじめ、多様な食

のシーンに適したブランドの充実を図っている。アメリカ産「麦そだち四元豚」は、美味しさを追求して4種類の畜種の掛け合わせ、血統、飼料、肥育方法にとことんこだわっている。良質な大麦・小麦をふんだんに与え、じっくり育てることで、くせがなく甘みがあり口溶けの良い脂と、ジューシーでやわらかな肉質を実現し、"味"を強みに外食を中心に支持を広げている。カナダ産「とうきび育ち三元豚」はとうもろこしを中心に麦を加えた独自の配合飼料を給餌。日本で馴染みの深い"三元豚"の掛け合わせで肉質、生産の安定性を高めており、日常の食卓に広く親しまれる豚肉をコンセプトに量販店を中心に展開している。

※三元豚・四元豚：3品種または4品種の豚をかけ合わせて生産した豚。雑種強勢を利用する事で、かけ合わせた各品種の長所をあわせもった豚を生産する事が可能。

食肉のプロフェッショナル集団としての専門性をより高めるため、現場の会社と一体になって事業をサポートする子会社のHFGサポートがある。同社のサポートにより、食肉の加工技術や衛生基準などの情報をグループ内で共有して、より高い水準にする取り組みを行っている。水平展開しづらい事業部制のデメリットを補完して、グループ力の底上げを図る。

PROFILE

1947年創業。本社（大阪市中央区南船場2-11-16）。グループ会社（国内28社、海外5社）、営業所数（国内54か所、海外7か所）、グループ従業員1,424人。（2019年4月1日現在）。連結売上高2,602億円（2018年12月期）。

兵庫県手延素麺協同組合

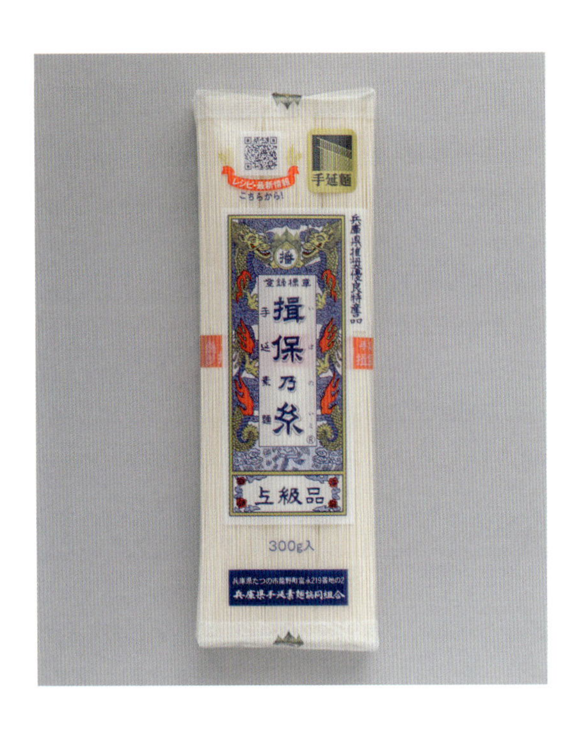

そうめんやっぱり揖保乃糸♪——誰もが一度は耳にしたことがあるフレーズではないだろうか。手延素麺のシェアトップをひた走る「揖保乃糸」は、兵庫県の播州地区で約420軒の生産者によって製造されている。その素麺の製造を管理・販売するのが兵庫県手延素麺協同組合だ。中元ギフトが販売の中心だった手延素麺の業界でいち早くテレビCMを放映し、家庭用の「上級品」6束包装を置いていないスーパーはまず見当たらない。大小さまざまの規模の生産者を取りまとめ、安定した品質の手延素麺を出荷し続ける同組合は「最強のユニオン」とも評される。

130年にわたり進化し続ける「揖保乃糸」

兵庫県の南西部を流れる揖保川。その周辺は古くから小麦の産地として知られ、水車製粉や製麺が盛んだった。同地での手延素麺づくりの歴史は約600年にわたるといわれている。今では全国に名の知られた手延素麺「揖保乃糸」は、同地の風土が生み出した歴史ある地元の特産品なのである。

明治20（1887）年、同地の素麺製造業者らが集まり、兵庫県手延素麺協同組合の前身となる播磨国揖東西両郡素麺営業組合が誕生した。「揖保乃糸」という名称が誕生するのはそれから19年後のこと。明治39（1906）年に「揖保乃糸」は商標登録されている。当時から製品の品質管理は厳しく、製品の抜き取り検査によって、品質や量目などをチェックしていた。この品質管理の厳しさは130年以上経った今も変わっていない。

現在、揖保乃糸を生産するのは約420軒の生産者、たつの市、姫路市、宍粟市、揖保郡、佐用郡が生産エリアだ。420軒もの生産者が規模の異なるそれぞれの製造工場で同じ品質の手延素麺を作るということが、どのようなことなのか、想像してみてほしい。

原材料となる小麦粉、食塩、油は組合が一括購入し、組合員の製造工場へ運ばれる。手延素麺をつくるのは秋から春にかけて、冬が製造の最盛期だ。気温が高くなると、製造工程上、素麺の品質を保つことができない。したがって、気温の低い真夜中から素麺づくりは始まる。生地をこね、5回もの熟成時間をとり、ようやく“手延べ”の工程が始まる。乾燥させ、切断し、50gずつの束にすると、おなじみの「そうめん」が出来上がる。これらの作業を、全く別の場所にあるそれぞれの工場で、420もの生産者が行っているのだ。

組合には検査指導員がおり、検査員は生産工場へ赴き、品質のチェック、格付け検査を行う。検査に合格したものだけが「揖保乃糸」と認められるのである。検査を終えた「揖保乃糸」は組合の専用保管庫へ運ばれ、そこでさらに熟成され、その後は加工場へ。この加工場で生産者・製造日ごとに麺の水分を計り、格付け検査時の原材料情報とともにコンピューターに入力され、ロット管理される。

「揖保乃糸」の上級品には赤い帯が、特級品には黒い帯が、というように、それぞれの麺は決まった帯で束ねられ

ている。この帯の裏側には生産者番号が記載されており、その帯を見ることで、製品がいつ、どこでできたのかがわかるようになっているのだ。さまざまな段階で収集された製品の情報はこうして帯に集約されるのである。

こういったトレーサビリティシステムを業界でいち早く取り入れたのが、同組合であり、発足当時から130年続く厳しい品質管理とともに、「揖保乃糸」ブランドをゆるぎないものにしている。

世界に向けて、魅力を発信！

1000年を超える歴史をもつ手延素麺は間違いなく、日本の伝統食品である。しかし、世界ではどうか。「揖保乃糸」は世界基準での評価にも挑戦した。国際味覚審査機構（iTQi）のコンテストに出品、2012年から7年連続で優秀味覚賞（三ツ星）を受賞している。同時に海外市場にも積極的に進出、2006年からアメリカ、香港、タイ、シンガポール、マレーシア、ベトナム、イタリア、フランス、中国、ドバイで展示会に出展、試食イベントを開催するなど、「揖保乃糸」のおいしさを世界市場に発信し続けている。「和食」がユネスコ無形文化遺産に登録されてからというもの、世界中で日本料理や和食を提供する店が増えている。手延素麺は日本の伝統食として、海外の日本食レストランで提供されているのである。

暑い夏に真っ白な素麺はいかにも涼しげ。しかし、「揖保乃糸」は白だけではない。現在、揖保乃糸ブランドでラインアップされている商品は、ギフト専用商品も含めて20品以上にのぼる。麺線が最も細い最高級品「三神（さんしん）」はギフト専用で製造量はごくわずか、黒帯といわれる「特級品」は原料にこだわり、製造は厳寒期（12月～翌年2月）のみ、製造するのは熟練者に限られる。おなじみの赤帯「上級品」のほか、原料小麦の産地にこだわった「縒つむぎ」「播州小麦」、少し太めの「太づくり」、有機栽培された小麦若葉を練りこんだ「小麦若葉」のほか、胡麻やブラン（小麦ふすま）、全粒粉を練りこんだ素麺もある。2色の色めんが入ったひやむぎ、うどんも3種、手延中華麺「龍の夢」は隠れたヒット商品だ。その「龍の夢」シリーズからはデュラム小麦を原料とした手延パスタも展開している。商品開発のための研究室を備え、日々、新しい商品の開発に力を注いでいる。

商品だけではない。食べ方提案にも力を入れている。家庭用の6束パックを購入した人ならご存知のはず。中には縦長のレシピカードが封入されている。トマトそうめん、ナポリタン、クラムチャウダーといった洋風アレンジのほか、さまざまなにゅうめんメニュー、変わりつゆなどのレシピも掲載されている。近年、業界で最も危惧されているのが「若年層の乾麺離れ」だ。麺をゆで、流水にさらすという調理方法を知らない人が増えている、というのだ。同組合では乾麺の保存方法やおいしいゆで方、そして、多様なレシピを知ってもらおうと、さまざまな取り組みを行っている。

食品メーカーの調味料などとのコラボレーションもそのひとつ。コンソメやトマトソース、「揖保乃糸」との組み合わせから生まれるメニューは無限大だ。毎年、夏には各地の小売店や百貨店で試食イベントを開催し、何種類ものメニューを試食提供している。また、2019年春からは家庭用6束パックの包装をリニューアルし、おもて面に二次元コードを印刷した。コードを読み込むと、組合ホームページにアクセスできる。そこからも「揖保乃糸」の情報を知ることができる。長年愛好してくれているユーザーと未来のユーザー、その両方を見据えて、「揖保乃糸」の魅力を発信している。

130年を超える歴史の中で、手延素麺の伝統を守りながら、いち早く時代に対応したシステムを取り入れてきた「揖保乃糸」。安全・安心、そしておいしさ、変わるべきところと変えてはいけないところ。これらの絶妙なバランスが「揖保乃糸」を日本で一番有名な手延素麺に育て上げたのである。

JR姫新線、東觜崎駅の近くには「揖保乃糸資料館　そうめんの里」があり、手延素麺の歴史や製造工程を学ぶことができる。春から夏にかけては「そうめん流し」も楽しめるうえ、併設のレストラン「庵」ではさまざまな「揖保乃糸」メニューを提供しており、あっと驚くおいしさに出会うことも。お土産コーナーも充実、存分に「揖保乃糸」を堪能できる。

PROFILE

1887年設立。本部は兵庫県たつの市龍野町富永219-2、県内に倉庫や加工場など6拠点を置く。従業員数155人、組合員438（現業者420）人、井上猛理事長は第13代目理事長。年商145億円。（2018年8月時点）。

プリマハム 株式会社

いつも、ずっと、お客様に愛され、支持される会社――を目指し、顧客との絆、食のおいしさ、人とのふれあいを通じて、健康で豊かな食生活の創造を追い求めるプリマハム。1931年の創業以来、ハム・ソーセージ、食肉を中心に顧客との絆を大切に、安全・安心な商品の提供に努める一方、時代の流れとともに食シーンや販売チャネルが多様化するなか、長年のノウハウと新たな技術を結集し、魅力ある商品を開発してきた。その代表的な存在が「香薫」シリーズ。今年で発売17周年を迎え、主力の「香薫あらびきポークウインナー」は好調な売行きを見せている。

“かおり”のこだわり、ハムソー市場を活性化

プリマハムの「香薫」シリーズは、独自技術により11種類の挽き立てスパイスを使用することで味わい豊かな内なる「香り」と、山桜のチップでスモークすることで食欲をそそる外からの「薫り」を引き出した、この2つの“かおり”のこだわりが特長。2002年春に「香薫」シリーズを投入し、現在「香薫あらびきポーク2個束」(内容量90g×2)、「同中袋(ピロー)」(同320g)、「同大袋(ジッパー付き)」(630g)、「香薫あらびきミニステーキ」(86g)、「香薫あらびきステーキ」(155g)、「香薫特選ベーコン」(100g)などのラインアップで展開している。

とくに主力商品の「香薫あらびきポークウインナー」は、今年で販売17年目を迎え、販売数量は14年度(前年度127%)、15年度(113%)、16年度(125%)、17年度(129%)と、競合他社の伸び率を大きく上回っている。また、ハム・ソーセージの本場ドイツの権威ある国際コンテストである「DLG(ドイツ農業振興協会食品品質競技会)」と「IFFA(食肉加工国際見本市)」で2つの金賞を受賞するなど国際的にも高い評価を受けている。

こうした“香り薫る”深い味わいとジューシーさ、求めやすい手ごろな価格といった「香薫」シリーズのもうひとつの特長が、季節パッケージの採用だ。春シーズンには「合格祈願」「桜」を、また9月から10月にかけては「ハロウィンパッケージ」で季節感を演出して売り場の活性化に貢献している。さらに、上記パッケージに合わせたPOPを活用して売り場の飾りつけを提案しており、2015年からは営業担当者を対象とした社内向け「ディスプレイコンテスト」を実施。独創性のある優れた飾り付けをした従業員を表彰するなど、「香薫」シリーズを中心に、小売店や流通事業者との関係も深めている。

また、プリマハムのイメージキャラクターである俳優の土屋太鳳さんを起用した販促資材や、テレビCM、販売キャンペーンなどを積極的に展開することで、消費者とのコミュニケーションも大切にしていることも販売好調の秘訣といえる。キャンペーンのうち、とくに同社がオフィシャルスポンサーとなっている東京ディズニーリゾートの夜間貸切りイベントは、キャンペーンに応募した中から抽選で招待。完全貸切りなのでゆったりアトラクションを楽しむことができる大変人気の高い企画となっている。また、名古屋市にある「レゴランド・ジャパン(プリマハムがオフィシャルスポンサー)」や、全国各地で開催している「よしもと貸切お笑いライブ」への招待キャンペーンも展開している。よしもと貸切りイベントでは、会場入口でプリマハムのスタッフが出迎えることで消費者との触れ合いも重視している。

さらに、若い層にもプリマハムを知ってもらうため、2015年5月に食肉業界では初となるLINE公式アカウントの運用を開始している。スタンプとし

てオリジナルキャラクター「あらびき星人ソップリン（以下、ソップリン）」を活用したオリジナル漫画などエンタメ要素のある楽しいコンテンツも交えて配信している。LINEでの「ソップリン」を活用した情報発信・広告活動が功を奏し、友だち数の増加に伴って、「香薫あらびきポークウインナー」の販売数量が大幅に拡大するなど、相乗効果を高めている。

プリマハム公式LINEアカウント・キャラクターの「あらびき星人　ソップリン」

一方、時代の流れとともに社会構造の変化や食の多様化が進むなか、主力商品の「香薫」シリーズもまた、レンジ対応という新たな切り口で展開する。

2019年春から新たに販売する「香薫あらびきポークレンジ対応」（4本入り・258g）は、パッケージのままレンジ加熱が可能なフライパンや取り皿を必要しない簡便志向にマッチしたレンジトレイ商品。香薫の最大の特長である「かおり」「ジューシーさ」は変わりなく、レンジにかけた時に割れ難いようにサイズ（太さ）を大きくするなど工夫を凝らしている。

後述する茨城工場の新ウインナープラント完成を記念して発売した「香薫あらびきポークウインナー」のジッ

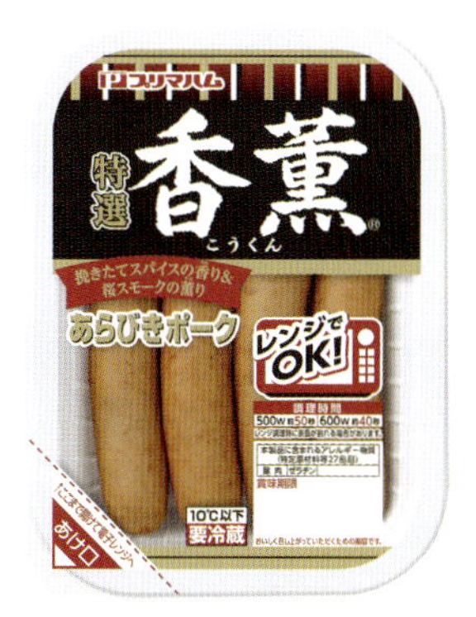

香薫あらびきポークレンジ対応

パー付き大袋タイプも630gと通常の7倍もの大容量のため、お買い得感から大家族向けに人気が高く、ここ数年の「香薫」シリーズの販売増加に大きく貢献している。

茨城工場に新ウインナープラント 最新鋭の設備で生産効率UP

プリマハムでは、伸長する「香薫あらびきウインナー」のニーズに応えるため、2016年6月から茨城工場（茨城県土浦市）に新ウインナープラントを稼働させ生産能力の強化を図っている。新工場は、旧工場の1.5倍となる月産1,800t。「香薫あらびきポークウインナー」を中心に手掛けており、エネルギーを約20％削減する設備や太陽光発電システムの導入など最新鋭の設備導入により、環境への負荷を低減させながら、生産効率と生産能力を向上、安全・安心のさらなるレベルアップを行っている。

新ウインナープラントに隣接する形で新ハム・ベーコンプラントが2019年3月に完成、6月に本格稼働する。こちらは月産2,500t規模で、完成すれば、茨城工場全体で4,300t規模の生産能力を持つことができる。また、この2つの新工場の生産能力増強に対応した物流体制と効率化を推進する関東物流センターも増設工事を進めている。

茨城工場に誕生した最新鋭のウインナープラント（右棟）とハム・ベーコンプラント（左棟）

LINE公式アカウントの友だち数は、現在1,200万人に達する。「ソップリン」も2018年春に新商品のパッケージに登場して以降、ゆるキャラグランプリへのエントリーや、ハロウィン販促資材など様々な方面で活躍中だ。プリマハム＝ソップリン＝香薫あらびきポークウインナーが連想できるよう、さらなる浸透を図っていきたい考えだ。

PROFILE

1931年9月1日創業、1948年7月9日設立。ハム・ソーセージ、食肉および加工食品を製造・販売。拠点は、本社（東京都品川区）、2支社（6支店）、4工場、3物流センターなど。従業員数993人。グループ会社35社。

株式会社 ロッテ

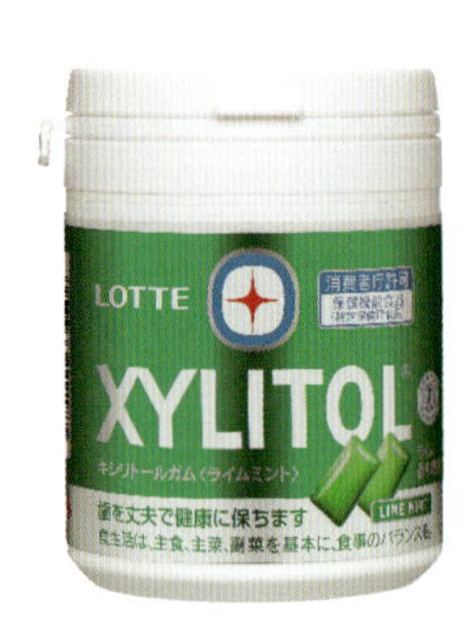

ロッテの社名は、ドイツの文豪ゲーテの名作「若きウェルテルの悩み」に登場するヒロイン"シャルロッテ"の愛称に由来する。同社の代名詞「お口の恋人」というメッセージには、世界中の人々から愛される会社でありたいという願いが込められている。1948年、チューインガムで創業した同社。菓子メーカーとしては後発だったが品質にこだわり、「キシリトールガム」「ガーナミルクチョコレート」「爽」「クーリッシュ」など、多くのヒット商品を生みだす。いまや菓子・アイスクリームの総合メーカーとして、確固たる地位を築いている。

世界中の人々から愛される会社へ

ガムから見える誇るべき研究開発力

1957年4月、ロッテは板ガム「グリーンガム」を発売する。当時、価格は20円だった。この時代、国産板ガムのガムベースには合成樹脂の酢酸ビニル樹脂が用いられていた。伸びやすいので風船ガムに向いている。

一方、アメリカ産のガムベースは、中南米原産のサポディラという木の樹液を固めた天然チクルを用いていた。噛み応えのある素材だが当時は価格が高く、日本での入手も難しかった。

しかし創業者の重光武雄氏は、天然チクルの採用にこだわった。100%チクルのガムベースはコスト高のうえ長期保存で劣化する欠点もある。そこで天然チクルに酢酸ビニル樹脂を均一に混合したガムベースを開発する。これがロッテ技術陣の出した解答だった。その類いまれなる技術力とチャレンジ精神は、ロッテが誇る研究開発部門「ロッテ中央研究所」に脈々と受け継がれてきた。

1970年代に入ると、「キシリトールガム」の素材研究が始まる。キシリトールは白樺や樫の木などの植物を原材料とする糖アルコールの一種で、砂糖と同程度の甘さを持つ。

日本ではまだ食品添加物として認められていなかったキシリトールに革新的な価値を生み出す可能性を感じたロッテの研究陣は、将来の商品化を念頭に研究に乗り出し、砂糖とは物性の異なるキシリトールの配合を検討した。

1997年4月、キシリトールが食品添加物として認可されると同時に、工場はゴールデンウィーク返上で生産。商談ではサンプルなしという異例の運びとなった。同年5月、「キシリトールガム」が発売された。まったく新しい甘味料を配合したガムの登場だ。

2000年代になって厚生労働省から特定保健用食品（トクホ）の許可を受けると、それまで漠然と「歯によさそうだから」と噛んでいた人に、歯の健康のため「キシリトールガム」の習慣化を呼びかける戦略に乗り出した。この一環として、2002年にボトルガムを発売。家庭の常備ガムとして、家族で習慣化してもらうことが当初の狙いだったが、オフィスや車内などさまざまな場所へ広がり、喫食シーンを広げた。

今日では、口腔全体の健康が重視される動向に合わせ、ユーカリ抽出物で歯垢の生成を抑え、歯ぐきを健康に保つトクホ商品「キシリトール　オーラテクトガム」や、イチョウ葉抽出物配合の「歯につきにくいガム（記憶力を維持するタイプ）」を機能性表示食品の許可を得て中高年向けに展開するなど、健康機能にすぐれた商品を数多く商品化している。また、商品軸とは別に咀嚼の重要性を啓蒙するため「噛むこと研究部」を立ち上げ、積極的に活動している。

「ガーナ」で
板チョコの価値を向上

ロッテが、総合菓子メーカーへの第一歩としてチョコレート分野へ進出したのは1960年代初頭にさかのぼる。ミルクチョコレート発祥の地スイス出身の一流技術者を招へいし、「本場スイスをも超えるチョコレートを作ってほしい」と一任。1964年2月、「ガーナミルクチョコレート」を初出荷する。関東・北海道での先行発売を経て同年9月に全国へ。

「ガーナミルクチョコレート」は、発売当初から個性が際立っていた。アメリカ風の軽い味わいが主流だった他社商品に比べてコクのあるミルク感となめらかさ。良質なカカオ豆へのこだわりと真っ赤なパッケージ。クリーム色や茶色の多いチョコレート売場で、ロッテチョコレートの登場を鮮やかに印象づけた。

時代とともにチョコレート市場の商品構成は多様化していく。バブル崩壊後の1990年代前半、ロッテチョコレートの原点「ガーナミルクチョコレート」をもう一度見直そうとする機運が生まれた。つきつめた結果、浮かび上がったのは「なめらかな口どけ」「赤いブランドカラー」の2つだった。発売から30年近く経って、この2つの価値をしっかりと伝えきれていなかったという反省に立ち、社員自身がブランドの強みを再認識することから「ガーナ」ブランドの再構築が始まった。

1994年、ロッテチョコレート30周年の企業CMを展開。「ガーナミルクチョコレート」をロッテチョコレートの顔として、ブランドカラーの赤を印象的に打ち出した。紙でくるむ包装から箱包装に変え、保存性や携帯性を向上させた。

2000年代初頭には、2つの活動を立ち上げた。熱々に溶かした「ガーナミルクチョコレート」にフルーツをからめて食べる「ガーナフォンデュ」と、母の日に贈る「母の日ガーナ」だ。これらの取り組みは、一人で食べきるものだった板チョコに、家族で楽しむ体験や感謝の気持ちという新しい意味を与え、コト消費を創出した。2016年からはブランドロイヤリティを高めるためプレミアムラインの開発に傾注。生チョコやムースショコラなど「ガーナ」の一歩進んだおいしさを多彩に表現している。

アイスの新たな
喫食シーンを創出

乳業系メーカーのアイスとは異なる発想で勝負する。1999年に発売した「爽」の成功で微細氷の新食感を市場に浸透させた同社は、飲料市場を強く意識した「飲むアイス」に挑戦する。微細氷技術を進化させ、乳原料や糖類の配合を変えることで独特のなめらかさを追求。ゼリー飲料などで使われていた口栓付きのパウチ容器を採用し、吸い出しやすさの検証を重ねた。冷蔵庫から取り出して数分置き、少し手で揉んでやわらかくなったあたりが飲み頃になるように品質を設計した。

こうして2003年、飲むアイス「クーリッシュ」が発売された（全国展開は翌年から）。アイスと飲料の中間的な商品として注目を浴び、オフィス、アウトドア、スポーツ時のクールダウンなど、アイスの新しい喫食シーンを創出した。

「クーリッシュ」の歴史はパッケージ改良の歴史でもある。手に持った時の冷たさを軽減する不織布の採用、口栓や内部のストローの大きさや形状の見直しなど、改良を重ねてきた。「クーリッシュ」は、品質・パッケージともにロッテの独自技術の結晶であり、追随商品が現れないオンリーワンの存在。

カプチーノ味など、かつてはスタイリッシュなドリンクを意識していたが、今では親しみやすさ、わかりやすさに重点を置き、季節性なども加味しながら多彩なフレーバーを展開している。

主力品を生産する浦和工場外観

ロッテは2018年に創業70周年を迎えた。同社の歴史は、イノベーションの歴史とも言える。1964年に「ガーナミルクチョコレート」でチョコレート事業に参入して以降、他社にはない斬新なブランド、マーケティング戦略を展開。このDNAを引き継ぎ、ロッテの変革活動を「ロッテノベーション」と銘打ち、企業価値を高める取り組みを推進している。

PROFILE

1948年創業。菓子・冷菓製造・販売など。拠点は本社（東京都新宿区）、全国支店、5工場（浦和、狭山、戸田、滋賀、九州）、中央研究所。グループ会社は千葉ロッテマリーンズ他。従業員数2,259人（2018年3月末現在）。

「発建」の喜び——そこにラーメン屋がある!

座頭市流フィールドワーカー「野生の勘」の取り戻し方

国立民族学博物館グローバル現象研究部
准教授 広瀬浩二郎

ヴィクトリア＆アルバート博物館にて

PROFILE

広瀬浩二郎（ひろせ・こうじろう）

自称「座頭市流フィールドワーカー」、または「琵琶を持たない琵琶法師」。1967年、東京都生まれ。13歳の時に失明。筑波大学附属盲学校から京都大学に進学。2000年、同大学院にて文学博士号取得。専門は日本宗教史、触文化論。01年より国立民族学博物館に勤務。現在はグローバル現象研究部・准教授。「ユニバーサル・ミュージアム」（誰もが楽しめる博物館）の実践的研究に取り組み、“さわる”をテーマとする各種イベントを全国で企画・実施している。最新刊の『目に見えない世界を歩く』（平凡社新書）など、著書多数。（文中写真は著者撮影）

なぜ僕は歩くのか

僕はラーメンが食べたくなった。「よし、今日は知らない街を歩いてラーメン屋を探そう」。

全盲の僕はこれまで、さまざまな街を歩いてきた。視覚障害者が白杖を片手に単独歩行するのは、容易なことではない。13歳で失明した僕は、今まで当たり前にできていたことが、できなくなる現実を突き付けられた。トイレに行こうとして壁に激突する、慣れているはずの通学路で迷う……。歩くとは、全盲者にとって文字どおり障害（社会的障壁）との遭遇であるとともに、自立の第一歩になることを実感した。

僕は盲学校で歩行訓練を受け、徐々に自分の行動範囲を広げていった。視覚障害者が一人で歩く際、全身の感覚を総動員する。音を聴き、においを嗅ぎ、道の凹凸を足裏で確かめる。白杖はセンサー（触角）のようなものである。迷った時、困った時は行き交う人に援助を求める。どんなタイミングで声をかけるのかは意外に難しい。また、声をかけても返事がない、無視されることもある。めげない、恥ずかしがらない、気にしない。視覚障害者の単独歩行には、ある種のずうずうしさ（物にぶつかっても、者にスルーされても大丈夫な「面の皮の厚さ」）が必要だろう。

僕の行動力の源泉は「食」である。おいしい物が食べたい！　この単純かつ本能的な欲求を満たすために、僕は各地を歩いてきた。高校時代、全盲の友人といっしょに池袋の街をさまよい、初めて居酒屋に入ったのは懐かしい思い出である（飲酒はしてません、念のため）。大学時代、京都で一人暮らしを始めた僕は、定食屋を求め、下宿の周りを探険した。「今日は別の店に行ってみよう」「あの店の先には何があるのか」。すべての道は「食」に発する。これが僕のモットーである。

20代、30代で米国に留学した時も、「食」は僕の好奇心をかき立てた。「すみません、この辺にレストランはありませんか」「どんな料理でもいいけど、ちょっと変わった物が食べたいなあ」。ニューヨークの街中を白杖頼りにふらふら歩く僕は、かなりの変わり者だったかもしれない。ガチャガチャと食器の音がする店、食べ物のにおいが漂う店に入り、「ここは何料理のレストランですか」と、堂々と尋ねることもよくあった。店員に英語のメニューを読み上げてもらっても、理解できないことが多いので、適当に「上から3番目」などと注文する。何が出てくるのかがわからない料理を待つのも、スリル満点でおもしろい。

もちろん、行きたいレストランの住所を事前にチェックし、タクシーで乗り付けることもある。また、晴眼の友人と歩けば、移動時の苦労はなくなり、安心して食事を楽しむことができる。でも、僕は一人歩きにこだわっている。それは、僕自身の「野生の勘」を鍛えたいからである。近年、ガイドヘルパー（外出支援者）の制度が全国的に利用できるようになった。わざわざ苦労して一人で歩かなくても、介助者の同行を頼めばいいと考える視覚障害者が増えている。たしかに、ヘルパー制度は視覚障害者のQOLを確保する上で重要だろう。

僕も人による手助けを否定するつもりはない。だが、福祉の充実が障害者の野生の勘を鈍化させてしまう面を有するのは残念である。ここ数年、視覚障害者の鉄道駅ホームからの転落事故が相次ぎ、声かけ運動が広がっている。ホームは視覚障害者にとって、もっとも危険な場所であり、「欄干のない橋」とも称される。幸い、僕はホームから転落した経験はないが、ヒヤッとさせられたことは何度かある。晴眼者がホーム上を歩く視覚障害者に注意を払ってくれるのはありがたいし、僕も駅員による誘導サービスを頻繁に依頼している。

一方、駅に流れる「目の不自由な方を見かけたら、声をかけましょう」というアナウンスを聞いて、少し複雑な心境になるのも事実である。障害者は社会的弱者なのだから、その弱さを謙虚に認め、健常者に助けてもらう姿勢は大事だろう。ただ、最終的に自分の身を守るのは自分である。「ホームから転落しないように、しっかり歩行スキルを磨こう」「触角を駆使して、野生の勘で欄干のない橋を渡ってやろう」。こんな意見が当事者から出てこない現状に、僕は危機感を抱いている。

なぜラーメンはうまいのか

さて、それでラーメン屋である。ここ数か月、忙しくて、あまり冒険してないぞ。今日は野生の勘を取り戻すトレーニングをしよう。僕は普段ほとんど降りたことがない地下鉄の駅を出て、先が見えない旅を始めた。僕が頼りとするのは人々の足音である。店を探すのなら、比較的人通りの多い道を歩くのがいい。

司馬遼太郎の小説に『ひとびとの跫音』がある。この作品は正岡子規没後、彼の縁者たちの「普通の人生」を描いている。「足音」ではなく、あえて「跫音」を使っているのが司馬らしい。跫音とは単なる足音であるのみならず、近づいてくる物事の気配を意味している。『ひとびとの跫音』で司馬は子規の人生には直接言及せず、昭和を生きた関係者のライフヒストリーを紹介する。小説は昭和の時代史として展開するが、そこから子規の余韻、明治という時代の雰囲気がいきいきと伝わってくる。

風に触れ　見えない街を　写し取る

尊敬する司馬の表現を借りると、視覚障害者にとって街は跫音で構成されているともいえる。僕は足音ではなく、跫音を意識して街を歩く。「この人は急いで歩いているから、用事があるのかな」「あの人はなんだかのんびり歩いているので、散歩だろうか」「このハイヒールの音は若い女性だ」「僕を追い抜いた彼は大股で歩いているから、背が高いのかな」。いくつもの跫音が僕とすれ違う。僕は多彩な跫音に耳を澄まし、目に見えない街を想像する。声をかける際は急いでいる人は避け、なるべくゆっくり歩く人を呼び止める。若い女性が立ち止まってくれると嬉しいが、切羽詰まってくると、そんな余裕はなくなる。

地球は丸い。4回曲がれば、元の場所に帰ってくる。だが、放置自転車をよけたり、路地を斜めに入ったりするうちに、僕は方向を失った。移動距離はたいしたことないが、30分以上は徘徊しただろうか。何度か歩行者に声をかけた。「この辺にラーメン屋はありませんか」。運悪く最寄りのラーメン屋が定休日、午後の休憩時間というケースが重なり、僕の迷走（瞑想）は続く。「道を渡った所に牛丼屋ならある」という誘惑に負けず、ここは初志貫徹。僕は10分ほど大通りを歩き、ついにラーメン屋を発見、いや発建した。「おまえはなぜ歩くのか」「そこにラーメン屋があるから」。そう自問自答しつつ、僕は店員の案内でラーメン屋のカウンターに着席した。

食う前に　湯気に向かって　ありがとう

先が見えぬ全盲者は、ラーメン屋を視覚的に認識することができない。ラーメン屋のドアを開け、ラーメンのにおいを嗅ぐことにより、初めてそこがラーメン屋であると確認する。目の前に、見えないはずのラーメン屋が鮮やかに建ち上がる瞬間を僕は「発建」と呼んでいる。「今日はけっこう歩いたから、ご飯も付けちゃおう」。迷った末に発建したラーメン屋で食べるラーメンの味は格別である。やみくもだけど、やみつきに。このおいしさを体験したくて、僕は今日も一人で街を歩く。

最近、僕は「lack is luck」という自作の標語をあちこちで使用している。英語が苦手な僕は「lack」（不足）と「luck」（幸運）の発音の区別ができない。いや、そもそも不足と幸運はつながっているのではなかろうか。視覚障害者が得る情報は、晴眼者よりも明らかに少ない。でも、少ないからこそ、情報の大切さ、活かし方を知っている。視覚障害者の一人歩きは人生の縮図である。先が見えないから楽しい。思いがけない出会いが人生を豊かにする。まずは、一歩踏み出してみる。自分が歩くことで、何かが始まる。僕はこれからも自己の野生の勘を育てるために、さらにはその野生の勘を社会に発信するために一人歩きを続けたい。だって、ラーメンはうまいんだもん！

アサヒ飲料 株式会社

100年ブランドの「三ツ矢」「カルピス」「ウィルキンソン」を有する企業として、次なる100年の成長を目指すアサヒ飲料。「本質価値の強化」と「未来に向けた成長基盤の構築」に取り組み、業界のリーディングカンパニーを目指している。重点6ブランドと健康領域の強化で2018年度も成長し、16年連続で販売数量が増加した。ESG(E=環境、S=社会、G=ガバナンス)領域での活動を強化しており、将来のあるべき姿を示す指針「ビジョン」を制定。"社会の新たな価値を創造し、我々の「つなげる力」で発展させ、いちばん信頼される企業となる"ことを目指す。

3つの100年ブランドを軸に本質価値を強化

財務的価値と社会的価値の向上を軸とした企業成長を目指し、「三ツ矢」「カルピス」「ウィルキンソン」「ワンダ」「十六茶」「おいしい水」の重点6ブランドの本質価値の強化と、健康領域の強化に取り組むアサヒ飲料。

中でも、2019年に発売100周年となる「カルピス」ブランドは、「乳酸菌と酵母、発酵がもつチカラ」をテーマに、100年間大切にしてきた「大切な人を想う気持ち」や「おいしさと健康」という独自価値の浸透を図っている。

通年で様々な記念日を応援する「人を想う記念日ACTION!」を実施するほか、「カルピス」と日本各地の発酵食品がコラボレーションした「発酵BLEND PROJECT」を展開し、ブランド価値をさらに高めていく考えだ。

乳酸菌で体脂肪を減らす「カラダカルピス」(機能性表示食品)や、濃い味わいが楽しめる「濃いめのカルピス」の定番品への育成もチャレンジする。

また、2019年は"お客様との約束"として、「100年のワクワクと笑顔を。」という新スローガンを制定した。人生100年時代に、驚きや感動、健康を届けるというメッセージになっている。

「ESGの取り組み強化」に向けては、持続可能な容器包装を実現するための「容器包装2030」を制定し、2030年までにプラスチック製容器包装の全重量の60%にリサイクルPET、植物由来の環境配慮素材などを使用することなどを掲げた。その一環として、2018年5月からラベルレスボトルを「アサヒ おいしい水 天然水」から導入している。これは、PETボトルに貼付しているロールラベルを削減し、廃棄物量削減による環境負荷の低減とロールラベルを剥がす手間を省いた「人にやさしく、地球にもやさしい」容器。今春からは、同商品の通販での取り扱い企業を拡大するとともに、「十六茶」「六条麦茶」「守る働く乳酸菌」でもラベルレス商品を導入している。

ロングセラー商品を中心に「ブランドを磨く」ことを徹底する同社。一方で、未来に向けた成長基盤の構築として、若年層や女性に向けた新商品もブランド横断で展開している。「三ツ矢レモネード」では有職女性に向けた甘さひかえめの炭酸飲料を、「ワンダフルワンダ」では振って楽しむPETコーヒーの提案を行うなど、業界を先駆ける新価値創造に挑戦する。

PROFILE

1982年3月設立。各種飲料水の製造、販売、自動販売機のオペレート、その他関連事業。本社は東京都墨田区吾妻橋1−23−1。カルピス、アサヒ飲料販売などグループ企業5社。社員数約3,300人(2018年12月末現在)。

旭食品 株式会社

消費者が日常的に買物を行う食品スーパー（SM）と食品メーカーを橋渡しする卸は、「そうは問屋が卸さない」という言葉の語源である問屋とも呼ばれる。食品業界では商社系を中心に再編が進み、メガ卸が誕生する中、同社は高知に本社を構える独立系として社風や伝統を守りながら、光を放ち続けてきた。傘下には地酒メーカーの酔鯨酒造（高知市）をはじめ、ゆずぽん酢や、ジャム、乾物などの商品開発を行う旭フレッシュ（高知市）、南アフリカワインの品揃えで業界トップクラスを誇る輸入商社マスダ（大阪市北区）といった企業を持つのも強みだ。

メーカー機能を高めて次世代の問屋へ進化

2023年に創業100周年を迎える高知の名門企業である。問屋としては、従来の強みである「地域密着」と「現場力」を、メーカーの立ち位置となる川上分野や、海外市場といった新たな領域へと広げることで、次世代の問屋への進化を目指している。100周年を見据えた新体制として、この4月から副社長3人体制を敷き、メーカー機能を高める「ものづくり戦略会議」と業務用の規模拡大を目指す「外食事業本部」を新設した。ここ数年、売上高は右肩上がりを続けているが、今後5年間で300億円の大型投資を発表するなど、現状に甘んじることなく、攻めの姿勢を崩さない。

メーカー機能としての代表商品は、旭フレッシュの「土佐山村のゆずぽん酢 ゆずづくし」だ。2016年に発売25周年を迎えたロングセラー商品で、本醸造しょうゆをベースに、高知県産のゆず果汁をたっぷりと使用した本格ゆずぽん酢は、全国に根強いファンがしっかりと付いている。

2016年からは「にっぽん問屋」プロジェクトをスタート。問屋の立場で新しい日本らしいブランドをつくることを目指したもので、企画立案会社Blaboと組み、地元のうまいものを発掘しながら、生活者のアイデアを生かした商品開発を行うプロジェクトだ。

第1弾商品として、地元高知の商材であるカツオと生姜の素材を生かした「高知発KATSUO便」「しょうが日和」、家庭で使用しやすい乾物を考え抜いた「野菜の引き出し」の3ブランドを展開。今後は47都道府県それぞれの特色ある商品を揃えていくという壮大な構想を描いている。

また、JA高知市、土佐山柚子生産組合、旭フレッシュの3社で設立し、2017年3月から稼動した土佐山ファクトリーも順調だ。ゆずの皮からオイルを抽出して素材として販売。高収益事業として着実に育ってきている。

同社の主力仕入先経営トップとの情報交換の場として発足した「全国旭友会」。毎年初夏に高知市内の同社が経営するホテルで総会が盛大に開催され、今年で第22回となる。80社以上の食品メーカーの社長が高知に結集し、翌日はゴルフで親睦。他卸の同様の会の総会は東京で開催するため、ここまで深い交流を行うことはできないだろう。

PROFILE

1923年に問屋として創業。2013年にカナカン（金沢市）、丸大堀内（青森市）と地域卸連合トモシアホールディングス発足。2016年3月期に売上高4,000億円到達。旭食品グループ正社員数1,976人（2019年4月）。

旭製粉 株式会社

奈良県には海がない。製粉企業の多くは海辺にあり、港から入ってくる小麦をそのままサイロに貯蔵できるようになっている。旭製粉は海のない奈良県桜井市で80年近く製粉業を営み、地場の特産品である三輪素麺をはじめ、関西一円の小麦粉食文化を支えてきた。近年、同社は製粉企業の“新しいカタチ”を提案している。小麦を挽いて小麦粉に加工するのが製粉、旭製粉はそこからさらに一歩進んだ段階「ミックス粉」に注目する。高騰する原料や副資材、人手不足に安全・安心への取組み……食品業界に山積する“課題”解決法の一つが「ミックス粉」なのだ。

一味違う。旭製粉のBPOはブレンドが鍵

ミックス粉と聞くと、多くの人が思い浮かべるのがホットケーキミックス、お好み焼きミックスといった、家庭用ミックス粉。材料をそろえたり、計量する必要がなく、手軽に必要な分だけ、手作りに挑戦できる。この理屈はもっと大きな規模になっても同じだ。旭製粉は「粉体のプロ」として、ミックス粉の可能性を発信している。

同社のユーザーにはリテールのパン屋や自家製麺の個店といった、“こだわりのある小さな店”も多い。こういった現場が常々頭を悩ませているのがスペースと人手不足だ。製パン、製麺にはさまざまな原料が必要だ。それらの在庫をストックし、多品種少量の商品展開に合わせてブレンドし、ミックスする作業は非常に煩雑だ。そんなとき、一回の作業分の材料が一袋にまとまっていたら？　計量ミスもなければ、コンタミ（異物混入）のリスクもない、過剰なストックを置く必要もない、昨日入ったばかりのアルバイトであっても、いつもと同じ製品を作ることができる。

同社には製粉ラインのほかに8つのミックス専用ラインがあり、小麦以外のアレルゲンが混入しないアレルゲンフリーのラインも備える。オリジナルブレンドは200kgという小ロットから対応可能、小袋包装は15gから可能だ。このサービスを西田定社長はBPOと呼ぶ。Blending Process Outsourcing の頭文字だ。「キーワードは問題解決。こちらが作った製品を売るのではなく、ユーザーが原料と配合を指定し、希望のサイズにパックする。時間短縮やロス軽減につながり、喜んでもらえる」。

同社はWEBMIXというサイトを起ち上げ、課題解決の方法を動画で紹介する。「誰もやりたがらない仕事をあえてやってきたことが力になった」と西田社長。近年、ミックス粉の売上は小麦粉に迫る勢いだ。最初のミックスプラントができてから約20年、積み上げてきたノウハウがいま、開花している。

ミックス粉だけでなく、小麦粉製品も個性派ぞろいだ。フランス・シャルトル地方の小麦100%使用「シャルトル」、多加水パンが作れる「モイスト」など。日本で一番長い歴史を持つ手延素麺を支えつつ、革新的な製品づくりと取組みにも挑戦し続ける。「やまとは国のまほろば」とうたわれた地で、培ったものを大切にしながら、新しいものを生み出し続けている。

PROFILE

1940年設立。奈良県桜井市上之宮67-2に本社を置く。製粉ラインのほか、ミックス粉製造8ライン、食品添加物製造1ライン、小袋充填製造7ラインを備える。従業員108人。

旭松食品 株式会社

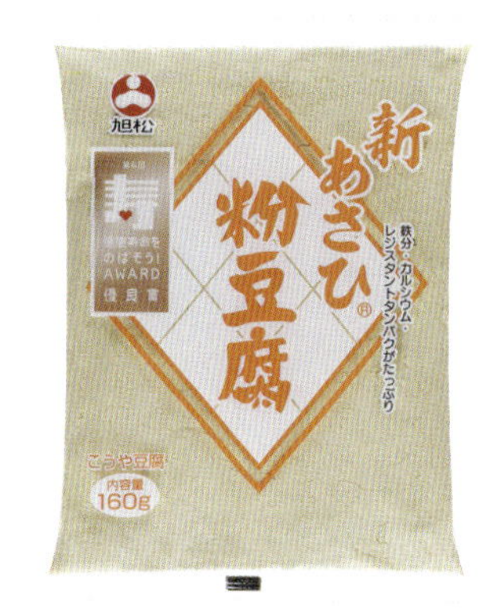

こうや豆腐(凍り豆腐)を主力に、即席みそ汁「生みそずい」、医療・介護食等を製造販売する。重視するのは、新しい「おいしさ」と「価値」の創造だ。グループの食品研究所(長野県飯田市)では、製品の改良や、味の追及、高品質化のための生産技術の研究、食品の機能性研究などを手掛ける。近年では、こうや豆腐の健康機能性について病院、大学等と共同研究し、こうや豆腐のレジスタントたんぱく質による「糖尿病予防・改善効果」といった成果を国内外へ発信している。こうや豆腐の価値を周知し、ファンを増やす。トップメーカーの責務を果たし続ける。

こうや豆腐の価値を発信しファンづくり

こうや豆腐のトップメーカーである旭松食品を代表するロングセラー商品は、「新あさひ豆腐　10個入」だ。画期的な技術革新と品質改良を重ね、業界をリードしてきた。誕生は古い。1950年創業の同社が、翌51年に着手したこうや豆腐製造の歴史とともに歩んできた。

同社は業界では後発だったが、独自の技術革新で画期的な商品を生み出してきた。こうや豆腐を「湯戻し不要」で調理でき、舌ざわりがなめらかな「やわらかい」食感を楽しめるのも、同社の技術革新があったからこそ、だ。

たゆまぬ進化をつづける同社は2014年、約40年ぶりに製法の見直しに踏み切った。減塩志向の高まりを背景に、「おいしく95%減塩新製法」を生み出した。新製法は、こうや豆腐をやわらかくするための膨軟加工を、従来の重曹（炭酸水素ナトリウム）から炭酸カリウムに切り替えることで、塩分（ナトリウム）ほぼゼロを実現。さらに塩分の排出を手助けするとされるカリウムを一般的なこうや豆腐と比べ約26倍に増やすことにも成功した。

その年の秋から翌年にかけて「新あさひ豆腐」としてこうや豆腐全品で新製法に切り替えた。その後現在まで、新製法と機能性といった価値訴求、乾物だけれど「湯戻し不要」という簡便性の周知に力を注いでいる。

2019年春には、業界初の機能性表示食品「新あさひ豆腐プラス」を発売した。添付の粉末調味料に、食後の血中中性脂肪値や血糖値の上昇をおだやかにする機能があることが報告されている難消化性デキストリン（食物繊維）を加えた商品だ。

同社はまた、栄養豊富なこうや豆腐を日常の食事で手軽に楽しんでほしいと、定番の1枚サイズから、用途に合わせてカットしたものなど、さまざまな形状をそろえる。粉末状の「粉豆腐」も料理に使いやすく、提案に力を注ぐ。

医療用食材（介護食）にも注目だ。右肩上がりで成長している。病院、施設給食向け「カットグルメ」と、在宅用介護食「やわらか百菜」（通販）を展開している。カットグルメの品揃えは約340アイテムと豊富だ。食事形態に合わせて、やわらか常食、きざみ食、ミキサー食、とろみ食タイプから選べる。売れ筋は豆腐チキンボールシリーズ。

PROFILE

1950年設立。本店（長野県飯田市）、本社（大阪市淀川区）、2支店（東日本、西日本）、5営業所（仙台、名古屋、飯田、岡山、福岡）、4工場（長野）。関係会社は国内1社、中国（青島）2社。従業員数321人（2019年3月）※連結。

味の素AGF株式会社

生活者のライフスタイルや食生活、コーヒー飲用の変化を捉えた商品開発を行うコーヒーのフルラインメーカーである味の素AGF。スティックやボトルコーヒーのパイオニア企業で、これまで次々と新しい価値を創出してきた。特に、トップシェアのスティック商品は時代のニーズを捉えて市場は拡大し、品揃えも豊富になっている。企業スローガンは「いつでも、ふぅ。AGF」。嗜好飲料とギフトを通じ、「ココロ」と「カラダ」の健康に貢献することを企業理念に掲げ、いつでも、どこでも、最高のおいしさで一杯の価値を提供する嗜好飲料メーカーを目指している。

スティックやボトルコーヒーのパイオニア

1973年の設立以来、変化し続ける生活者の嗜好ニーズに応えるコーヒーのラインナップを、インスタントからレギュラー、飲料製品まで幅広く展開している同社。現在、特に注力しているのが、簡単・手軽に本格的なコーヒーの味わいが楽しめるとして2002年から発売しているスティック商品だ。スティック市場は、2018年の年間飲用杯数が25億杯となり、売上規模は300億円超となった（同社調べ）。2005年に約100億円だった同市場は、13年間で3倍へと成長している。スティックは発売当時、インスタントコーヒー・クリーミングパウダー・砂糖が一袋になったコーヒーを指していた。AGFが生活者のニーズに合わせて、紅茶やココア、フレーバーティーを展開したことで、現在はスティックの嗜好飲料全体を指すようになった。同市場でAGFは約6割、うち「ブレンディ」スティックは約5割のシェアがある（2017年度）。

スティック市場の好調は、1～2人世帯の増加やライフスタイルの多様化により、家族で一緒に食事やコーヒーを楽しむ時間が減る中、それぞれの時間帯に自分の好みの味を選べることが大きい。そして、衛生的な状態で持ち運べる特性を生かし、室内だけでなく、スポーツ観戦や山登りなどのアウトドアでの飲用も増えている。

コーヒー専門店が注目されるようになった2016年からは、「〈ブレンディ〉カフェラトリー スティック」を投入。コーヒー使用量を2倍以上にするとともに、独自技術でなめらかな泡を実現し、専門店体験のある若年層や女性層をスティックに取り込む施策を行った。

また、業務用で展開する「AGFプロフェッショナル」は、コーヒーやお茶を中心に、水にもサッと溶けるパウダータイプの飲料で、誰もが簡単に作れることが特長。外食産業における人手不足や手間削減、ゴミ削減の課題解決につながるとして好評を得ている。

「安全品質ナンバーワン企業」を目指し、全社を挙げて利用者の声をもとにした商品の改善活動に取り組む同社。それにより開けやすいパッケージへの改良や、原材料のより詳細な記載などを行ってきたという。2025年を目標に、「クレームゼロ」に向けた活動を推進しているが、実際に2018年まで毎年2ケタ以上クレーム数が減少しているというから驚きだ。

PROFILE

1973年8月設立。2017年7月から現社名に変更。飲食料品の製造、販売。関連会社は生産拠点のAGF鈴鹿とAGF関東。本社は東京都渋谷区初台1-46-3 シモモトビル。社員数1,446人（2019年4月1日現在）。

味の素冷凍食品 株式会社

ブランドロゴにあるFRESH FROZEN AJINOMOTOには、冷凍食品が「最もフレッシュな瞬間と最もおいしい瞬間を閉じ込められる優れた食品」であること、そして冷凍食品にしかできない価値を、同社ならではの技術とひらめきで製品として具現化し、驚きと感動を届け続けよう、という思いが込められている。冷凍食品ナンバーワンのギョーザや、「味からっ」で展開する唐揚げ、「ザ★チャーハン」を筆頭とする米飯、「洋食亭」のハンバーグ——といった定番品のほか、おにぎりの具材「おにぎり丸」など冷凍食品の新しいジャンルにも積極的に挑戦している。

15年連続日本一、味の素「ギョーザ」の秘密

味の素「ギョーザ」は2003年〜2018年の16年連続で冷凍食品ナンバーワンの売り上げを誇る。2017年には「ギョーザ」ブランド合計で約200億円と過去最高を達成した。成長を続けている秘密はどこにあるのだろうか。

ギョーザが最初に発売されたのは1972年。当時の開発方針は「家庭の食卓に上る頻度は高いが、手作りしにくいメニュー」で、ギョーザは発売された12品のひとつだった。

ギョーザの歴史は改良の歴史だ。特に冷食ナンバーワンに駆け上がるきっかけとなるのが1997年、油なしで焼ける製法の開発。これを機にギョーザの販売強化が始まった。

2002年に同社は「おいしさは素材から」の取り組みを開始、2003年にはプロにならった製法を導入して皮を改良した。そして2006年、冷凍食品の単品として初めて売上100億円を突破することになる。

2008年には「新・安心品質」の取り組みを開始し、原料の豚肉、鶏肉、野菜を指定農場に限定、2009年にはキャベツをすべて国産にした。

そして2012年、業界初の油なし・水なしギョーザが完成する。「羽根の素」の技術開発によって水を入れずに、誰でも上手に焼ける調理法を実現した。

その後も2013年に小分けトレイを採用、2014年には野菜をすべて国産にした。そして2018年、「いつも食べたい餃子」を目指し、具と皮の黄金バランスを追求して皮を薄く改良。原料は野菜に加えて肉もすべて国産に変えた。

もう一つの定番として「しょうがギョーザ」も発売した。ニンニク使わずに生姜をきかせた飽きのこない味わいが特長。ギョーザブランドを現在「Ajiギョーザ」として展開している。

これまでの改良はすべて「お客様にとって本当に便利か、食べたい品質となっているか」を突き詰めた結果だ。この“永久改良”が日本一を支えている。

味の素「ギョーザ」がなかったら、いまの冷凍餃子市場は存在しなかった。テレビCMによってブランドを浸透させる手法も、同社が冷食業界の先駆け。市場拡大への貢献は大きい。JR総武線両国駅ホームに夏に開業する餃子酒場「ギョーザステーション」や、東京・赤坂のレストラン「GYOZA IT.」など外食からも餃子の世界を広げている。

PROFILE

本社（東京都中央区銀座）、営業拠点は全国8か所、国内に7工場、海外関連会社7社を持つ。1970年に味の素と伊藤忠商事の共同出資による味の素レストラン食品に始まり、2000年に味の素の冷食事業と統合して発足した。

イートアンド 株式会社

1969年に大阪・京橋で創業した餃子専門店の大阪王将をルーツとし、2019年9月、創業50周年を迎える。企業としては1977年、大阪王将食品設立、2002年に現社名に変更。当初は外食企業だったが、1993年に生協向けの冷凍食品販売を開始。2001年からは量販店向けにも冷凍食品を販売するようになった。2019年3月末現在、外食事業では餃子専門店「大阪王将」389店舗を中心に、「よってこや」などラーメン業態、ベーカリーカフェ業態など、国内・海外で計482店舗を展開。冷凍食品を中心に展開する食品事業の売上高は、2019年3月期に初めて外食事業を上回った。

大阪王将50周年、羽根つき餃子“革命的発明”

イートアンドが「大阪王将」ブランドで展開する家庭用冷凍食品の看板商品「大阪王将 羽根つき餃子」は2014年秋、それまでの「大阪王将 たれ付餃子」を商品名も含め大幅リニューアルして登場。水いらず・油いらずの簡単調理で、専門店のプロが焼いたようなパリパリの“羽根つき”餃子を実現した。その後もほぼ毎シーズンといってよいほどのリニューアルを重ねて品質アップを果たし、冷凍焼き餃子シェア2位と多くの支持を集めてきた。

そして2018年秋には、水いらず・油いらずに加えてフライパン等の「フタいらず」に進化させた。焼き具合がよく見えるためより焼きやすく、さらなる簡便性を追求。星野創取締役常務執行役員食品営業本部長は「単なるリニューアルではなく、“革命的な発明”」と強調する。皮の保水力を調整することで、フタなしでもジューシーな具材ともっちりした皮、パリパリの羽根を実現。また、独自の乳化技術でフタなし調理時の油ハネを抑えた。これらの特長により、ホットプレートや屋外でのバーベキュー等、羽根つき餃子の調理シーンを拡げることも狙う。

さらに2019年春には従来のキャベツ、にんにく、しょうがに加え、白菜とにらを追加し、5種の国産野菜使用として野菜の甘味をアップさせるとともに、具材を見直しさらにジューシーな仕上がりに刷新。引き続いての品質向上を図った。

そして、同じく2019年春に“羽根つきシリーズ”第2弾として「大阪王将 羽根つき焼き小籠包」を新たに提案。外食や餃子イベントで人気急上昇の焼き小籠包を冷凍食品にしたもので、水なし・油なしの簡単調理で「羽根パリッ、皮カリッ、スープがじゅわ～」というトリプル食感を実現する。

50周年を迎える中、食品メーカーとしても革新的な提案を続け、市場を盛り上げる同社の存在感が高まっている。

「フルライン型フードメーカー」を標榜し、生産事業・食品事業・外食事業の3本柱を掲げるのが他に類を見ない強みだ。しかも現在、食品事業が外食事業を超えるほどの売上高となり、食品メーカーとしても注目の存在となっている。両事業を背後で支える生産事業においては2019年10月、関東工場（群馬県板倉町）に隣接して最新鋭の新工場が稼働予定。

PROFILE

東京ヘッドオフィス（東京都品川区）と本店である大阪オフィス（大阪市中央区）の東西2本社体制。全国4支店・3営業所。東証一部上場。2019年3月期連結売上高は291億円、うち食品事業148億円、外食事業142億円。

井澤製粉 株式会社

京都のパン消費量が全国トップレベルであること、ラーメン店が多く、それらは和風イメージとかけ離れた"こってり系"であること、これらの事実に驚く人はもはや少ないだろう。京都の意外なポイントとして散々語られてきたからだ。しかし、これほど小麦粉食文化が根付く京都に製粉企業が1社しかないこと、京都産の小麦はほとんどないこと、この2つを知る人は少ないだろう。京都府内唯一の製粉企業である井澤製粉は「京都産小麦」を市中に流通させるべく、生産者と実需者をつないだ立役者だ。2018年、念願の「京都産小麦」がお目見えした。

京都唯一の製粉企業がつなぐ「京小麦」

井澤製粉の創業は1930年、「株式会社　食品館」という名の食品卸問屋からスタートした。戦後に卸売業のかたわら、国の指定工場として委託を受け、製粉をスタート、1956年には現在の名称になり、日産約86.8tの小麦粉を生産するようになる。現在、京都のパン屋、製麺業、自家製麺のうどん店・ラーメン店、学校給食からこだわりの強い個店まで、幅広い層に向けて小麦粉を提供し、ユーザーから絶大な信頼を寄せられている京都唯一の製粉企業だ。

さて、そんな同社が長年頭を悩ませていたのが「地場産小麦」の問題だ。パンやラーメンが人気の土地柄ではあるが、「京都産小麦」といえるものがなかったのだ。国産小麦の人気が高まり、一大産地である北海道以外の土地でも、さまざまな特徴ある地場産小麦が生まれている。しかし、山間部の多い京都は麦作に向かず、収穫量はごくわずか。井澤雅之社長は「土地が少ないなら反収（一反あたりの収穫高）の高い品種に切り替えるべき」と考えた。生産者やJAと話し合いを重ね、京都府の奨励品種は2018年度から全量「せときらら」という品種に変更されることになった。従来の品種よりも強く、パンや中華麺を作ることもできる小麦だ。

同社は2019年1月から2月にかけて「京小麦の収穫祭」というイベントを主催した。収穫されたせときららを原料とした小麦粉を、府内57店のパン屋・ラーメン店・レストランなどが限定メニュー化し、期間中4期にわけてリレー方式で提供したのだ。参加店舗は京都を代表する老舗から新進気鋭の話題店まで多岐にわたる。「米と違い、麦は生産者が自分で作ったものを食べることが難しい。一般消費者はもちろん、生産者にも食べてほしかった」と井澤社長。結果、生産者・店・消費者の三方面から高評価を受け、早くも次の収穫が期待されている。やっと生まれた「京都産小麦」、期待が高まる。

そのままでは食べることができない「小麦」。事務員や工場勤務の社員にも自社製品の味を知ってもらいたいと、ユーザーである人気ラーメン店に出張調理に来てもらったこともある。休日返上で協力するラーメン店の存在は、同社への信頼とリスペクトを感じさせる。営業マンはうどんも打てば、パンも焼く。ユーザーとともに、確かな製品づくりに励む。

PROFILE

1930年に京都市上京区で創業。1968年に京都市南区久世中久町736に移転、ここを本社とする。小麦粉製粉、ミックス粉製造などを展開、製粉設備能力は日産153.3t。

株式会社 イズミック

食品卸が商社系の大手に集約されていく中、イズミックは地域卸として存在感を発揮できる2つの武器を磨いてきた。得意先の支援を経営理念とし、小売店の繁栄に繋がる情報提供や提案を行うリテールサポートと、グループの強みを生かしたメーカー機能だ。一般酒販店を中心に支援する「MICSサポート」には約1,000店が加盟しており、非加盟店よりも顕著に業績が伸びている。また、「盛田金しゃちビール」や「シャンモリワイン」、清酒「金鯱」「越後杜氏の里」といった自社ブランドは、差別化には欠かせないものとなっている。

リテールサポートとメーカー機能で存在感

POSデータによる棚割り提案などを行うリテールサポートは30年以上取り組んできた。さらに昨年、これまで提案が十分でなかった飲食店も含めた売上アップに貢献するため、定期発信するマーケティング情報サービス「イズミック・マーケット・アイ」を創刊した。

POSデータは、すでにある商品の売れ行きを知るには有益だが、これから売れる商品の情報を提供することはできない。新サービスは、消費者がいま求めているものや、市場のトレンドなどについて、SNSなどのビッグデータを活用・分析することにより提案を行っていく新しい試みだ。2019年のスローガンにも「消費者目線の提案」を掲げており、「SNSを絡めた商売を1つの柱にしていきたい」（盛田宏社長）。

分析については精度を高めていくとともに、同社オリジナル色を強めていく。紙媒体は現在8号まで発刊しており、今後はネットを活用した提案も検討していく。

近年、大手卸も積極的に取り組み始めたメーカー機能があるのも強みだ。清酒、ビール、ワイン、焼酎、醤油・調味料まで幅広く品揃えしており、NB商品と組み合わせた提案は差別化に繋がっている。流行りのクラフトビールは20年以上の歴史があり、2013年に発売したプレミアムを冠した「ミツボシビール」は、盛田家11代久左衛門が明治17～18年頃に、当時の日本では珍しいビール醸造に成功したことに由来する商品である。

最近では、市場で安価な缶製品が増えてきたことに対応し、「金しゃちビール　赤ラベル」と「同　青ラベル」をお手頃価格にしたところ売上が倍増となった。名古屋らしい特色のある「金しゃち名古屋赤味噌ラガー」は、キリンビールの「タップマルシェ」に愛知県のブルワリーとして初採用されるなど、その商品力の高さには定評がある。

地方の酒問屋のＭ＆Ａを積極的に行ってきたことで、いまや売上高は2,000億円を超える規模となった。地域密着のネットワークと同社の総合卸売の機能を融合することで、サービスレベルの一層の向上を図っている。大手卸はきめ細かな対応が難しく、酒問屋の数も年々減っていく中、同社の果たす役割は非常に大きい。

PROFILE

1947年9月 山泉商会として設立し、1991年にイズミックに社名変更。酒類食品卸として酒類全般から冷凍・チルド食品までの販売、得意先のリテールサポート業務を展開する。従業員数317人（2019年4月1日現在）。

株式会社 伊藤園

緑茶を主力事業とし、商品企画・開発から、調達、製造・物流、営業・販売まで独自の一貫体制を構築している伊藤園。1984年には緑茶の飲料化に成功し、翌年に世界初の緑茶飲料「缶入り煎茶」を発売。1989年2月に「お～いお茶」へ名称を変更した。発売から2019年3月までの販売数量は310億本を突破したという。海外事業はグローバルブランド「ITO EN」を中心としたリーフ商品や抹茶商品の強化を進め、北米・アジアを中心に成長を続ける。国内・海外で緑茶No.1のポジション獲得により、目指すは「世界のティーカンパニー」の実現だ。

「世界のティーカンパニー」の実現目指す

緑茶飲料ナンバーワンブランドである「お～いお茶」は、「世界初」、「業界初」の技術革新を行ってきた。そのひとつが世界初の「ペットボトル入り緑茶」の誕生（1990年）である。緑茶成分が沈殿する“オリ”の発生を、天然の目の細かい茶こしを使用して、緑茶本来の香りと味わいをそのままに、透き通ったお茶の色を引き出すことを実現した。「ナチュラル・クリアー製法」（1996年）、「ホット専用ペットボトルの発売」（2000年）、重量を3割減少した「環境配慮型ペットボトルの導入」（2010年）などに取り組み、現在の緑茶飲料市場発展の礎を築いた。

国内事業では、緑茶以外にも「健康ミネラルむぎ茶」、コーヒーの「タリーズ」、野菜飲料の「1日分の野菜」「毎日1杯の青汁」など、柱となるブランドが増えている。健康を配慮した商品開発を進めていることが特徴だ。

そして、抹茶の需要が世界的に高まっていることを受け、高品質な抹茶の安定調達に向け、京都、静岡、鹿児島（4カ所）の計6カ所で契約栽培を推進するほか、鮮やかな緑色と豊かな風味を引き出す独自の加工技術を開発している。2018年には、幅広い商品展開や茶文化に親しめるイベントも開催し、11月には高品質な抹茶ブランド「四方（よも）の春」も立ち上げた。抹茶の認知症予防効果を検証する臨床試験も産学連携で進めるなど、健康価値を生み出す研究も進めている。

一方、国内の緑茶飲料の課題は、市場規模が伸長しているにも関わらず、茶農家の数や栽培面積が減少し、荒茶生産量が減少していることだ。同社は、原料茶葉の安定確保と品質の維持向上のため「茶産地育成事業」に取り組んでおり、同茶園の総面積は約1,400ha（2018年4月時）まで拡大した。行政や茶農家と一緒に、大規模で効率的な茶園づくりを行うことで、同社の高い原料調達力につなげている。

茶系飲料を生産すると茶殻が排出されるが、多くは堆肥や飼料になる。だが、茶殻には抗菌・消臭性の機能があるため、同社は独自技術で「茶殻リサイクルシステム」を開発した。茶殻を資源に変える取り組みだ。ベンチなど身の周りのものに有効活用されているほか、2018年にはミズノと共同で、表面温度上昇抑制効果のある人工芝用充填材を発明した。

PROFILE

1966年8月設立、1969年から現社名。茶葉（リーフ）および飲料（ドリンク）の製造・販売。本社は東京都渋谷区本町3-47-10。工場5カ所のほか中央研究所。グループ会社国内外39社。従業員数5,331人（2018年10月末時点）。

イトメン 株式会社

兵庫県の播州地方といえば手延素麺の製造がさかんなめん処。イトメンはその播州で、即席麺と乾麺の両方を製造する珍しい会社だ。創業は1945年、もともと水車製粉がさかんな土地で、国の委託加工場として製粉業からスタートした。1950年には社名を「伊藤製粉製麺」とし、製麺業をスタート、1958年にはスープ付きの即席麺を発売する。実は"日本で2番目にインスタントラーメンを作った会社"なのだが、即席袋めん「チャンポンめん」はそんな肩書きはどこ吹く風、マイペースに熱烈なファンを生み出し続けている。

ファンにこよなく愛される「チャンポンめん」

「チャンポンめん」が発売されたのは1963年、いわゆる長崎ちゃんぽんとは一線を画する、独特の「チャンポン」味だ。かやくには小さなシイタケとエビ、あっさりしたタンメン風のスープはなんとも優しい味。「チャンポン」の名前の由来は「いろんな野菜を入れて楽しんでほしい」という思いから。

この商品のおもしろいところは、日本、そして世界で、局地的にファンが存在するところにある。兵庫県のメーカーであるにもかかわらず、京阪神および関西全域で知る人は少ない。もちろん地元播州ではおなじみの味だが、それ以外の地域ではなかなか手に入れることができないのだ。しかしながら、名古屋や北陸エリアでは"ふるさとの味"としてこよなく愛されている。それだけではない。驚くなかれ、南太平洋のタヒチで「ALL in ONE RAMEN」として、長年シェアトップを独走しているのだ。この局地的な人気について、伊藤充弘社長は「営業力がなくて……」とストレートにコメント。しかしながら、「この販売エリアはその時の営業マンのがんばりがあってこそ。試食販売をしたり、八百屋の店先で売ってくれたところもあった。みんな苦労して売ってくれた」と振り返る。細やかな営業スタイルは現在も同社に生き続けている。

実は「チャンポンめん」はいち早く「無塩製麺」に取り組んだ画期的な商品だ。即席麺はスープと合わせるとどうしても塩分が高めになってしまう。そこで塩を使わずに製麺する方法を開発し、従来品より20%塩分をカットした。減塩はいまでこそ一般的だが、さかのぼること40年前の話である。「いつまでたっても食べたいと思われるいいものを作り続けたい。大手ではできないものをつくっていきたい」と伊藤社長。「チャンポンめん」はかくして、深く愛される商品に育ったのだ。

「チャンポンめん」もさることながら、つゆ付乾麺「二八そば」も永遠のロングセラー。素麺商材はすべて専用倉庫で1年間熟成させてから出荷するなど、商品へのこだわりは並々ならぬものがある……にもかかわらず、決して声高にアピールしない。それがイトメン「らしさ」だ。最近はインターネットやSNSで想像の斜め上をいくPRを展開中、目が離せない。

PROFILE

1945年8月設立。即席麺と乾麺を製造・販売する。本社（兵庫県たつの市揖西町小神841）横では直売店「播州麺本舗」も展開している。従業員数110人。

井村屋グループ 株式会社

創業の商品である「山田膳流しようかん」から事業をスタートし、主原料である"あずき"を基軸に事業を拡げてきた。現在は、菓子、食品、冷菓、点心・デリ、デイリーチルド、冷凍和菓子、フードサービスの7つを柱に事業を展開。伝統素材のあずきを用い、時代に即した製品を世に送り出してきた。新たな付加価値を創るため、長期保存が可能な「えいようかん」、高齢者の低栄養予防のための「高カロリー豆腐」、あずきの栄養成分を最大限生かす「煮小豆」など、次々と開発してきた。近年では、新技術を用いた高付加価値商品「やわもちアイス」もヒットさせた。

伝統と革新を融合、「やわもちアイス」

井村屋と言えば、「肉まん」「あんまん」「あずきバー」を真っ先に思い浮かべる人が多いだろう。中でも「あずきバー」は、「井村屋あずきバーの日（7月1日）」が日本記念日協会より認定されているほど、知名度が高い。今でも売れ行きは好調を続け、老若男女から愛されている。

あずきバーに次ぐブランドとして、年々成長を遂げているのが、「やわもちアイス」シリーズだ。現時点で、累計販売個数1億7,500万個を突破している人気商品だ。同商品は、冷凍下でも柔らかく弾力のあるおもちと、つぶあん、ミルクアイスの3層から"和"を楽しめるカップアイス。同社の冷凍技術と、強みの「つぶあん」を組み合わせ、和の魅力を存分に楽しめる新感覚の和スイーツとして開発した。

2012年11月に第1弾「やわもちアイス（つぶあんミルクカップ）」を発売したところ、ヒット商品となった。これを皮切りに、季節に応じたフレーバーなどをシリーズ展開している。

2019年春には、さらなるおいしさを追求して、定番フレーバーの「つぶあんミルクカップ」「抹茶つぶあんカップ」「わらびもち」（各内容量140㎖）をリニューアル発売した。アイス部分に、北海道産の生クリームをブレンドし、コクがありつつも甘さはすっきりと仕上げた。こだわりの食感も、よりなめらかでクリーミーにした。自社炊きのつぶあん部分は、北海道産あずきを使い、独自製法「煮あずき製法」（特許出願中）の技術を活用し、あずきの風味をアップした。

2019年春は、消費者の要望に応え、ミニサイズ（同80㎖）4個入りの「BOXやわもちアイス（つぶあんミルクカップ）」も発売した。ちょっと甘いものを食べたいときや、家族で分けて食べたいときにちょうどいい。

伝統と革新を融合し、新たな商品を生み出し続ける同社の挑戦は続く。

井村屋を訪問する楽しみの一つは、帰り際、アイスをいただけること。これは訪問客の間では、有名な話。本社事務所入り口近くの冷凍ケースの中から、好きなものを選べる。カチンカチンに冷えたアイスは、帰りの特急電車のなかで食べごろになる。会社の気さくさ、ホスピタリティを感じる。季節を問わずほっこりと癒されるひとときとなっている。

PROFILE

1896年創業、1947年4月設立。本社（三重県津市）。グループの中核である井村屋株式会社は、本社（三重県津市）、工場（本社、松阪Newようかん、岐阜）、6支店、3営業所、従業員数831人（2019年4月現在）。

エスビー食品株式会社

カレー、コショー、ガーリックなどの香辛料や、わさび、生姜などのチューブ入り香辛料等の香辛調味料、さらには即席カレー・シチュー、レトルト食品、生ハーブおよびハーブ関連商品など多種多彩な食品を取り扱う。創業者・山崎峯次郎が心血を注いで開発した「エスビー赤缶カレー粉」(通称)は、発売から約70年を経た現在、家庭用カレー粉市場において、揺るぎないトップブランドとして君臨している。近年、即席では「ゴールデンカレー」「濃いシチュー」に注力。また、時短・簡便調理に対応したシーズニングをシリーズ展開し、新たな市場の確立に貢献。

「ゴールデンカレー」は黄金の香り

1966年の発売以来、スパイスが効いた香り高い本格的なカレーとして親しまれてきた「ゴールデンカレー」。発売から50年を超えた今も、さまざまなマーケティング施策や商品のバリエーション展開を行い、売り上げを伸ばしている。

2015年、同社は「プレミアムゴールデンカレー」を発売した。その翌年、「ゴールデンカレー」は発売50周年を迎えた。これを機に「ゴールデンカレー」甘口・中辛・辛口すべての品質を改良。特に甘口は、クローブやシナモンなどをベースに甘い風味のスパイスを使うことにより、スパイシーで、大人でも満足できる味わいとし、家庭での需要をさらに拡大した。同時に、個食ニーズへの対応として、「ゴールデンカレーレトルト」を発売。

また、近年ではゴールデンブランド最大の特徴である「香り」をテーマにテレビCMを中心としたさまざまな施策を実施している。2016年には、「黄金の香り実感！ 50万人チャレンジ」をテーマとして、50万人にゴールデンカレーの黄金の香りを実感してもらうキャンペーンを実施。黄金の香りを体験できる機会を提供することにより、香りの良さを実感してもらい、さらにはゴールデンカレーのこだわりへの理解促進を促し、大きな反響を呼んだ。

東京・赤坂のTBSで毎年夏に開催されているイベント会場では、テレビCMと連動した形で「カレーショップゴールデン」を出店し、来場者にゴールデンブランドとスパイス&ハーブの魅力を伝えている。

エスビー赤缶カレー粉

発売から50年以上経た今も、売り場で輝きを放つ「ゴールデンカレー」。スパイシーで香り高く、夏の嗜好に特化した「ゴールデンカレー　バリ辛」、原料から製法に至るまで徹底的にこだわり抜いた逸品「プレミアムゴールデンカレー」なども取り揃える。既存ユーザーの満足度を高めただけでなく、なじみのなかった新規ユーザーの開拓も進めている。

PROFILE

1923年4月創業。各種食品の製造販売。拠点は、本社（東京都中央区）、八丁堀ハーブテラス、板橋スパイスセンター、3つの自社工場（上田、東松山、宮城）、全国20の営業所。従業員数1,322人（2018年3月現在）。

エスフーズ 株式会社

エスフーズグループは食肉の卸売事業のほか、食肉加工品の製造・販売、小売・外食事業などを展開する総合食肉企業グループだ。グループ会社には、食肉などの小売業などを行うオーエムツーネットワーク、食肉加工品メーカーのフードリエ、アメリカの食肉パッカー・オーロラパッキングカンパニーなどがある。近年は食肉を中心とした安定的な供給体制の確立に注力。食肉の生産、卸売、加工、流通、消費者向け販売・サービスと食肉サプライチェーンの構築を進めている。今年秋には、千葉県船橋市で製造・卸・流通機能を統合した拠点の完成が控える。

今も伸び続けている「こてっちゃん」

家庭用商品の主力は1982年に発売を開始した味付けホルモン「こてっちゃん」だ。テレビCMで使用した「甲子園の味」や「こてっちゃ～ん」といったフレーズが話題となり、同社商品の中でも抜群の知名度を誇る。発売から30年以上のロングセラー商品だが、売上（2019年2月期）は前年比5％以上増と今も伸び続けている。2019年春から、岩塩の味わい深い塩味とコク深い旨みの「にんにく塩味」を発売。人気No.1の「コク味噌味」、やみつきになる旨さと辛さの「旨辛コチジャン味」とあわせて3品で展開している。

「こてっちゃん」の高い知名度を生かして、春夏シーズンでは野菜や麺類と一緒に炒めるだけの本格感のある「こてっちゃん　牛ホルモン炒め」を展開。3種の味噌による芳醇な味わいの「黒だれコク味噌味」、岩塩を使ってにんにくのコクを引き出した「白だれ旨み塩味」、韓国産コチジャンと西洋なし果汁を加えて旨みを引き立たせた「赤だれコチジャン味」の3品をそろえている。また、秋冬シーズンには「こてっちゃん　牛もつ鍋」シリーズを展開する。

2018年に日本記念日協会から「5月12日」が「こてっちゃんの日」として記念日登録された。売場では、「5月12日＝こてっちゃんの日」の訴求を強化している。販促では、Twitter などのSNSを活用して、神戸ビーフが当たるキャンペーンなどを展開。また、公式SNS（Instagram、Twitter）ではキャンペーンやイベントのお知らせを発信している。WEBを活用した若年層の掘り起こしで、「こてっちゃん」ブランドの拡大を図っていく。

グループの中核事業である食肉等の製造・卸売事業は、食肉の生産事業の強化を競争力の源泉として位置づけている。2015年にはアメリカの食肉パッカー・オーロラ社を子会社化して、ブランド食肉「オーロラビーフ」を独占的に展開。国内では北海道でブランド豚肉「ゆめの大地」を生産・販売する。また、神戸牛の輸出など海外展開も積極的に行っている。

PROFILE

1967年スタミナ食品として創業。2000年にエスフーズに社名変更。本社（兵庫県西宮市鳴尾浜1丁目22番13）。2支店（東京、姫路）、25営業所（東京、大阪など）。グループ従業員数2,206人（2018年2月28日現在）。

エム・シーシー食品 株式会社

エム・シーシー食品は、欧米の食文化を受け入れた"開かれた神戸"を感じさせる。1954年の会社設立から、調理食品のパイオニアとして、時代を先取りした商品を投入してきた。神戸洋食の伝統を受け継ぎつつ、「世界の味と食文化を日本へ、日本の味と食文化を世界へ」を合言葉に、独自性のある商品を発信する。販売するのはレトルトカレー、パスタソース、スープのほか、ハンバーグやピッツァといった業務用冷凍食品。こだわり抜いた方法で"調理"された珠玉の商品群だ。その品質の良さと画期性で根強いファンも多い、まさに神戸を代表する食品メーカーだ。

"調理"するこだわりレトルトカレーの先駆け

カレールーの焼き上げ、熟成23時間、フォンの煮出し30時間――「100時間かけたカレー」のパッケージに掲載している"調理"工程の一部だ。これだけでもすさまじい手間とノウハウが詰められていることがわかるだろう。2001年の発売以来、当時のレトルトカレーではあり得ない税抜350円という強気な価格帯でありながら、大ヒットした稀有な商品だ。パッケージに記載されている時間を合計すると116時間と、ゆうに100時間を超えているのも驚きだが、その開発経緯には様々な想いや運が絡み合っている。

1984年頃、エム・シーシー食品は商品に手間暇を惜しまないという意味を込め、カレーを総称して「100時間カレー」と謳い、POPなどで販促を行っていた。しかし、具体的にどう100時間かけているのか、工程を具体化することはなかった。入社間もない田辺晃生氏（現商品開発部長）はここに目を付け、100時間以上かけたカレーを作るというコンセプトを構想し始める。

10年以上経ったある日、旧オリエンタルホテルで提供していた100年前のカレーのレシピが見つかった。早速そのレシピを再現した商品開発にとりかかるが、単品で発売しても注目されない。田辺氏は構想していたカレーの開発に着手する。効率的ではないと相当揉めたが、田辺氏には確信があった。「コンセプトと味が一定のレベルを超えると絶対に売れる。不安はなかった」

全ての具材や香辛料を一気に入れて製造するメーカーも多い中、もっともおいしくなる具材や調味料を投入するタイミングにも試行錯誤を重ねた。そこには一切妥協がない。製造ではなく"調理"というゆえんだ。「100時間かけたカレー」は大ヒットし、現在では「100」シリーズとしてハヤシライスなども展開。品質に徹底的にこだわるエム・シーシー食品の理念をまさに体現する看板商品だ。

「100」シリーズは開発当初から、熟練スタッフ1人がメインで担当している。新商品やリニューアルの際、具材を入れるタイミングや温度は全て彼のセンス任せだ。エム・シーシー食品ではこのような職人気質のスタッフが開発を担当する。加工食品ではあまり見られない"料理人"の商品。是非そのおいしさを体感してほしい。

PROFILE

1923年、水垣商店として創業。調理缶詰・レトルトパウチ・冷凍食品を扱う調理食品専業メーカー。売上高128憶円（2018年8月期）、従業員数310人。拠点は本社（神戸市東灘区深江浜町32）のほか、3支店、3工場を有する。

大阪サニタリー 株式会社

食品や飲料、医薬品工場向けにサニタリー機器の製造販売およびプラント設計・施工を手掛けて60年以上の歴史を持つ。国内サニタリーメーカーでバルブ、ポンプ、ミキサーを揃えているのは同社のみだが、新たな事業として人気が高まっているクラフトビールの製造設備の販売を開始した。大手ビールメーカーで製品開発に携わっていた技術者を招き、ビール醸造装置の販売に加え、技術指導や開業のサポート、原料の購入先の案内などを含めてトータルで提供する前例のない取り組みに挑む。同社に任せれば、知識ゼロからクラフトビール事業への参入が可能だ。

クラフトビールを総合プロデュース

クラフトビールの醸造装置の販売は、新規事業部を設けた一昨年からスタートした。販売するのは米国のABE社のクラフトビール醸造装置で、仕込設備から発酵・貯酒タンク、びん・缶充填機までラインアップ。参入1年目は、補助金を利用した他業種の企業や脱サラした個人など、ビールの知見がない人との商談が多く、導入に向けての話がなかなか進まず苦労したという。

ビールの造り方からサポートすることが必要と実感し、昨年6月に大手ビールメーカーで開発に携わっていた技術者を採用。造り方をはじめとした技術指導や説明ができる体制を整えた。

昨年11月には試験醸造免許を取得。ABE社の試験製造設備を自社工場に導入し、今年からビール造りも開始した。4月からはビール事業を始めたい人を対象にした講習会もスタート。ビールの原料から工程についての説明を行い、鍋仕込みにて麦汁つくりを体験してもらう。製造を開始するにあたって必要となる税務署への手続きや、開業準備の流れも理解してもらい、開業後もフォローして、原料の購入先まで案内するという手厚い内容だ。

とはいえ、本業とはまったく異なる客層をどうフォローするか。それが新規事業の成否を分ける。同社の強みは半世紀以上にわたって、大手の食品、飲料、ビールのプラントの施工実績があることだ。トラブルがあった際も、すぐに修理対応できることをアピールしている。醸造設備に必要な消耗品もすべて在庫が揃っているので、必要な時に即座に届けられる。パーツ販売から故障対応、これまでのプラント設計の経験、ビール造りの有識者まで全て揃っており、クラフトビールの総合プロデュースができることが競合の醸造装置メーカーとの大きな差別化になる。

まずは1台納入し実績をつくることを目標にしているが、今年中に6件で導入が決定する見込みだ。

ゴムパッキン不使用のバルブや、配管内に隆起したゴムが飛び出さないSUS製のリングを持つガスケットなど、異物混入を防ぎ安全安心に寄与する独自製品を数多く開発してきた。中でも「エッチングフィルタ」は、使用可能な範囲を保証する「許容差圧」を業界で初めて設定。同社の安全安心に対する強いこだわりが見て取れる。

PROFILE

1955年に三亜製作所として創業。同社を中核とする中小企業14社が結集し、大阪サニタリー金属工業協同組合を設立。2014年に事業協同組合から株式会社へ組織変更。従業員数195人（2019年4月現在）。

大阪堂島商品取引所

堂島米市場跡地の記念碑。2018年に一新、安藤忠雄氏がデザイン。

世界的に見て、商品先物取引の発祥が、日本の、それもコメだったことをご存知だろうか。堂島米会所の帳合米取引（コメ先物）が1730年、時の幕府（大岡越前守忠相）によって「公許」された。これが「世界の先物取引」の発祥である。この堂島米会所の系譜を受け継いでいるのが、現在の大阪堂島商品取引所（堂島商取）だ。今のところ日本で唯一のコメ先物取引所でもある。先物によるリスク回避が信用条件となっているのが世界的な常識。日本では2011年にコメ先物の試験上場が認可されて復活した。堂島商取では、2019年の本上場を目指している。

世界初の商品先物取引の系譜を受け継ぐ

世界初の商品先物取引である堂島米会所のコメ先物が、戦時統制を理由に「廃止」されてしまったのは、1939年のこと。大阪堂島商品取引所の前身である大阪穀物取引所は、まさしくコメ先物の復活をめざして設立された。実際に復活したのは、2011年になってから。実に72年ぶりの復活となった。

先物取引は、将来の一定期日に商品を売買することを約束し、その価格を現時点で決める取引のこと。一言で言えば「未来の価格で商品を売買する市場」だ。例えば実際に取引に参加する場合、あらかじめ証拠金を担保として預ければ、その金額の10倍、20倍の取引ができる。その結果、価格が変動した場合、証拠金の額に比べてかなり大きな利益を生むこともあれば、逆に大きな損失を被ってしまうことも考えられる。その意味で、ハイリスク・ハイリターンな取引とされている。ただし、これは現物の商品を持っていない人、つまり投資家の話。価格変動局面でいつでも「離脱」できるため、投資家は資産運用の場として先物取引に参加する。

これが現物を持っている人、コメ生産者や流通業者にとっては、むしろリスク回避の場になる。例えば現物のコメを一定額で「売り」に出せば、その時点で将来の価格が固定される。後に上がろうが下がろうが、その差額を埋めるのは投資家だ。逆に言えば、先物取引は、現物のコメを扱っている人たちに、投資家がわざわざ資金を提供してくれていることになる。世界的には、先物取引に参加してリスク回避をはかっていることが、例えば銀行の融資条件だったりする。残念ながら、これが日本人には伝わらない。昔の小豆や金の相場の悪いイメージが、未だに払拭できていないのである。

コメ先物が復活してから8年の2019年、その存続か否かが決まる。せっかくの発祥を絶やすべきではない。

日本の米価には、実は価格指標が存在しない。結果として現物取引した後の「統計」はあっても、公的な現物市場が存在しないためだ。だからこそコメ先物の存在は貴重なのである。また、今は開店休業状態だが、中国に短粒種の先物市場がある。日本のコメ先物の火が消えてしまったら、日本のコメの価格を中国が決めることになる。絶やすべきではない。

PROFILE

1952年設立。理事長、岡本安明。1730年に公許された堂島米会所の系譜を受け継ぐ。現在は日本で唯一のコメ先物取引所。短粒種に限るなら世界で唯一の取引所でもある。他の取引商品は、とうもろこし、大豆、小豆など。

大塚食品 株式会社

レトルト食品のパイオニアとして、1968年2月に世界初の市販用レトルト食品の「ボンカレー」を開発して半世紀。以来、「マンナンヒカリ」「マイサイズ」シリーズなど、時代に先駆けた製品開発を行ってきた大塚食品。新しい生活スタイルを提案する高付加価値製品を創造し、市場を開拓してきた。生活者の健康志向やこだわりに応え、斬新なアイデアと確かな品質で、パイオニア精神をいかんなく発揮している。「会社は人にはじまり、食は心にはじまる」をモットーに、「美味・安全・安心・健康」を社員全員の"食"の心とし、食品と飲料の両輪で事業を展開する。

レトルト食品のパイオニア、新市場開拓進む

「ボンカレー」は、1968年の発売当時、半透明パウチの容器だったが翌年にアルミパウチの袋に変更し、賞味期限を2年に延ばして全国発売した。1978年には日本人の嗜好の変化を受け、香辛料やフルーツを贅沢に使った「ボンカレーゴールド」を発売し、定番品へと成長させている。2009年には、大きめにカットした国産野菜や自家製ルウを使用したワンランク上の「ボンカレーネオ」を発売。そして、2013年には「ボンカレーゴールド」を従来の湯せん調理方式から、フタを開けて箱ごと電子レンジに入れるだけの方式へ進化させている。同年以降は定番品に加えて季節限定品も発売し、2016年には具材に国産野菜を使用して安全・安心の取り組みを強化した。

他製品でも、生活者のライフスタイルの変化に合った製品を次々と提案し、市場を開拓している。主食でカロリーコントロールを提案したのは2001年発売の「マンナンヒカリ」。お米と一緒に炊くだけでカロリーを大幅カットできるため、簡単に糖質＆カロリーカットごはんが楽しめると支持を集めた。

また、2010年には生活スタイルや食のサイズの変化に注目し、"量もカロリーもちょうどいい"コンセプトの「マイサイズ」シリーズを投入。親子丼やカルボナーラなど豊富なメニューに加え、レンジ調理で出来上がる点も特長だ。

肉代替食品にも挑戦し、大豆を使った食肉不使用のハンバーグ「ゼロミート デミグラスタイプハンバーグ」を、2018年から関東地域で発売している。

飲料では、1996年発売のビタミン炭酸飲料「マッチ」が高校生を中心に若年層から支持され、2018年は過去最高の販売となった。2019年にはゼリー炭酸飲料「マッチゼリー」を投入し、爽快感や小腹満たしニーズに応えている。1989年発売で30周年を迎えた無糖紅茶の「シンビーノ　ジャワティストレート」は、より発信力を高める考えだ。

調剤薬局と病院内売店などで展開する「マイサイズいいね！プラス」は、健康にいっそう気を配る人に向けたシリーズ。"おいしくて塩分1g"や"おいしくてたんぱく質10g"の製品群のほか、糖質の吸収を抑える機能性表示食品もある。箱ごとレンジで安全に調理できる点や、レトルト食品のため保存料・合成着色料不使用で、常温保存が可能な点も特長だ。

PROFILE

1955年5月設立。食品・飲料の製造、販売、及び輸入販売。本社は大阪府大阪市中央区大手通3-2-27。琵琶湖研究所のほか工場は徳島、釧路、滋賀、群馬の4カ所。海外の関連会社2社。従業員数461人（2018年12月末時点）。

大塚製薬 株式会社

世界の人々の健康に貢献する革新的な製品を創造するという企業理念のもと、疾病の診断から治療までを担う医療関連事業と、日々の健康維持・増進を支援するニュートラシューティカルズ関連事業の両輪で事業展開する大塚製薬。"人々の健康をカラダ全体で考える"トータルヘルスケアカンパニーだ。ニュートラシューティカルズとは、Nutrition(栄養)とPharmaceuticals(医薬品)から作られた言葉で、消費者製品事業をこの言葉で表現している。人々の健康維持・増進を手助けすることを目的に、科学的な根拠をベースにした独創的な製品開発を行っている。

人々の健康に貢献する革新的な製品を創造

大塚製薬の"ものづくり"は、これまで市場になかった新しい価値を創造すること、同時に世界に通用するものであることの2つをテーマとしている。

ニュートラシューティカルズ事業で、「ポカリスエット」は"汗の飲料"をコンセプトに、発汗によって失われた水分と電解質をスムーズに補給する健康飲料として1980年に誕生。2019年時点で世界20カ国・地域以上で販売されている。ラインアップも拡充し、"たべる水分補給"の「ポカリスエット ゼリー」や、暑熱環境下の活動を支援する"身体を芯から冷やす"「ポカリスエット アイススラリー」も販売している。

「オロナミンCドリンク」は、手軽においしく飲める"炭酸栄養ドリンク"として、1965年から発売した。キャップやビンの改良を続け、幅広い世代に「元気ハツラツ！」を届け続けている。

1983年に発売した「カロリーメイト」は、「バランス栄養食」というコンセプトのもと、ブロック、ゼリー、缶をラインアップ。食事のスタイルや摂り方が多様化する中、カラダに必要な5大栄養素をいつでもどこでも誰にでも手軽に摂れるバランス栄養食ブランドとしてさまざまなシーンで提案している。

また、健康食材として大豆の持つ可能性を探求してきた同社が2006年に発売したのが、大豆バーの「SOYJOY」だ。小麦粉を使用せず、大豆を粉にした生地にさまざまな素材を加えて焼き上げた設計で、いつでもどこでも手軽に食べられる食品として定着した。

さらに、大豆イソフラボンから腸内細菌により作られる「エクオール」という成分の有用性に着目。大豆を乳酸菌で発酵させ、手軽に摂取できるエクオール含有食品「エクエル」を2014年から展開した。2018年はエクオールに加え、コラーゲン、カルシウムなど女性が摂りたい成分を1袋にまとめたゼリー飲料「エクエル ジュレ」を発売し、女性の健康と美をサポートしている。

"飲んでカラダをバリアする"がテーマの「ボディメンテ」。ゼリーは、乳酸菌B240に加え、BCAA＋アルギニン、ホエイタンパクを組み合わせたコンディショニング栄養食。競技スポーツ関係者らから高い評価を得た。2018年には、一般生活者が手軽に摂取しやすい設計の「ボディメンテ ドリンク」も発売し、体調に関わる未充足のニーズに応えている。

PROFILE

1964年8月設立。医薬品・臨床検査・医療機器・食料品・化粧品の製造、製造販売、販売、輸出ならびに輸入。本社は東京都千代田区神田司町2-9。研究部門5カ所、工場7カ所。従業員数5,689人（2018年12月末時点）。

オタフクソース 株式会社

お好みソースでおなじみのオタフクソースは、1922年に卸小売業「佐々木商店」として創業。製造業としてのルーツは醸造酢にあり、1938年から製造を始めた。広島への原爆投下で、創業の地である広島・横川も焦土と化したが、土地を確保して醸造酢の製造を再開。その後洋食の時代にあわせてウスターソースを手掛けた。ソース後発メーカーの同社が「お好み焼用ソース」を発売したのは、1952年のこと。広島の復興を支えた広島お好み焼(当時は一銭洋食)とともに歩み、成長してきた。現在は国内に加えて海外で、日本発のお好み焼食文化を広めている。

日本発のお好み焼食文化を世界へ

ソースの主力は、お好みソースだ。お好みソースとお好み焼関連商品を販売しながら、一般向けの「お好み焼教室」、プロの養成など、お好み焼の普及活動を長年にわたって展開。おいしくて栄養バランスにすぐれ、さまざまな食材に合い、団らん、コミュニケーションを活発にするお好み焼の魅力を“伝道”してきた。2008年から食物アレルギー配慮商品を展開するなど、みんなが楽しめる環境づくりにも力を注ぐ。

2018年10月、お好み焼体験スタジオ「OKOSTA(オコスタ)」を、広島の玄関口である広島駅(北口)にオープンした。同施設は、「お好み焼を通じた記憶に残る広島の体験」を、広島を訪れる多くの人に提案したいと出店。本格的な鉄板を4台設け、講師指導のもと、お店と同じヘラを使って、広島お好み焼作りを体験できる。国内、海外の観光客などに、お好み焼の魅力を発信している。

30年以上前から、お好み焼を全国へ普及させるために、研修センターなどでお好み焼店や一般の人に広島・関西お好み焼の作り方を教えてきた。2008年には本社近くに「Wood Egg お好み焼館」(広島市西区)を開館し、鉄板で作るお好み焼体験も行ってきた。OKOSTAの開設で、体験の場が広がった。

2018年10月には、発信力を高める策を次々と打った。海外の人でも読みやすいようにオタフクロゴの英語版も導入。新たにコーポレートスローガン「小さな幸せを、地球の幸せに。」を策定し、それを広めるためのWEBアニメ「わたしの名はオオタフクコ〜小さな幸せを、地球の幸せに。〜」を制作した。監督・脚本の片渕須直監督をはじめ、大ヒット映画「この世界の片隅に」の豪華メンバーが手掛けた。YouTubeで公開し、反響を呼んだ。

「お好み焼は健康と団らんに貢献する」(佐々木直義社長)信念のもと、お好み焼食文化を広めつづける。

グループ一体となり、海外展開を加速している。直近では、海外支店として2018年4月、台湾・台北に「台北支店」を開設した。海外事業(グループ)の売上高はアメリカ、中国、マレーシアともに好調。マレーシアの工場は、調味料製品のハラール認証を取得済。さまざまな食嗜好や制限をもつ人に対応した商品の開発など、インバウンド対応も強化している。

PROFILE

1922年創業。本社・工場(広島市西区商工センター)。営業拠点は全国16カ所。従業員数427人※正社員(2018年10月)。「お好み焼士」という社内資格を設け、社員の技能や知識を高めている。現在、504人取得(2018年10月)。

昭和から大阪万博へ　～流通100年史～

主なできごと	年	流通史
大正が終わり昭和がスタート	昭和元（1926）	
	昭和３（1928）	三越呉服店が商号を三越に変更
	昭和４（1929）	阪急百貨店創業
	昭和５（1930）	高島屋呉服店が商号を高島屋に変更 株式会社伊勢丹設立
	昭和８（1933）	阪神電気鉄道の付帯事業として阪神マート（現・阪神百貨店）開業
第二次世界大戦勃発	昭和14（1939）	
太平洋戦争勃発	昭和16（1941）	
第二次世界大戦終戦	昭和20（1945）	
ラジオ民放放送開始	昭和26（1951）	日本生活協同組合連合会創立
テレビ放送開始	昭和28（1953）	東京・青山に紀ノ国屋開店
	昭和31（1956）	東光ストア（現・東急ストア）が1号店を神奈川・武蔵小杉に開店
	昭和32（1957）	ダイエーが大阪・千林に1号店開店
東京タワー完成	昭和33（1958）	ヨーカ堂（現・イトーヨーカ堂）が1号店を東京・千住に開店 西武百貨店が西武ストアー（現・西友）1号店を茨城県土浦市に開店
	昭和34（1959）	日本セルフ・サービス協会設立
	昭和36（1961）	ライフコーポレーションが1号店を大阪府豊中市に開店
	昭和37（1962）	オール日本スーパーマーケット協会設立
東京オリンピック・パラリンピック	昭和39（1964）	
	昭和41（1966）	日本ボランタリーチェーン協会設立
	昭和42（1967）	日本チェーンストア協会設立
	昭和44（1969）	岡田屋(三重)などが共同仕入れ会社「ジャスコ」(現・イオン)設立 ダイエー初のPB「ダイエー」（インスタントコーヒー）発売
大阪万博開催	昭和45（1970）	
沖縄返還	昭和47（1972）	日本フランチャイズチェーン協会設立 ダイエーが三越を抜き、小売業1位に
	昭和48（1973）	三徳（東京）の貿易部が独立し、共同仕入れ会社「シジシージャパン」設立 西友がCVSに参入、ファミリーマート1号店を埼玉県狭山市に開店
	昭和49（1974）	百貨店法に替わり、大規模小売店舗法が施行 イトーヨーカ堂がCVSに参入、セブン-イレブン1号店を東京・豊洲に開店
	昭和50（1975）	ダイエーがCVSに参入、ローソン1号店を大阪府豊中市に開店
ロッキード事件	昭和51（1976）	
	昭和55（1980）	ダイエーが小売業初の1兆円達成
	昭和55（1980）	ユニーがCVSに参入、サークルK1号店を名古屋市に開店 ジャスコがCVSに参入、ミニストップ1号店を横浜市に開店 長崎屋がCVSに参入、サンクス1号店を仙台市に開店
	昭和56（1981）	日本最大の商業施設（当時）「ららぽーと船橋ショッピングセンター」（現・ららぽーと）開業
	昭和57（1982）	全国スーパーマーケット協会設立
プラザ合意	昭和60（1985）	
昭和天皇が崩御、平成がスタート 消費税3%導入	平成元（1989）	ドン・キホーテが1号店を東京・府中に開店 ニチイが2核1モールの「マイカル本牧」を横浜市に開業（2核はビブレとサティ）
	平成３（1991）	イトーヨーカ堂とセブン-イレブン・ジャパンが米国セブン-イレブンを買収
細川護熙連立政権成立､55年体制崩壊	平成５（1993）	
阪神淡路大震災	平成７（1995）	
消費税が5%に	平成９（1997）	ローソンが沖縄に進出
長野オリンピック・パラリンピック	平成10（1998）	西友がファミリーマートを伊藤忠商事に売却 ユニーとサークルKがサンクスを買収
EU統一通貨がユーロに決定	平成11（1999）	日本スーパーマーケット協会設立

日本初の百貨店は明治37年の三越呉服店

スーパーの歴史はここから始まった！

震災を契機に生協の存在意義が見直される

CVS初となる全都道府県制覇！

さまざまな業態が誕生！ 現代流通の夜明け

百貨店創世期

►呉服店から百貨店へ

日本の百貨店は呉服店を起源としているところが多い。鉄道系以外の百貨店の多くがもと呉服店。イオン前身の岡田屋も呉服店だ。服飾関連品から品ぞろえを広げ、様々な商品を陳列販売する手法を取り入れ始めた。明治37年（1904）、三越の「デパートメントストア宣言」で日本における百貨店という業態が誕生した。三越は贈答用の海苔やお茶など、食品の取り扱いも古くから始めており、衣食住を網羅した現在の総合店の基礎を築いた。その後、大丸、阪急百貨店などが相次いで百貨店事業を開始する。

高島屋初の近代店舗として開店した大阪長堀店（大正11年）

スーパー創世期

►セルフ販売からスーパーの登場

それまでの小売業は対面販売だったが、昭和28年（1953）、東京・青山の「紀ノ国屋」が初めてセルフ・サービスの手法を取り入れた。これが日本のスーパーマーケット第1号とされる。

昭和30年代はじめ、チェーンストア理論を取り入れたスーパーが各地で生まれ始める。関東では「東光ストア」（現・東急ストア）、関西では「主婦の店ダイエー」の1号店が開業した。

スーパーが集まり協会ができ始めたのもこの頃で、昭和34年（1959）に初の協会、日本セルフ・サービス協会が設立された。

昭和36年にはライフ1号店が大阪府豊中市にオープン

スーパー勃興期

►高度成長期にスーパーが勃興

昭和30年代から40年代にかけては高度成長期。スーパーが全国に増えていく。昭和38年（1963）には長崎屋が上場。スーパー初の上場で日本国内におけるスーパーの地位が上がり始めた頃であった。一方、利益主義が行き過ぎる流れに懸念を抱く消費者も増えていた。自分たちが毎日食べているものは本当に安全なものなのか。そういった声から、生協運動が盛んになっていったのもこの時期だ。組合員が開発に参加し、原料から製造までトレーサビリティが取れている商品として昭和36年（1961）、日本生協連初のコープ商品「生協バター」が発売された。

昭和40年代は大手スーパーがスケールメリットを発揮しだした頃でもある。昭和44年（1969）にはダイエーが初のPB（プライベートブランド）商品を発売。ダイエーは昭和47年（1972）に百貨店の三越を抜き、小売業1位になっている。

昭和48年（1973）に起きた第一次オイルショックは、モノ不足と生活必需品の高騰を招いた。中小スーパーの多くは商品仕入れが困難になり、この時、東京の三徳を中心に設立されたのが、中小スーパーの共同仕入れ会社「シジシージャパン」だった。

CVS・SC勃興期

►CVSの誕生と郊外化、大型化の時代

昭和40年代後半、コンビニエンスストア（CVS）の原型が生まれ始める。一般的には日本のCVS1号店は昭和49年（1974）、東京・豊洲にイトーヨーカ堂が開店した「セブン―イレブン」で、日本フランチャイズチェーン協会も公式的に認めている。しかしその前の昭和46年（1971）、愛知の酒造メーカー「盛田」が「ココストア」の1号店を開店している。大手スーパーの西友も昭和48年（1973）、のちに「ファミリーマート」と命名するミニスーパーの実験店を出店している。

その後昭和50年（1975）、ダイエーの「ローソン」を皮切りに、ユニーの「サークルK」、ジャスコの「ミニストップ」などが開業する。

昭和56年（1981）に三井不動産が千葉県船橋市に、大型ショッピングセンター（SC）「ららぽーと」を開業。郊外型大型SCの時代が始まる。平成元年（1989）には、マイカルが横浜市に本格的なリージョナルSC「マイカル本牧」を開業した。マイカルは当時、買い物だけではない「時間消費」という概念を新たに提案。この頃様々なタイプの郊外型大型商業施設が各地に増加。1990年代は大型店の出店規制が緩和された時期で、ジャスコ（現イオン）もこの頃郊外型SCを積極的に出店している。

昭和から大阪万博へ　～流通100年史～

主なできごと	年	流通史
	平成11（1999）	米コストコが日本へ参入
介護保険制度開始	平成12（2000）	そごうが民事再生法申請、負債総額1兆8,700億円
中央省庁再編	平成13（2001）	ダイエーがローソンを三菱商事に売却
9.11アメリカ同時多発テロ		西洋環境開発の清算でセゾングループ崩壊
		ジャスコがイオンに社名変更
		マイカルが民事再生法申請
	平成14（2002）	米ウォルマート・ストアーズが西友の筆頭株主になり日本市場へ参入
郵政事業民営化	平成15（2003）	セブン-イレブン・ジャパンが国内1万店達成
新潟中越地震	平成16（2004）	産業再生機構がダイエーの支援決定
愛知で愛・地球博開催	平成17（2005）	セブン＆アイ・ホールディングス設立
	平成18（2006）	ファミリーマートが北海道へ進出し、全都道府県進出（CVS2社目）
食品偽装問題が社会問題化	平成19（2007）	大丸と松坂屋ホールディングスが経営統合、J.フロントリテイリング発足
（白い恋人、ミートホープなど）		阪急百貨店と阪神百貨店が経営統合、エイチ・ツー・オーリテイリング発足
		ドン・キホーテが長崎屋を買収
リーマンショック	平成20（2008）	三越と伊勢丹が経営統合、三越伊勢丹ホールディングス発足
		米ウォルマートが西友を完全子会社化
民主党政権誕生	平成21（2009）	ユニー（愛知）、イズミヤ（大阪）、フジ（愛媛）が共同でPB「スタイルワン」発売
東日本大震災	平成23（2011）	イオンリテールがマイカルを吸収合併
九州新幹線全線開通		ローソンが国内1万店達成
和食がユネスコ無形文化遺産登録	平成25（2013）	ユニー、サークルＫサンクスを傘下に持つユニーグループHD設立
		イオンがダイエーを子会社化
		ファミリーマートが国内1万店達成
消費税が8％に	平成26（2014）	エイチ・ツー・オーリテイリング（大阪）、イズミヤ（大阪）が経営統合
18歳選挙権成立	平成27（2015）	丸久（山口）、マルミヤストア（大分）が経営統合し、リテールパートナーズ（山口）発足
熊本地震	平成28（2016）	ユニーグループHDとファミリーマートが経営統合、ユニー・ファミリーマートHD設立
伊勢志摩サミット開催		セブン＆アイ・ホールディングスとエイチ・ツー・オーリテイリングが資本・業務提携
ドナルド・トランプ氏がアメリカ大統領に	平成29（2017）	リテールパートナーズ（山口）、マルキョウ（福岡）が経営統合
大阪北部地震、台風21号直撃など災害が多発	平成30（2018）	セブン-イレブン・ジャパンが国内2万店達成
		新日本スーパーマーケット協会が全国スーパーマーケット協会に名称変更
		フジ（愛媛）がイオンと資本・業務提携
平成が終わり、新元号令和がスタート	令和元（2019）	ドンキホーテホールディングスがユニーを完全子会社化
日本・EU経済連携協定（EPA）発効		ドンキホーテホールディングスがパン・パシフィック・インターナショナルHDに社名変更
		マックスバリュ西日本がマルナカ、山陽マルナカを子会社化
		セブン-イレブン・ジャパンが沖縄県に進出し、全都道府県進出
東京オリンピック・パラリンピック	令和2（2020）	ダイエーが光洋を吸収合併
	？	ドラッグストアの市場規模が10兆円越え？
	？	無人レジが浸透？
インドの人口が中国の人口を上回る？	令和6（2024）	
大阪万博開催	令和7（2025）	大手CVSがすべての商品に電子タグ貼付完了？

この頃、CVSの市場規模が百貨店を上回った！

ドンキとユニーのノウハウを生かしたMEGAドン・キホーテUNYが平成30年に誕生

業界最大手が悲願の全国進出！

外資・異業種参入で競争が激化！ どうなる今後の食品流通

新興勢力勃興期

►日本経済の凋落と外資の参入

バブル崩壊後、流通業の景気が一転するのは平成9年(1997)。9月にヤオハン・ジャパンが会社更生法を申請して倒産し、負債総額は小売業では戦後最大（当時）となった。バブル崩壊後も維持されていた日本の景気だが、1997年を境に一気に転落していく。この頃から外資流通の日本進出が始まる。

外資大手流通の日本進出第1号は平成11年（1999）の米コストコだった。平成14年（2002）には米ウォルマートと独メトロ、平成15年（2003）に英テスコと世界の上位流通企業が相次いで日本へ進出してきた。当時日本の大手流通は年商2兆円規模。日本に参入してきた大手外資はいずれも5兆円以上、ウォルマートは10兆円を超え、黒船の来襲で日本市場は飲み込まれると誰もが思っていた。

それに追い打ちをかけるように、日本の流通業の経営破綻が続いた。平成12年（2000）に長崎屋とそごう、平成13年（2001）にマイカルと、上場している流通企業が相次いで倒産した。

しかし、地域ごとに細かく異なる食文化、生鮮食品で要求される高い鮮度感など、日本の食品市場のハードルは高く、外資流通企業は続々と日本から撤退した。米コストコは会員制ホールセール、独メトロは業者向けの会員制キャッシュ＆キャリーという特殊な業態で生き残ったものの、一般消費者向けのスーパーで残ったのは米ウォルマートのみとなった。しかし、ウォルマートが買収した西友は、ピーク時には売上高が1兆円を超えていたが、現在は7000億円と縮小が続いている。

平成15年には
テスコが日本に参入

CVS全盛期（SM再編期）

►新興勢力の台頭、CVSの成長

スーパーが停滞していた2000年代は、ドン・キホーテ、トライアル、コスモス薬品など、それまで日本の流通業界のメーンプレーヤーではなかった新興勢力が台頭してきた時期だった。

平成23年（2011年）に起きた東日本大震災は、CVSが生活インフラとしての存在感を増すきっかけとなった。それまでCVSを利用していなかったシニアや女性もCVSを日常的に使うようになり、CVSもそれに合わせてスーパーの代替需要を担う品揃えを拡充していった。CVSの新規出店も加速し、平成26年（2014）には国内5万店を超えた。大手3社による寡占化も進み、セブン―イレブンの国内1万店達成（平成15年、2003）に続き、平成23年（2011）にはローソンが、平成25年（2013）にはファミリーマートが1万店を達成。セブン―イレブンは平成30年（2018）に2万店を超えた。

この間、ドラッグストアも食品の扱いを増やし、スーパーの代替需要を取りに来ている。シニア世帯や共働きの増加などで、家庭での調理が減ったことも、生鮮食品を扱わないCVSやドラッグストアがスーパーから顧客を奪える環境を後押ししている。加えてアマゾンなどのネットも食品市場でシェアを伸ばしてきている。国内人口も減少に転じ、スーパーは生き残りをかけた大型再編が各地で進んでいる。

ドンキは今後世界進出か!?

AI黎明期？

►無人化・AI時代の到来？

2019年4月現在、人手不足や物流費の高騰などが食品小売業界全体を疲弊させている。流通各社が期待するのがAI導入による無人店舗の出店だ。ローソンは平成30年（2018）から試験的に無人レジ店舗の運営を開始。既にアメリカでは、無人コンビニ「アマゾン・ゴー」が続々と出店しており、今後、アマゾンが日本に参入してくるのかも注目だ。さらに、食品の取り扱いを増やしているドラッグストアも令和7年（2025）までに市場規模が10兆円を超えることが予想される。食品小売業界では、これまで以上に熾烈な争いが始まるだろう。

加藤産業 株式会社

独立系の全国食品卸として強力な存在感を放つ。企業規模の確立と機能強化を図るために掲げていた、グループ売上高1兆円を前期(2018年9月期)に達成した。物流コスト等の諸経費増が重くのしかかる中、経常利益も目標の110億円をクリアした。グループミッション(社会的使命)として「『豊かな食生活』を提供し、人々の幸せを実現すること」を掲げ、その達成に向けた長期ビジョンとして「食のプロフェッショナル」「食のインフラ」「食のプロデューサー」を目指している。2017年に創立70周年を迎えた。次のステージに向けて、進化を続ける。

オリジナル商品に強み、メーカー機能を発揮

強みの一つは、メーカー機能を有することだ。会社設立の1947年からおよそ10年後の1956年、関西ピーナツバター（翌年カンピー食品工業に社名変更）を設立し、1958年にはカンピー印缶詰が登場した。こうしてメーカーとしての顔も持つようになった。

創業の品であるピーナッツバターは、「カンピー　ピーナッツバター」として愛されているロングセラー商品だ。2018年春には、創立70周年の記念品（非売品）をベースに風味と食感にこだわって商品化した、「カンピー　ピーナッツバター（種子島産粗糖使用）」を発売した。風味の良さとシャリシャリの新食感を楽しめる、特別なピーナッツバター。販売は順調という。

カンピーを代表するものに、1963年から登場した「カンピー　ジャム」シリーズがある。なかでも「カンピー780gジャム」シリーズは、同社オリジナル商品において売上ナンバーワンを誇る。

「カンピー ふんわりホイップ」シリーズも人気だ。2019年春、新アイテムの「ヘーゼルナッツ」を発売した。風味豊かなヘーゼルナッツペーストと低トランス脂肪酸の植物油を使った、口どけなめらかなふんわり軽い食感のホイップ。既存のシリーズ品もパッケージをリニューアルし、トランス脂肪酸の低減への取り組みをパッケージとQRコードを活用して訴求している。健康を気にする層へのアピールを強めた。

女性社員による商品開発プロジェクト「西宮なでしこプロジェクト」による、新発想のオリジナル商品にも注目だ。2014年秋からシリーズを展開しており、簡単にキッシュを作れる「キッシュ用ソース」、手間のいらない「食べる揚げない丸めない」シリーズ（スプーンコロッケの素、スプーンメンチカツの素）などを揃える。「生活者の視点に立ち、思わず買いたくなるような商品」が発想の源にある。

海外事業を強化している。海外グループ売上高は、およそ460億円を見込む。複数国（マレーシア、シンガポール、ベトナム、中国）で展開している卸売業企業グループは多くない。「日本型卸の営業、マーケティング、ロジスティクス力で、活用しやすい卸売業にしていきたい」（加藤和弥社長）。マレーシアのレイン ヒンの買収に続く一手が注目される。

PROFILE

1945年10月に兵庫県西宮市において、飲料水卸売業の「加藤商店」を創業。1947年8月に会社設立。現在、得意先数約2,000社、取引メーカー数約4,000社。グループ会社に三陽物産、ケイ低温フーズ、ヤタニ酒販など多数。

キーコーヒー 株式会社

品質第一主義の理念に基づき、1920年の創業以来、日本におけるコーヒーのリーディングカンパニーとして、最高の品質と時代の求めるおいしさを追求する同社。その姿勢が最も表れているのは1978年から販売する「トアルコ　トラジャ」。インドネシア・スラウェシ島において、荒れ果てた農園をインフラ整備から手がけて再生し、品質を高めたプレミアムコーヒーだ。また、時代のニーズを捉え、1997年には簡易抽出型の「ドリップ　オン」、2008年には生豆を氷温域で熟成させた「氷温熟成珈琲」などを発売。"コーヒーに関していちばん頼りになる会社"を目指す。

100周年、2世紀企業への扉を開く

キーコーヒーは、2020年に創業100周年を迎える。2世紀企業に向けて、一杯のコーヒーを深めることで人と人との絆をつくり、あらゆるシーンを喜びで満たしていく、情熱的なコーヒーの探求者であることを胸に活動する。

現在、社会や生活者の変化に対応し、多様化するニーズに応える商品開発を大きく2つの方向性で進めている。ひとつは、顧客の信頼を得るためにも、100年間培ってきた技術や本物志向、コーヒーに対する情熱に関しては変えてはいけないと定めたもの。もうひとつは生活者のニーズや環境が変化していることから、多様な顧客ニーズを捉えた商品やサービスを提供していくというものだ。変えてはいけないことと、変えていくことの両軸で成長を目指す。

2019年もレギュラーコーヒーでは、飲用シーンの多様化への対応とコーヒーの可能性を追求している。注力しているのは、伸長している簡易抽出カテゴリーだ。「ドリップ　オン」を刷新し、おいしさとともに、開けやすい、広口で注ぎやすい、こぼれにくいという機能性を改めて発信している。同ブランドは女性の気分転換に向けて、"香り"に着目した新コンセプト商品「同アロマポケット」も提案し、話題を集めている。さらに、30分浸けるだけで簡単に出来るバッグタイプの「まいにちカフェ」は、カフェインレスなども追加し、品揃えを充実させた。

リキッド商品では、コーヒーに手軽で本格的な嗜好を求めるユーザーが増加していることから、高価格帯のアイテムを充実させている。チルド温度帯では、「氷温熟成珈琲　トラジャブレンド　無糖」と、コーヒー豆を通常の1.2倍使用し、低温抽出で引き出したまろやかな味わいの「まろやか仕立て　贅香（ぜいか）」を展開。ドライ温度帯では「リキッドコーヒー　テトラプリズマ」を展開し、引き続きプレミアム帯の市場を牽引している。

地球温暖化が進めば、コーヒー栽培に適した土地が激減すると予測される中、同社は国際的な研究機関と協業し、「国際品種栽培試験」（IMLVT）に取り組んでいる。インドネシアの自社農園で世界中から選抜された優良品種を育て、気候変動や病害虫の耐性があり、豊かな味わいも備えた品種の発掘を目指す。コーヒーの未来と、事業の持続的な成長に向けた試みだ。

PROFILE

1920年8月創業、1952年10月設立。海外の農園事業から、製造・販売、並びに関連事業経営に至るまでのコーヒーに関する総合企業。本社は東京都港区西新橋2-34-4 。工場は4カ所。従業員数1,176人（2019年3月末時点）。

株式会社 京果食品

京都で青果物を取り扱う京都青果合同株式会社（京果）のグループ会社として、冷凍野菜を中心に輸入・開発・販売している。取扱品目は、冷凍ホウレン草などの葉茎類、豆類、芋類、根菜類など多岐に渡る。グループシナジーを生かして生鮮野菜を取り扱っていることも強みのひとつだ。1999年ベトナムのダラットジャパンフーズに続き2016年には冷凍野菜を取り扱う日本企業として初めてミャンマーに進出し、数社と共同出資してミャンマーアグリフーズ株式会社を設立。冷凍野菜のニーズが増している現在、注目の専門会社だ。

目指すは常に“ほんもの”を

めまぐるしく「食」の環境が移り変わり、外食店の人手不足や天候不順による青果物の高騰などの問題が顕在化している昨今、安定して供給することができ、簡便調理が可能で保存も利く冷凍野菜のニーズは年々高まっている。京果食品はそんな冷凍野菜を中心に取り扱う専門会社として、1966年に創業した。

国内の野菜はもちろん、中国やベトナム、南米、ヨーロッパなどから採れた多種多様な冷凍野菜を取り扱っている。取扱品目が多いというだけではない。京果食品がもっとも意識し、そして同社の最大の強みとも言えるのが、安心・安全・高品質の“ほんもの”志向の冷凍野菜の提供だ。輸入冷凍野菜の取り扱いが多いからこそ、海外工場に自ら投資して、独自の基準を持った産地・工場の管理を徹底する。海外工場と綿密に連携をとりながら、トレーサビリティの強化、産地の指導、品質維持の仕組み作りに常にまい進しており、安全と品質への追求には余念がない。

2016年には、日本で冷凍野菜を取り扱う企業として初のミャンマー進出を果たした。しかし、現地の農家にとっては何もかもが初めてのことばかりだったうえ、天候不順も相まって計画通りに野菜を収穫できず、本格的に現地の工場が稼働を開始するには2年の歳月を要した。だが、「その期間、きっちりと現地の農家との信頼関係を築き、安全と品質を追求する時間ができた」（太田垣公一社長）。この徹底したこだわりこそが、京果食品の信条だ。

冷凍野菜だけではなく、グループシナジーを生かして生鮮野菜も取り扱うほか、時代の要請に合わせて、煮物などの完全調理済み商品の開発や、加熱なしで食べられる無加熱摂取商品の取り扱い開始など、新事業への着手にも余念はない。「取り引きから取り組みへ」——今後も“ほんもの”志向の進化を続けていく。

2016年から組織体制を刷新し、課を中心とした若手主体の組織編成に改めた。これにより、若手社員が責任感をもって自分で考え、様々なことにチャレンジするという風通しの良い組織風土が生まれてきている。国内外の主要7社とのグループ連携を図って、様々な事業を広げていく土壌はできた。今後、若手を中心にどのような事業が花開くのか要注目だ。

PROFILE

1966年創業。冷凍野菜を中心とした食品を販売している。国内のほか、中国、ベトナム、ミャンマーにグループ会社を展開。従業員数70人（2019年4月現在）。本社所在地は京都市下京区中堂寺南町130-2。

キリンビバレッジ 株式会社

強固なブランド体系の構築を図るとともに、新たな領域での取り組みや持続可能な仕組み作りに向けてCSV視点の活動を強化するキリンビバレッジ。サービスや販売、コミュニケーションなどで新しい取り組みに挑戦している。カテゴリーシェアトップの「午後の紅茶」の販売が堅調なほか、2016年のリニューアル以来、成長軌道に乗っている「生茶」と、2018年のリニューアルで大成功を収めた「キリンレモン」の2つのロングセラーブランドの販売が好調に推移している。2019年は「午後の紅茶」「生茶」「FIRE」の基盤3ブランドを含め無糖・健康領域を強化する。

CSVの実践と共に成長による利益創出図る

1986年の発売以降、常に日本の紅茶飲料市場をリードし続ける「午後の紅茶」、火にこだわったうまさが特長の「ファイア」、低温抽出と微粉砕茶葉で苦みを抑えた、うまみの緑茶「生茶」などの数多くの有力ブランドを揃える。また、提案性の高い商品を展開し、生活者に新たな価値を届けている。キリンの独自素材であるプラズマ乳酸菌を配合した「iMUSE レモンと乳酸菌」、史上初の特定保健用食品のコーラ系飲料「メッツ コーラ」、世界の家庭料理の知恵から発想を得て、ひと手間加えた「世界のKitchenから」など、"新しいおいしさ"を次々と生み出している。

2019年の事業方針は「成長による利益創出」の実現を掲げ、①既存領域での成長〜強固なブランド体系の構築②新たな領域での取り組み〜将来への種まき③持続可能な仕組みづくり〜事業基盤強化――の3つの戦略を進める。

強固なブランド体系の構築では、ブランドを、基盤、種まき・チャレンジ、育成という3つのカテゴリーに分け、投資や施策のスタンスを明確にしている。さらに従来の戦略に加え、無糖・健康領域の強化や、モノ提案からコト提案に進化させた統合マーケティングを実行している。

商品戦略では、主力の「午後の紅茶」で基盤3品の育成を継続しつつ、ポテンシャルのある無糖紅茶の「午後の紅茶 おいしい無糖」を強化している。2019年の春商品では、こだわり品質の「午後の紅茶 ザ・マイスターズ ミルクティー」と、常温でもおいしさが継続するPETコーヒーの「ファイア ワンデイ ブラック」を投入している。

持続可能な事業成長に向けては、社会と共有できる価値創造「CSV（Creating Shared Value）」の実践に取り組んでいる。CSV経営では、「健康」、「地域社会への貢献」、「環境」をテーマとするが、特に健康領域の商品やサービスに注力しているのが特徴だ。

2018年は90周年を迎えた「キリンレモン」が躍進し、前年の2倍超となる売れ行きだった。これは、リニューアルにより、さわやかで甘さひかえめの味覚にし、初代「キリンレモン」をモチーフにしたパッケージにしたこと、アーティストとのコラボ動画などデジタル施策の展開により、20〜30代を中心に新規ユーザーのトライアルが進んだことが背景にある。

PROFILE

1963年4月設立。清涼飲料の製造および販売。本社は東京都中野区中野4-10-2 中野セントラルパークサウス。湘南工場と滋賀工場を有する。グループ会社は11社。従業員数3,615人（2018年12月31日時点）。

ケンコーマヨネーズ 株式会社

外食・中食産業をはじめとした各業態の顧客向けにサラダ・総菜類、タマゴ加工品、マヨネーズ・ドレッシング類などの商品を製造・販売している業務用食品メーカー。業界初の長期間保存が可能なロングライフサラダ「ファッションデリカフーズ(FDF)」を開発し、定番のポテトサラダをはじめ、ごぼうサラダやパンプキンサラダなど特長ある商品を展開。市場ニーズに応える商品開発力と、さまざまな業態に対するきめ細やかなメニュー提案力を強みに「サラダNo.1企業」を目指し、サラダが食卓の主役となる「サラダ料理」の確立に取り組んでいる。

ロングライフサラダのパイオニア企業

ロングライフサラダを業界で初めて開発し40年間トップシェアを独走する理由は幾つかある。まず営業で商品を売り込む際にメニュー提案を行うため、1品発売するごとに各業態に応じたメニューを開発している。開発するメニュー数は年間4,000以上にもなるという。メニュー提案から、ヒット商品も生まれた。和風素材のごぼうを提案したのをきっかけに、日本初のごぼうを使ったロングライフサラダが実現した。

これを可能にするのが人員体制だ。全従業員約650人（パートを除く）のうち、営業は約250人体制。次いで多いのが、商品開発チームの約70人。このうちメニュー開発チームは25人前後と、開発にかける力の入れ具合が抜きん出ている（2018年12月31日時点)。卓越した開発力から、人手不足に対応したロングライフサラダを次々にヒットさせた。

生産体制では、2018年度に自社と関係会社の4つの工場を新設、増設した。働き方改革に沿った日勤主体の工場体制への移行も目的の一つだが、このうち静岡富士山工場の増設では、夏場に生産能力不足で生産が追い付かなかった錦糸卵について、高まるユーザーの要望に応えるために生産能力をアップした。

静岡富士山工場、西日本工場では優れた生産方式を導入している。たとえば、卵やジャガイモの仕入れから貯蔵、生産、商品パッケージまでを一貫させた。ポテトサラダの場合、泥付きの芋を仕入れて製品を生産するまで一貫しているため、味や新鮮さで差別化を図れた。低価格路線とは一線を画し、美味しさと品質で勝負している。

「食を通じて世の中に貢献する。」を企業理念に、「サラダNo.1企業を目指す。」「品質、サービスで日本一になる。」を経営方針にユーザーに応え、ゆくゆくは世界でサラダNo.1を目指す。

ロングライフサラダのパイオニアとしてトップシェアを誇る(2018年度には43.5%の見込み)。工場の新設、増設など設備投資にも力を入れて成長を続けている。1,500を超える多彩なラインナップの商品を取り揃え、年間300以上の新商品を発売。業務用食品メーカーとして、生活者の見えないところで日々の食生活を支えている。

PROFILE

1958年創立。東京本社をはじめ全国に自社7工場、15の販売拠点を持ち、サラダ・総菜類、タマゴ加工品、マヨネーズ・ドレッシング類等の食品製造・販売事業を展開。2011年に東証第二部上場、2012年に東証第一部指定。

ケンミン食品 株式会社

ビーフンやフォーなど、米を主原料とするめん類で60%と圧倒的なシェアを誇るケンミン食品。戦後、台湾から来日した創業者の高村健民が自宅でビーフンの製造を開始して以来、約70年に渡って「本物」のビーフン作りにこだわり続けてきた。1960年に発売した「即席焼ビーフン」は時流に乗り、同社の看板商品に成長。現在では、米粉を使用しためん類のほか、そのノウハウを活用してはるさめも製造している。3店展開する直営の中華料理店も連日行列をつくる盛況ぶりだ。右肩上がりで成長を続ける米めんのパイオニア、それがケンミン食品だ。

世界でたったひとつの味付き焼ビーフン

創業者である高村健民が終戦後、中国や台湾から帰国した人々の「またビーフンが食べたい」という声を聞き、ビーフン製造を始めたのは1950年のことだ。わずか10坪の自宅の土間で生ビーフンを開発し、近隣の台湾料理屋などへ自転車で配達するところからケンミン食品は歩み始めた。

1960年には、ゆで戻す必要がなく、水を入れてさっと炒めるだけで鶏ガラベースの味を堪能できる「即席焼ビーフン」の開発に成功。折しも流通網が整備され、スーパーが全国に出店を始めた時期だった。時流に乗り、同商品は全国のスーパーに並べられた。

1960年代後半からは苦境の時期でもあった。日本で一般的なジャポニカ米を完全自給できるようになり、ビーフンに適するインディカ米を手に入れることが困難になったのだ。そこで、良質なインディカ米が手に入るタイに工場を設立するという賭けに出た。原価を安くするため海外に工場を建てるメーカーが多い中、「本物」のビーフンを作るための愚直な判断だった。

日本人の好みに合わせた細長くコシのあるビーフンを製造するのは容易ではない。相応のコストと手間、なにより長年培ってきたノウハウが必要だ。そのため、味付きビーフンは世界広しといえども、同社しか製造していない。簡便食品でありながら、自由に具材を加えてひと手間かけて本物の味ができるのも魅力のひとつだ。2019年からは本格的に欧米・アメリカでの販売を開始。10坪から始まった「世界オンリーワン商品」は、創業70周年を前に、本格的な世界進出に打って出る。

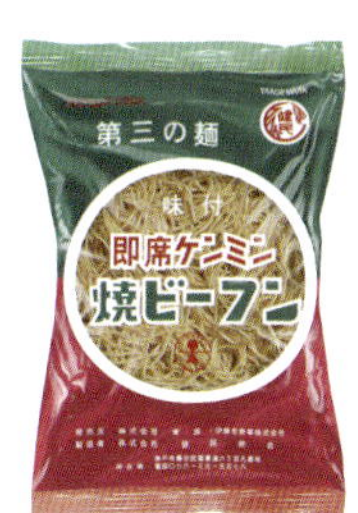

1960 年発売
初代焼ビーフン

ビーフンの本場、中国や台湾ではコストや手間から米100%のビーフンを生産している企業はほとんど存在しない。米の含有量は多くて20%で、他はデンプンなどに頼っている。そう、米100%のビーフンを大量製造しているのは、もはやケンミン食品だけなのかもしれないのだ。中国・台湾の伝統まで背負っているとは。さすが「世界オンリーワン」を謳うだけある。

PROFILE

1950年神戸に創業。ビーフン、フォー、ライスパスタ、ライスペーパー、冷凍食品、中国茶、はるさめなどの製造・販売、外食事業を営む。本社は神戸市中央区海岸通5-1-1。従業員数198人(2019年2月現在)。

コカ・コーラ ボトラーズジャパン 株式会社

日本のコカ・コーラシステムの約9割の販売量を担う、国内最大のコカ・コーラボトラー。世界でも有数の規模で、売上高はアジア最大を誇る。12のボトラー社の統合を経たのち、コカ・コーライーストジャパン、コカ・コーラウエストが統合し現在に至る。幅広い製品ポートフォリオを揃える「トータルビバレッジカンパニー」として、人々の一生に寄り添う「ビバレッジ・フォー・ライフ」の概念の下、CSV（共創価値）の理念に基づき社会課題に対応する。製造能力強化と顧客ニーズに対応し、2020年春までに7つのアセプティック（無菌充填）ラインを増設する。

ハッピーな瞬間とさわやかさを

宮城県から鹿児島県までの1都2府35県で展開し、1億人以上の生活者に品質の高いコカ・コーラ社製品を届け、きめ細やかなサービスを提供している。2018年4月にはグループ企業理念「THE ROUTE（ザ・ルート）」を制定し、「地域密着」「顧客起点」を従業員が大切にする価値観として位置づけた。

拠点数は約350カ所あり、小売店に向けた活動では、季節や催事に合ったキャンペーンなどを実施し、売場の活性化に取り組んでいる。約70万台を展開する自動販売機では、1台当たりの売上げ拡大に向け、新製品・自販機限定製品の投入や、設置場所の特性に応じた品揃えを徹底。さらに、2016年開始のスマートフォンアプリ「Coke ON」で、ITを活用した新たな価値を提供し、利用者が拡大している。

リテール・フードサービスでは、飲食店で自社製品を使用したドリンクメニューを提案するなど、製品の取り扱い拡大を図る。特に、ノンアルコールカクテルを「モクテル」として展開し、新たな需要の獲得が進んだ。また、売店などでは、レギュラーコーヒー機器や卓上クーラーなどの販売機器を活用し、取引店舗を増やしている。

製造拠点は17工場。2018年7月の豪雨災害で被災した本郷工場（広島県三原市）を同市内に移転し、2020年春から再稼働することを迅速に決定した。また、急速に変化する市場環境や多様化するニーズに迅速に対応するため、物流体制の最適化を目指したプロジェクトを進行している。その一環として、埼玉工場敷地内にコカ・コーラシステム国内最大の最新自動物流センター「埼玉メガDC」を2021年2月に竣工する。年間8,100万ケースという同国内最大の製品出荷能力を備え、東京と埼玉県の全エリアをカバーする新拠点だ。「バランスの取れた継続的な改善」と「高品質・低コスト・安定供給」のサプライチェーン構築を推進していく。

事業を通じて地域経済の活性化に貢献するとともに、コミュニティの抱える課題にも取り組む同社。スポーツを通じた支援活動もその一つで、中でもカンパニースポーツである「ラグビー」「ホッケー」の振興に力を入れる。両チームは国内トップレベルのリーグで活躍するが、各地でのイベントにも参加し、明るく活気ある地域づくりの一助を担っている。

PROFILE

2001年6月設立。2018年1月商号変更しコカ・コーラ ボトラーズジャパン㈱に。清涼飲料水の製造、加工及び販売を行う。本社は東京都港区赤坂9-7-1 ミッドタウン・タワー。社員数16,600人（2018年12月末現在）。

株式会社 さとう

さとうは北近畿(京都北部から兵庫北部)を代表する巨大流通企業である。スーパーマーケット(SM)を主軸にしながらも、ホームセンター、レストラン、トラベルサービスなど多角的に展開している。創業は1666年。古着商として歩み始めた。その後呉服商や銀行事業を経て、総合スーパー(GMS)やSM業態へ進出。現在では北近畿を中心に主力業態「バザールタウン」、「フレッシュバザール」、小型の「ミニフレッシュ」などを営業し、同地区の食品シェア率は32%と圧倒的な規模を誇っている。創業350年以上の伝統を尊重しつつ、常に攻め続けている北近畿の雄である。

“攻め”の精神を忘れない北近畿の雄

さとうは北近畿を中心に2019年5月末現在、73店を展開している。うち7割以上の53店は北近畿地区に集中。同地区の食品小売業態において、圧倒的なシェアを誇っている。だが、さとうがSMの展開を始めたのはそう古いことではない。古着商として江戸時代に創業し、様々な業種を経て、

1959年にはセルフサービスの既製衣料品を扱う「主婦の店」をオープンしたものの、まだ食品は取り扱っていなかった。本格的にSM業態に進出したのは1983年。同業界にあたっては後発であったが、300年以上、様々な業界で培ってきた伝統やノウハウ、何よりも時代に対応する柔軟性で徐々に地位を確立してきた。

現在、主力の大型店「バザールタウン」と標準面積の「フレッシュバザール」を軸にしながら、売場面積500㎡以下の小型業態「ミニフレッシュ」、さらに200㎡規模の超小型業態「フレッシュ・メゾン」などを展開。主力業態で北近畿の主要な地域をカバーしつつ、小型店で隙間を埋めるという戦略を進める。「北近畿には蟻一匹も通さない！」と佐藤総二郎社長が豪語するのは自信の表れであり、攻めの姿勢を崩さないチャレンジングな企業精神を示している。

実際、さとうは北近畿だけではなく、京阪神地区への出店にも注力している。北近畿を盤石な体制にしつつ、旧国名の摂津・河内・山城・播磨へとじわじわ南下を進めているのだ。2017年には神戸市に大型の総合物流センターを設立。京阪神への商品の配送が容易になった。準備は整った。創業350年以上の老舗が、本格的に攻勢をかける。

新事業の立ち上げにも積極的だ。江戸時代から常に時代の要請を捉えて様々な業界に進出してきた老舗の遺伝子は「革新性」にこそある。記者がさとうの総会で印象的だったのは、社員の方々が壇上で戦略を話す佐藤社長をニコニコ笑いながら眺めていたことだ。他の企業ではまず見られない光景。老舗だから？社長が魅力的だから？さとうは社員に愛されている。

PROFILE

1666年古着商として創業。現在は主に北近畿地区でショッピングセンター、スーパーマーケット、ホームセンター、レストランなどを経営。売上高928億円、従業員数5,746人（2019年2月 現在)。本社は京都府福知山市東野町1。

サントリー食品インターナショナル 株式会社

5つのリージョン(日本、アフリカを含む欧州、アジア、オセアニア、米州)で事業を展開し、地域ごとの生活者の嗜好やニーズに合わせたおいしくて、より健康的な商品を展開しているサントリー食品インターナショナル。日本では、水、コーヒー、無糖茶を成長カテゴリーと位置づけ、活動を強化している。商品では、「サントリー天然水」「BOSS」「伊右衛門」「やさしい麦茶」「烏龍茶」といったコアブランドに注力し、ブランド価値向上を図る。既存カテゴリーにとらわれない新たな価値提案も行い、「クラフトボス」などヒット商品を数多く生み出している。

ニッポンの素敵な会社

次世代のグローバル飲料カンパニーへ

プロミスとして掲げる「水と生きる(Mizu To Ikiru)」は、「水」を事業の源泉とし、生業とする企業として、人と自然、社会を潤し、価値のフロンティアに挑戦し続けることを意味する。

世界中の人々の多様なニーズに応えるため、様々な中味・容器・容量の「フルラインナップ」、いつでもどこでも手軽に手に入れられる「アベイラビリティ」の実現を掲げる同社。そして、「ナチュラル&ヘルシー」「ユニーク&プレミアム」な商品開発を強みとしたイノベーションで、次世代の飲用体験を創造し、より自然で、健康で、便利で、豊かなドリンクライフの提供を目指す。

2017年に発売した「クラフトボス」は、新たな価値創造に成功した代表例だ。新たなワークスタイルの変化に寄り添い、ゆっくり飲み続けられるコーヒーを提案し、大ヒット商品となった。

2018年は、中核ブランドの「サントリー天然水」ブランドが、日本の清涼飲料市場において、年間販売数量がナンバーワンになった。同ブランドは1991年の発売から成長を続けており、水源にこだわった清冽なおいしさや徹底した品質管理による安全・安心な商品であることが支持されている。

さらに、新需要創造に挑戦しており、「ヨーグリーナ&サントリー天然水」などのフレーバーウォーターや、「南アルプススパークリング」などの商品展開を行い、よりブランド価値を高める活動に取り組んだ。2019年は「サントリー天然水 GREEN TEA」を導入し、すっきりとした味わいを好む20〜30代を中心に訴求する。

また、「2030年環境目標」を設定し、持続可能な社会づくりに貢献するための活動を進めている。業界をリードするリサイクルペットボトルの積極的な活用や容器・包装での省資源活動のほか、水使用量の削減など、豊かな自然という財産を未来に引きつぐ取り組みを事業全体で行っている。

缶コーヒー市場は減少傾向だが、同社は活性化に向けて活動の手を緩めていない。2018年も新商品やエリア限定品、新焙煎工場を記念した商品で話題化を図り、ヘビーユーザーに支持された。500mℓPETコーヒー市場を創造した「クラフトボス」は、若年・女性層の獲得に成功している。新たに「クラフトボス TEA」を発売し、さらに新規ユーザー獲得を図る。

PROFILE

2009年1月設立。国内・海外の食品事業。本社は東京都中央区京橋3-1-1。グループ会社105社。日本、欧州、アジア、オセアニア、米州で事業を展開。従業員数24,142人(2018年12月末現在、グループ合計)。

シーピー化成株式会社

世界の「食」を取巻く社会状況の変動とともに、食品容器のスタイルも劇的な変化を遂げている。シーピー化成は創造型食品容器メーカーとしてライフスタイルの多様化、食の安全への関心の高まり、環境配慮等、社会ニーズの一つひとつに応えるとともに、豊かな食文化の未来を見据えた新しい価値、商品の創造に全力で挑戦しつづけている。素材を開発することから製造機器の設計製作、生産ライン構築、製品開発、物流に至るまで、培ってきた技術力と創造力を発揮し、ブランドメッセージ"おいしさの未来を、広げます"を具現化している。

おいしさの未来を食品容器で広げる

スーパーやコンビニ、百貨店などでは様々な趣向を凝らした食材や食品・料理が並んでいる。時代の変化が人々のライフスタイルを変化させ、食品の流通にも変化の波が押し寄せている。その変化を「食品容器」の分野で支え成長を続け、名実ともに業界トップクラスに位置し、付加価値の高い商品を全国の流通企業や店舗に供給している。

シーピー化成が企画・製造・販売する食品容器は6,000種類以上。

売り場での注目度や消費者目線に立った使用感などのほか、断熱性・保温性・耐油性・耐熱性・耐寒性など、顧客のニーズに応えるため、多彩な素材を活かし、用途に応じた容器の開発・提供を行っている。なかでも2017年に発売した「楽ポン」は消費者調査で判明した「蓋の開けにくさ」に対する不満に対応するために開発され、同年「人手不足やコスト削減に貢献できる容器」への要望に応えて開発した「強嵌合」とともに革新的商品として高く評価されている。

ニーズを確実かつ迅速に商品づくりへと取り入れるには、フレキシブルで信頼性の高い生産体制が不可欠。同社はプラスチック原料からシート製造、成型、プレス等の工程を経て食品容器が完成するまでの一貫生産体制に強いこだわりを持っている。

食関連産業は裾野が広く、多くの企業が専門性を活かし事業を展開。その中で同社は、堅実な経営方針、迅速な意思決定、無借金経営など、磐石な経営基盤の元で、豊かな食の発展に貢献している。

本社外観の一部

食品容器の設計からシート製造、成型、プレスまでの製造工程を自社で一貫しているため、市場の急な変化にも迅速に対応できる点が強み。「楽ポン」「強嵌合」は、製品ありきではなく、顧客ありきの「マーケットイン」のものづくり発想から生まれた次代を担う機能性容器として普及が進む。近年では、環境に配慮した事業活動にも力を注いでいる。

PROFILE

1963年創立。三宅慎太郎社長。プラスチック食品容器の製造・販売を行う。拠点は本社（岡山県井原市東江原町1516）、3工場（本社、福山、関東）、6支店、2営業所。従業員数948人（2019年4月現在）。

株式会社 J-オイルミルズ

2004年に業務用市場で強固な営業基盤を持つホーネンコーポレーション、家庭用市場で認知度の高い味の素製油、1855年創業の吉原製油を吸収合併し、J-オイルミルズが発足した。3社が培ったノウハウの融合による強みを生かし、社会に独自の価値を提供している。2007年にはユニリーバ・ジャパンから「ラーマ」ブランドを含む家庭用マーガリン事業を譲り受け、同市場に進出。近年では家庭用オリーブ油市場の拡大に努め、業務用市場では加熱による劣化を抑制し、長持ちする「長調得徳」など高付加価値品の販売を通じて、現場の課題解決を図っている。

料理をおいしくする香味油を積極展開

J－オイルミルズは、食用油の機能性に関する技術・知見と、業務用市場で蓄積してきたノウハウをベースとして、手軽にプロのおいしさを味わうことができる、家庭用香味油の展開に注力している。

同社は従来から、「J-OILPRO」シリーズなど多種多様な業務用フレーバーオイル・調味油を販売しており、中食市場を中心に定評がある。この実績を家庭用で生かし、新たな価値を提供している。

これまで家庭用香味油として、手軽に洋風メニューが仕上がる「バターフレーバーオイル（160g瓶）」を発売。昨秋には炒め調理時と仕上げにひとかけするだけで、ワンランク上の炒飯に仕上がる「香り立つパラっと炒飯油（70g瓶）」、中国・四川料理のしびれる辛さを楽しむ「マー活」に最適な「香り立つ花椒油（100g鮮度キープボトル）」を発売している。

さらに今春の新商品では、「から揚げの日の油（400gパウチ）」が大きな注目を集めている。専門店のから揚げは、大量調理で揚げ油に鶏肉のコクとうま味が染み出ていることに着目。鶏のコクとうま味を引き出す独自技術と配合により、鶏肉の味付けはそのままで、揚げ油を「から揚げの日の油」に替えるだけで、家庭で専門店のようなから揚げ調理を実現した。少量の油でもカラッと仕上がる機能性は、同社ならではだ。

同社では「から揚げの日の油」のプロモーションとして、女優の西田尚美さんを起用したテレビCM放映に加え、人気お笑いコンビを起用したPR動画を店頭モニターや動画サイトで配信する施策を実施。小売・流通各社に積極的に試食提案を行っている。とりわけ流通企業の評価は高く、配荷は順調に進んでいる。同社ではリピーターの獲得につなげるべく、継続的に施策を行っていくとしている。

本社近くの東京・八丁堀に「おいしさデザイン工房」を昨年オープンした。ソリューション提案力の強化と、新しい油のおいしさを社内外に発信するため、キッチン・ベーカリー・オフィス機能を備えた複合型プレゼンテーション施設だ。家庭用、業務用、製菓・製パンで「おいしさ」を、お客様と共に創造することを目指している。

PROFILE

2004年創業。本社：東京都中央区明石町8-1。油脂・油糧、スターチ、化成品などの事業を展開。資本金100億円。2017年度連結売上高1,834億円。従業員数1,079人（2018年3月末現在）

正田醤油 株式会社

働く女性のアイデアで商品化されたのが「冷凍ストック名人」シリーズだ。特売などでまとめ買いしたお肉を「冷凍ストック名人」(特製ソース入りのチャック付き袋)に入れて冷凍保存する。忙しい時でも、袋から取り出し、凍ったままフライパンで調理できる優れものだ。2016年春に挽肉を使う「キーマカレーの素」と「タコライスの素」を発売、たちまち主婦の注目を集めた。その後、2017年秋に豚こま切れ肉用の「プルコギの素」「豚丼の素」、2018年秋に鶏肉用の「タンドリーチキンの素」を発売して、5品のラインアップとなった。主婦のニーズをつかみ続ける。

冷凍ストック名人――冷凍のままフライパン調理

女性の社会進出が進み、有職主婦が増加する中にあって、正田醤油としても彼女らのニーズを満たす商品開発の必要性を感じていた。彼女らが買いたいと思える商品を同じ女性の視点から作りたいと考え、さまざまな部署の女性を集めて数人のプロジェクトチームを作ったが、ほとんどの人が商品企画は初めて。

そこで、まず取り組んだのが女性の目から見て不満な点を挙げ、その解消を考えた。不満点としては、調理に手間がかかる、週末のまとめ買いや、特売等でお肉をたくさん買うことがあるが、すぐに使わないお肉を冷凍しても、長時間解凍では時短にならないし、レンジ解凍ではドリップや解凍ムラがおきるなどが悩みとして挙げられた。

一方、同社は醤油メーカーであり、醤油ベースのつゆ・たれにも強みを持っている。そこに目を付けたのがこの商品の開発につながった。またソースタイプのメニュー用調味料は多くのメーカーから発売されているが、冷凍保存を念頭に置いた商品はない。

チャック袋の調味液にお肉を入れて冷凍（横置きでもこぼれない）、さらにそのまま解凍せずにフライパン調理（約8～15分）ができるので、お肉がムダなく使えて、解凍も必要ない。しかも時短調理もできて、まさに「主婦のお悩み解決！お助け調味料」だ。

開発に当たっては調理の際、調味液が焦げ付くなどの課題はあったが、配合の工夫で解決した。そして新発売したのが、2016年春。最初は挽肉を対象にした2品。これは最も使用頻度が高いお肉ということで選んだ。さらに経済的な豚こま切れ肉用も2017年秋に発売、そして人気の鶏肉用を2018昨秋に発売した。

味付けは家族で楽しめるように、やや甘め。子どもにも喜ばれる。1袋で3～4人前（タンドリーは2～3人前）。

「冷凍ストック名人」1袋は3～4人前だが、中央の線に沿って2つ折りや4つ折りにして冷凍すれば、2回分または4回分に分けられる。お弁当のおかずや夜食などの個食対応にも便利。記者は日帰りのBBQに持っていくが、味付け済みなので便利だ。ちなみに凍るまで待てないせっかちな人は、すぐに調理してもとてもおいしい。試食販売でお試しあれ。

PROFILE

1873年に3代目・正田文右衛門が醤油製造を開始。1917年に正田醤油株式会社設立。本社は群馬県館林市栄町3-1。正田隆社長。醤油醸造は館林工場と館林東工場で、醤油加工品は正田食品、正田フーズなどが製造。

株式会社 真誠

ごま加工食品の大手メーカー。皮むきごま、ねりごま、味ごまをはじめ、付加価値商品に強みを持つ。創業来、世界中で親しまれている栄養豊富なごまのおいしさを届けるべく、製品づくりにまい進。「皮むきタイプいりゴマ」、こだわり製法でごまの深いコクと芳醇な香りを引き出した「うまかあじすりごま」などの人気商品を生み出してきた。企業・社員理念「健康文化を世界に広げる」のもと、食育活動も実践している。2019年春には「だし香るごまあえの素 機能性表示食品」を発売するなど、健康訴求商品にも力を注ぐ。

“デコ”万能アイテム「とろけるきなこ」

創業時よりごまと共にきな粉製品を販売してきた。きな粉を第二の柱とするべく念入りな消費行動調査を行い、消費者の悩みを解決する形で誕生したのが、「とろけるきなこ」だ。2015年9月1日に発売し、累計販売約500万個以上とヒット商品となった。

2016年にメディアに取り上げられたことをきっかけにその万能さが口コミを呼んだ。同商品をプラスすることで元の飲み物や食べ物をかわいく見せることができる“デコ”万能アイテムとしてSNSで広まった。植物性たんぱくや食物繊維の多さから、きな粉が健康素材として注目されていることもあり、発売以来好調な推移をみせている。

開発にあたり、CGM（ブログ、SNS、口コミサイトなどの消費者生成メディア）の声を集めて分析。その結果、牛乳などと「混ざりにくい」「むせる」、砂糖と混ぜるのが「面倒」というきな粉の不満点が浮かび上がった。この不満点を解消すべく、くちどけの良さと、とろける食感を追求した。

口の中でふわっととろける食感を実現するため、さまざまな工夫を凝らした。大豆の皮をむいて仕上げたなめらかなきな粉とし、隠し味のごまも同時に高速粉砕することで食感を損なわない微粒子に仕上げた。黒糖など結晶の粗いものは粉砕加工し微粒子にして配合した。また、糖質の種類、配合割合など試作を繰り返し、最もくちどけの良い条件を導き出した。

パッケージも既成概念を取っ払った。これまでのきな粉にありがちな高級・上品さではなく、女性好みのポップで可愛らしいデザインを採用した。

やさしくコクのある甘さの黒糖・麦芽糖・オリゴ糖入りで、そのままドリンク等に使いやすい。

シリーズ品として、きな粉業界初の機能性表示食品「とろけるきなこ　うるおい＋ヒアルロン酸」を2017年秋に発売。健康と美容を前面に出した。

味ごま・ふりかけ製品も魅力。一番人気は、香ばしくサクサクとした歯ざわりが楽しい「しょうゆ味ゴマ」。この商品をきっかけに、調味料をごまにコーティングする技術を自社で開発し、いろんな味つけのごまを展開している。希少価値の高い金ごまを贅沢に使い、ごまに瀬戸内産藻塩をコーティングした「プレミアム 香ばし金ごま塩」も、隠れた人気商品。

PROFILE

1961年2月15日設立。拠点は本社（愛知県北名古屋市）、FSSC22000取得の2工場（名古屋・関ケ原）、6営業部、特販チーム、健康テーマ館「胡麻の郷」。従業員数259人（グループ計、2018年12月末現在）。

スキューズ 株式会社

スキューズは、工場の生産工程の自動化(FA:ファクトリーオートメーション)を図る制御ソフトウェアの受託会社として創業。これまで数多くの工場の生産自動化に寄与してきた。その後、FA事業で得た着想と技術に独自の発想を加えたロボット開発にも参入。現在は、CVSベンダーを中心に、FAシステムインテグレータとして、弁当の蓋掛け作業を自動化できる「蓋掛装置」や、コンベア搬送される商品を効率良く箱詰め可能な「商品移載検品装置」を開発し、人手不足が課題となっている食品業界の自動化に大きく貢献してきた。

ゼロから1を産む開発・設計に注力

「世の中にあるものは買う、ないものは創る」をコンセプトに、現場力を大事にして、CVSベンダーや食品メーカーの課題解決に取り組んでいる。

「ゼロから1を産む」付加価値のある開発・設計に力を入れており、1から100にする量産化については協力会社と取り組んでいく方針だ。ただし、大手の傘下に入る垂直統合型ではなく、水平分業ならぬ水平統合を目指している。水平分業ではトラブル発生の際に責任のなすり付け合となることが多いので、尖った企業を見つけて、同志として取り組む水平統合を目指す。大型受注の場合、ものづくりは大手に任せ、設計は外注と一緒に取り組むなど、自社のリソース以上のことをするには仲間が必要という考えだ。

現在取り組んでいる大型案件についても、単独で取り組むのではなく、外部のコンサルティング会社や研究所に手伝ってもらい、スクラムを組んで対応している。

他のロボットメーカーと差別化できている強みについて川田成範社長は、「堅苦しくいうと、お客様の課題解決に向けた要件定義ができること」と説明する。一般的なロボットメーカーは自社のロボット販売を目的とするため、導入した企業はそのロボットの仕様に合わせて生産体制を変えるか、ある程度の自動化はできてもロボットの力を100%生かすことができない状態になる恐れがある。同社は「1時間に必要なアウトプットは○個」というお客の要求をしっかりと定義し、それに基づいたロボットの選定や生産性向上のためのコンサルティングの提供を行う。

お客の要求に応えるには他社のロボットが適している場合など、それがベストのソフトやハードであるならば、系列に巻き込まれない解決策を提案できるのも、他のロボットメーカーや系列のシステムインテグレータとは異なる同社ならではの特色だ。

まだ世の中にない独自のロボットを次々生み出している。人間の手を模した「5指ハンド」は、繊細なハンドリングで柔らかいモモを傷つけることなく掴み、キャッパーを被せることも可能だ。リンゴなど他の果実への応用も期待できる。自動化の要望がある「豚舎洗浄ロボット」も、現場での稼働試験を行って高い評価を得ている。

PROFILE

1997年10月に創業。本社は京都市南区。従業員は70人(2019年4月現在)。創業者の清水三希夫会長は「アパレル」業界出身のエンジニアでもあり、文系出身のエンジニアが少なくないユニークな会社である。

スターゼン 株式会社

創立70周年を2018年6月に迎えた。長年、食肉・食肉加工品を小売業へ供給してきたが、中食での加工食品の需要が高まる中、安全・安心で美味しい加工食品のシェア拡大を目指し、最新製造設備の導入、製造拠点の開設、新たな販売ルートの開拓に取り組む。中でも、ハンバーグ製造は高度なノウハウを持ち、味・品質・衛生管理ともに高い評価を受ける。2018年10月に福島県本宮市に焼成ハンバーグ製造「本宮工場」を稼働、千葉県山武市の松尾工場との2拠点でのハンバーグ生産体制を確立し中食、外食、量販店総菜部門など業務用を中心に販売拡大に努める。

業務用ハンバーグの生産を強化、中食で拡販

ハンバーグ市場は、調理現場の人手不足、共稼ぎ夫婦や単身者の調理の時短ニーズなどを受け堅調に推移している。本宮工場（月産能力350t）の稼働により、自社工場の生産能力は従来の1.5倍に拡大。2021年3月末までの中期経営計画で「総合食肉加工メーカーへの挑戦」を掲げ、本宮工場はスターゼングループが総合食肉加工メーカーへ脱皮を図るシンボル的な工場となる。

新工場では、焼成ラインのグリルとオーブンは、ともに単体で温度・時間のコントロールができ、外食調理と同等の香ばしさや風味を出しさまざまな顧客の要望に応えることが可能。トンネルフリーザーは、スーパージェット急速凍結システムを採用し、短時間での冷却、凍結が可能。現在、ファミリーレストラン、居酒屋、CVS、量販店スーパー、給食などへ販売されている。

同社の業務用ハンバーグの特徴は、あらゆるニーズに対応が可能なこと。焼成タイプでは、原料は牛・豚・鶏・豆腐などの選択肢があり、玉ねぎも冷蔵生・冷凍生・ソテーが選べる。成型は包あんタイプ・型抜きタイプ、包装形態もピロー・袋詰め・三方フィルム・深絞り・トレー・バルクと多様な対応が可能だ。それぞれでソース充填が可能。生タイプでも、原料は牛・豚、玉ねぎも冷凍生・ソテー、成型は包あんタイプ・型抜きタイプ、包装は袋詰め・トレー・バルクに対応できる。

さらに新カテゴリーとして、プレクックドハンバーグ（最終の加熱工程を顧客が行う本格ハンバーグ）の対応を開始した。この商品は表面を焼成した状態で顧客に届けることで、①限られた加熱設備でも簡単に調理できる、②顧客のもとで最終調理することでジューシー感のある焼きたての味を再現できる——といったメリットがある。

同社は1972年に日本マクドナルドに国内製造のハンバーガーパティ供給を開始、この関係は現在も続いている。

同社の歴史は終戦直後の食料難の時代に始まり、食肉消費が拡大する時代とともに成長してきた。牛肉の輸入自由化、BSEなど家畜疾病問題、マーケットニーズの変化などさまざまな課題に果敢に挑戦、これを乗り越えて食肉業界の先駆者としての役割を担ってきた。現在はグループ売上高3,400億円、経常利益72億円、従業員数3,500人に及ぶ企業に成長。

PROFILE

1948年6月に全国畜産協同組合を母体に全国畜産株式会社として設立、1970年に株式会社ゼンチク、1999年にスターゼン株式会社と社名を改め現在に至る。本社ビルは東京都港区港南にあり、東京食肉市場の目の前に位置する。

株式会社 太陽商会

オーダーメイド可能な食品業界向け「食品ブラシ」

工業用ブラシメーカー「サンパワー」として創業した同社は、研磨・研掃・研削のスペシャリストの企業である。トヨタをはじめ、自動車メーカーや精密機械メーカーからも品質・価格を総合的に評価され、工業用ブラシメーカー最大手として確固たる地位を築いている。2013年に、ブラシの毛材が金属探知機(金探)に反応する「食品ブラシ」を開発。独自素材に金属粉末を特殊製法で練り込むことで実現した。ブラシの専業メーカーである同社の食品業界への参入で、幅広い分野の食品工場で高機能・高付加価値の同社製ブラシが導入されるようになった。

世界のトヨタに鍛えられた技術力

同社は工業用ブラシで非常に認知度が高かったため、大手食品メーカーからもブラシの製品製造の依頼や問い合わせは多く寄せられていた。当時、食品工場で導入されていたのは、ハンドタイプも機械に取り付けるブラシも海外製が多かった。同社は金探に反応する「食品ブラシ」を開発し、食品業界への本格参入に踏み切った。金探ブラシは高機能高品質だが、金探未対応のブラシの約3倍の価格で果たして購入されるのか。折しも大手飲食チェーンや冷凍食品メーカーで相次いで異物混入事件が発生。その後も異物混入が起こるたびにメディアが大きく報道した結果、潮目は変わり、徐々に金探で検出できるのであれば使用したいという流れになっていった。

一方で、同社は国内で流通している金探に反応することをうたうブラシを全て入手し、比較検証実験を行った。また、厚生労働省登録検査機関による検査証明も済ませ、安全・安心の要請に十分に応えるようにした。サンプルを提供した酒類メーカーが行った性能比較実験でも、同社の「食品ブラシ」が最も評価が高く、「自信をもって販売すればいい」とお墨付きももらった。

同社は、自動車や精密機械の分野向けで製品開発の技術を培ってきた。とりわけ品質に対して一切妥協しないトヨタ自動車向けの製品開発で鍛えられてきた。他の自動車メーカーであれば問題なく購入されるレベルのブラシでも、トヨタには通用しないケースがあった。たとえば、特殊形状のブラシや特殊毛材を使用したオーダーメイドのブラシの製作といった要望だ。最終的に全ての要求をクリアし、壁を乗り越え、製品は完成した。

品質はベストクオリティーで、価格は高ければ駄目。二律背反のような要望が多いトヨタ自動車との取引を通して培ってきた技術をもってすれば、食品業界のあらゆる要望に対応が可能だ。

同社は更なる飛躍のため、国内の食品機械メーカーとコラボレーションを目指している。食品工場では海外製の機械やブラシの導入もあり、清掃用ブラシが消耗した場合の交換や問い合わせも一苦労だ。同社製のナイロンブラシや金探ブラシに変更したいという依頼も多く、食品機械の純正ブラシに同社製を採用するメリットは大きい。

PROFILE

1964年に大阪市大正区で創業。1977年世界最大のSMチェーン「ウォルマート・ストアーズ・インク」へ工業用ブラシの製品供給開始 。2015年5月、群馬県沼田市に2拠点目の工場稼動。従業員数65人(2019年4月末現在)。

タケダハム 株式会社

ハム、ソーセージ、焼豚などの食肉加工品の製造・販売を手掛ける食肉加工品メーカー。1954年創業、食肉店を中心に商圏を広げ、店の看板に恥じないような品質の良い商品づくりに徹してきた。流通業の発展にあわせて百貨店などの大型施設にも出店し、ハム・ソーセージ分野にグルメ志向の消費を呼び込んだ。現在の販売先は百貨店、スーパー、生協、食肉専門店、学校給食、外食企業と多岐にわたる。食べてみたくなるような「前味」、食べている間の「中味」、もう一度食べたくなる「後味」の「三味一体」をモットーに伝統の技法を守ったハムづくりに取り組む。

伝統の技法を守ったハムづくり

大阪発の食肉加工品メーカーとして創業から65年、積み上げげた技術を生かした製品づくりに取り組んでいる。その成果として、ドイツ農業協会（DLG）が主催するハム・ソーセージの国際品質競技会では2018年まで5回連続で金賞を受賞している。

家庭用商品では数多くの定番商品、ロングセラー商品を有する。化学添加物無添加の「無塩せき」シリーズは1978年に発売を開始。発色剤や保存料を使わず、国産の原料肉に天然の調味料・香辛料だけを加えて製造する。同シリーズでは、「ロースハム」「あらびきウインナー」など定番アイテムをラインアップしている。

このほかの主力商品として、ニンニク風味が人気の「スタミナウインナー」がある。80年発売のロングセラー商品として、今も根強い人気を誇る。

その他の売れ筋商品である「グルメ」シリーズでは、オードブルや夕食におすすめの「ももハム」「焼豚」など高質アイテムをそろえる。シリーズコンセプトは「ちょっと贅沢な大人の味」で、利用シーンにおいて上質な時間を演出する逸品だ。

地元に密着した取り組みにも力を注ぐ。長年、大阪で愛されている加工食品として、大阪府から「大阪産　名品」の認定を受けた「美味大阪　直火焼豚」を展開。豚もも肉を少し甘みのある特製タレにじっくり漬け込んで焼き上げた。このほか、大阪産原料を使った「大阪産　美味大阪　熟成ロースハム・ボンレスハム」を「大阪産」ロゴマーク商品として販売。「大阪のタケダハム」としてのブランド力向上を図っている。

関西を中心とした量販店での展開に加え、業務用商品では学校給食などで全国に販路をもつ。道の駅での売場展開などでも業容を拡大。業界の先陣を切って「無塩せき」シリーズを開発するなど、消費者ニーズに対応した商品開発力に強みをもつ。大阪の会社として「美味大阪」を商標登録。安全・安心面では本社工場でISO22000を取得している。

PROFILE

1954年大阪府羽曳野市で創業、1958年創立。本社（大阪市浪速区大国2-16-15）、本社工場（大阪府羽曳野市向野2-5-18）。4営業所（大阪、京都、名古屋、岡山）、1出張所（佐賀）。従業員数270人（2019年4月現在）。

竹本油脂 株式会社

マルホン胡麻油で知られる老舗メーカー。創業は1725(享保10)年、菜種や綿実から灯明油と油粕肥料を作ったのが始まり。時代の移り変わりをとらえ、搾油のノウハウを活かして、ごま油を手掛けるようになった。現在はごま油と、界面活性剤の2つの分野で存在感を発揮している。ごま油については、品質と安全に対するこだわりから、伝統の圧搾製法で作り続けている。圧搾製法は、ごまに圧力をかけて油を搾り出す昔ながらの製法。溶剤を用いる抽出法に比べて歩留まりが悪く、手間もかかる。それでも圧搾製法を貫くのが、マルホンの信念だ。

“ちょいがけ”に「かけ旨ごま油」シリーズ

マルホン胡麻油の基幹商品は、ごまの風味が芳醇な焙煎ごま油「太香胡麻油」と、生のまま搾りごまの旨味を最大限引き出した香りのない「太白胡麻油」。ともに、プロの料理人や食通、ごま油ファンに愛されている。

需要の裾野を広げるため、2013年頃から、ごま油の“ちょいがけ”(当時は“ちょい足し”)提案をしてきた。ごま油をかけると料理がワンランクアップする提案だ。2014年秋にちょいがけに適した「卓上用ごま油(太香)180g」を発売、単品で販売してきた。

2019年4月、ちょいがけ用途をダイレクトに訴求する新しいシリーズとして、「かけ旨(うま)ごま油」シリーズを全国で新発売した。食卓での料理の仕上げや、途中で味を変える用途を想定。容器は液だれしにくい新容器を採用し、使いやすくした。

商品は、風味の違う「マイルド」「ワイルド」「一番搾り」の3品をラインアップし、それぞれの持ち味に合ったメニューを提案している。パッケージには、おすすめメニューを記載し、さらに代表的な料理写真を載せた。使い方をわかりやすく伝えるのが狙いだ。

香りの穏やかな「マイルド」は、卵かけごはん、みそ汁などのあっさりめ、繊細な味付けの料理に合い、ちょいがけすると、旨みとコクが深まる。香り立ち強めの「ワイルド」は、ラーメン、餃子などの濃いめ、ガッツリとした味付けの料理に合い、食欲をそそる。華やかな香りの「一番搾り」は、ステーキ、サラダなどにひとふりすると、ごちそう感がアップする。

「かけ旨ごま油」シリーズの発売に伴い、「卓上用ごま油(太香)」は2019年秋に終売する予定。シリーズ展開により、定番採用の引き合いが増えており、秋から本格展開する。家庭用だけでなく、厨房やテーブルユースの提案にも力を入れる。

竹本油脂が発行するPR誌「ごま油の四季」のクオリティの高さに驚く。第1号は1986年に発刊して以来、年4回欠かすことなく、マルホン胡麻油を愛用する店舗やごま油レシピ、トレンドなどを紹介し続けている。2015年春号で「ロカボ」を特集するなど、感度が高い。最新号(2019年春)は「パン」を特集。同社ホームページで電子版を読むことができる。

PROFILE

1725年創業、1945年設立。本社(愛知県蒲郡市港町)、第一(ごま油)事業部・亀岩工場(同市浜町)。FSSC22000取得。国内3営業所(東京、大阪、福岡)、海外4事業所。従業員数621人(2018年12月)

辻製油 株式会社

地域産業として盛んだった菜種搾油を手掛けた1947年から、辻製油は歩み始めた。天然素材の持つあらゆる可能性を探り、“きれいと健康、そしておいしさ”をテーマに、商品を開発。また、“人まねはしない、何処もできない”ことに挑戦するオンリーワン精神のもと、独自性のある商品を世に送り出してきた。事業は、基幹事業の製油(コーン油、菜種油)と、機能性(レシチン、セラミド、コラーゲン)、アグリ(ゆず、しょうが等)の3つを展開。製油事業とレシチン事業で培った搾油・抽出・酵素技術を組み合わせ、天然資源の有効活用を追求している。

天然素材を生かす、開発型メーカー

業務用食用油の販売を主力とする辻製油は2009年、生活者との接点を持つため、子会社のうれし野ラボを設立した。通信販売を本格的に始め、原料メーカーの強みを生かし、安全・安心、高品質なオリジナル商品を買い求めやすい価格で販売してきた。その後、土産店や、問屋ルートへと販路を広げた。2018年に同社を吸収合併し、現在はうれし野ラボ営業課として活動している。

うれし野ラボの商品で、とくに勢いがあるのが、オイルに素材の香りを閉じ込めたフレーバー（シーズニング）オイルだ。業務用商品、PB商品、小売商品を展開し、広がりを見せている。定番の人気商品は、ゆず、しょうが、わさびの和テイスト3種。ラーメン、イタリアン、フレンチといった外食店向けの販売が順調で、海外からの引き合いも増えているという。

フレーバーオイルはその他、爽やかな柚子皮の風味と青唐辛子の辛さがアクセントの「柚子胡椒」、和風だしのような「醤油削節」、海老本来の味と香りが際立つ「海老」、スイーツ系を中心に料理にアレンジできる芳醇な風味の「緑茶」などをラインアップしている。料理の仕上げにひと振りするだけで、素材の香りが広がると好評だ。

地元・三重の緑茶や、伊勢海老など名産品を使ったオイルのPB商品も増えている。地元の生産者の活性化に貢献したい考えだ。

オリジナル調味料では、フレーバーオイルを使ったドレッシングや、高校生レストランで有名な相可高校調理クラブとコラボした「黒にんにくドレッシング」（和風醤油、シーザーサラダ、ごま）もラインアップ。さらに、水に溶ける顆粒タイプの唐辛子調味料「辻さん家のとける唐辛子」、しょうがオイル、ゆずオイルの顆粒タイプ「かける生姜」、「かおる柚子」などの新感覚調味料を展開している。

研究開発と、地域資源の活用が凄い。辻H&Bサイエンス研究所（三重大学内）を設け、素材の生理機能性の検証、新規機能性素材の探索を続けている。地域資源の活用では、搾汁後のゆず皮を利用した高品質なゆずオイルの生産や、合弁事業でバイオマスボイラー余剰熱利用型植物工場でのミニトマトの栽培等を行い、ビジネスとして成立させている。

PROFILE

1947年設立。本社・工場（三重県松阪市嬉野新屋庄町）、その他3工場（三重2、高知1）。2019年2月、国内はもとより海外を結ぶ拠点として東京事務所を新設。子会社1社、関連会社2社。従業員数127人（2019年3月）。

鶴屋 株式会社

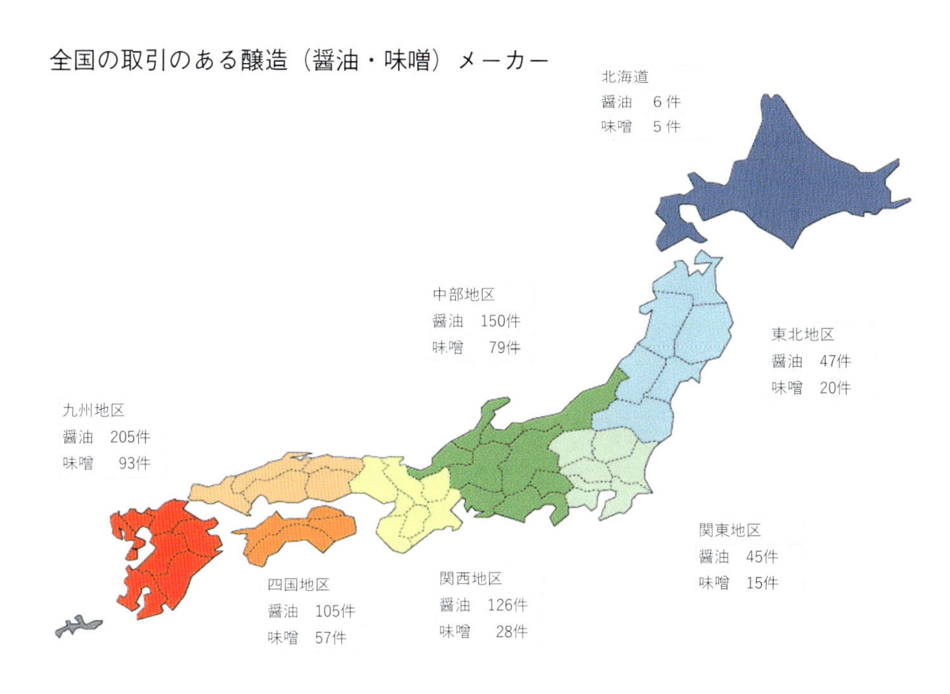

醤油や味噌といった醸造資材問屋として創業し、2019年10月に100周年を迎える。大阪に本社を構え、大阪、福岡、高松、金沢の4支店、鹿児島、松本、関東の3営業所を拠点とし、全国展開している業界のリーディングカンパニーだ。核家族化や調理機会の減少により基礎調味料である醤油の市場は縮小してきたが、昭和50年代から、かまぼこや漬物といった加工食品メーカーの得意先を開拓。醸造関係の売上を維持しながら、加工食品の比率を50％まで伸ばしてきた。6月には新本社屋も完成する予定で、次の100年に向けては、「メーカー型商社」としての歩みをスタートする。

日本全国をカバーする唯一無二の醸造資材問屋

醤油メーカーは全国におよそ1,200社あると言われるが、北海道から沖縄まで得意先があり、8割以上の醤油メーカーをカバーしている醸造問屋となると、同社以外には存在しない。業界内では「鶴屋に聞けば何でもある」というポジションを確立している。

各エリアの醤油メーカーの情報は、インターネットを活用すれば得られる時代だが、サンプルを取り寄せるとなるとそうはいかない。ところが同社は全国どこの醤油であっても難なく集められる。また、醤油の販売はどの醸造問屋も行っているが、全国各地の醤油の中身まで知っていることに驚かれるという。100年の歴史がメーカーの代弁を可能にする。最近では地方の味が見直される中、醤油メーカーを紹介してほしいといった依頼も寄せられる。

自社ブランド商品として、徳島県で収穫される「実生のゆず」の製造販売を開始して10年以上が経過した。ぽん酢などの調味料のみならず、菓子業界でも評価され、搾汁前のゆず皮ペースト加工品はアイスクリームの原料に採用。限定販売すると好評で完売となった。「白だしベース」や「漬物ベース」といった「ベースシリーズ」は第4弾の「鯛だしベース」まで発売している。

昨年11月には、各拠点から30～40代の若手を1人ずつ選抜し、自社ブランド商品を開発するプロジェクトチームを新たに立ち上げた。

鶴繁人社長は、「創業者が小さくても光り輝く会社であれと言っている。醸造はもちろん、食品業界で存在感のある会社というのは守った上で、メーカー型商社になるのが目標」と語る。

海外から調味料を仕入れ、「グローバル調味料」を展開していく構想もある。第1弾として「キムチシーズニング旨辛」と「炭火焼風ベース」の韓国の調味料2品を発売し、今後はタイや中国の調味料も品揃えしていく考えだ。

醤油や味噌メーカーに機械や資材、添加物などを販売する商社で構成される「西日本醤油醸造用品協会」では代々、同社が会長を務め、業界の健全な発展に向けて、リーダーシップを発揮してきた。社会環境の変化により、市場規模は縮小しているが、日本が世界に誇る「和食」の根幹を支える基礎調味料は、これら企業によって守られている。

PROFILE

1919年10月に創業し、まもなく100年企業の仲間入りとなる。人口増が著しい大阪市西区の一等地に建設中の新本社屋は2019年6月中頃に完成する予定。4支店、3営業所を構えており、従業員数は60人（2019年4月現在）。

テスティパルグループ

関西2府4県を中心に給食受託事業を展開するテスティパルグループ。創業から95年間、時代の要請を先取りしながら、食事提供の様々な分野に果敢に挑戦。関西圏に特化した給食企業として、関西の食と健康増進に長年取り組んできた。運営する事業所数はグループ合計で約400か所強。事業所給食で培った技術・ノウハウを、学校、病院・施設、保育園、弁当、惣菜へ積極的に拡大。総合食事サービス企業として、安全・安心で栄養バランスの取れたおいしい食事の提供により利用者の健康をサポートする。特に、健康な食事や病院食等で高い信頼・評価を獲得している。

健康な食事で関西の健康経営をサポート

近年の健康ブームを背景に、食事に対するニーズは拡大、嗜好は多様化している。同グループは顧客の様々な要望に適宜応えられるよう様々な取り組みを展開している。

事業所給食では、顧客の健康経営に貢献できるよう、栄養に配慮したおいしいヘルシーメニューを提供するとともに、卓上一口メモや料理情報誌「ぱる通信」など健康情報の発信で利用者の健康リテラシーの向上も図る。2018年に始まった健康な食事・食環境（スマートミール）認証制度にも積極的に取り組み、第1回、第2回連続して受託先事業所が認定を受けた全国でも数少ない健康サポート企業である。食材と品目数を増やすことで彩りを向上。飽きのこないおいしい献立が好評だ。（写真は、スマートミール例）

一方、病院・高齢者施設給食では、確かな調理技術の実践で定評のある企業でもある。2014年には、全国の給食企業の代表が自慢の献立を持ち寄り、味と調理技術等を競う「第10回治療食等献立・調理技術コンテスト」において、厚生労働大臣賞（優勝）を獲得している。学校・保育園給食では、安全・安心でおいしい食事の提供とともに、食育やアレルギー対応も実施している。子どもたちに食べることの楽しさと大切さを伝えようと、目の前で魚をさばくなど食育イベントを通じて命をいただく大切さを伝えている。

また、必要なコストは惜しまずに投下するのが同グループの衛生管理の基本理念であり、食中毒の防止、異物混入の防止、有害食品の廃絶をモットーに、食材仕入・検収・調理・保存・提供（出荷）の各工程をHACCPに基づき厳格にマニュアル化し、危害発生を未然に防止するシステムを構築、安全・安心・おいしさの品質保証の強化に努めている。

「食は一個人の事業ではなく、社会事業である」という企業理念に基づき、CSRの取り組みも多彩だ。ISOの取得や災害支援活動にも積極的。特に、テスティパルでは①採用②継続就業③労働時間④管理職比率⑤多様なキャリアなど働きやすい環境整備が評価され、女性活躍推進法に基づく『えるぼし』の最高段階の認定を取得している。

PROFILE

1925年9月設立。事業所・病院・福祉・学校・保育園・研修所・保養所などの給食業務、レストラン・割烹などの外食業務、出張パーティ事業・ケータリング業務を展開。従業員数約4,500人。（2019年5月現在）

テーブルマーク 株式会社

ステープル（主食）を中核とした冷凍食品と常温食品を製造・販売するのがテーブルマーク。冷凍麺、冷凍・常温米飯、焼成冷凍パンといったステープルを中心に展開。中でも冷凍うどんの販売食数は年間5億食を超え、圧倒的な市場シェアを握る。パックごはんも近年伸長著しく、販売食数は年間3億食に迫る。2017年〜2021年にかけて合計350億円の設備投資計画を進行中。2018年度には自動化を追求した冷凍うどん専用工場を新設し、生産体制の再編を着々と進めている。そんな中、ステープルと並んで注力分野に位置付けているのが、お好み焼・たこ焼である。

「ごっつ旨い」20周年、売れ続ける理由

お好み焼・たこ焼の「ごっつ旨い」シリーズが2019年、発売20周年を迎えた。語呂合わせから5月2日が“ごっつの日”と記念日に制定され、特設ウェブサイトではお笑い芸人フットボールアワー後藤輝基さんを起用した「ごっつ旨いEXPO2019」を展開。4月〜5月末の消費者キャンペーンに合わせて期間限定公開した、フット後藤さん出演のカラオケソングも話題をさらった。

同社が初めて商品化した冷凍お好み焼は未加熱の冷凍品でフライパン調理だった。

1990年代に入り、電子レンジが急速に普及したことで、冷凍食品はレンジ調理化の時代に入る。

同社のお好み焼もレンジ調理品として販売を開始。そしてヒットの転機となったのが1999年、「ごっつ旨い」を冠した改良品の発売だ。

レンジ調理でもふんわりした生地とボリューム感、紙トレー付きでそのままレンジにかけられ、特製ソースとマヨネーズ風ソース、かつお節、あおさを添付して、1袋ですべてが完結する簡便性——これらは今も続く、ごっつ旨いの特徴となっている。

製造ラインではまさにお店の焼き方を再現している。焼く直前に生地と具材を混ぜて高温の鉄板に落とし、コテで丸く形を整え、ひっくり返して焼き上げる——「にっぽんお好み焼き協会」も認定する製法をすべて機械的に行っている。カリふわの理想の食感を求めて生地の配合を研究し、コテで丸くならなかったり、きれいにひっくり返らなかったりと、機械の微調整を繰り返したという。

たこ焼は1990年代前半の発売。8個入りでソース、あおさを付けた商品から始まり、50個入り大袋商品が大ブレークした。時代とともに環境も変化し、一食完結型ニーズを背景に今は大粒の丸いたこ焼が6個入ったトレー付き個食商品の配荷が広がっている。

冷凍うどんのイメージが強いが、お好み焼は市場シェア6割弱、たこ焼も約3割とともに業界トップ。お好み焼は一般的には夕食メニューだが、冷凍食品の簡便性でおやつや夜食に食シーンを広げた。ネットを使ったデジタルコミュニケーションに積極的に取り組み、ごっつ旨い特設サイトはもちろん、ホームページの内容はバラエティに富んで楽しい。

PROFILE

日本たばこ産業が2008年に加ト吉（1956〜）を買収し、JTグループの加工食品会社となった。2010年1月にテーブルマークに社名変更。本社（東京都中央区築地）、全国9支社・支店、国内8工場、食品開発センターを有する。

東海漬物 株式会社

世代を超えて愛される超ロングセラー商品「きゅうりのキューちゃん」を販売している東海漬物。1941年の創業以降革新的な商品を生み出し続け、漬物業界をリードしてきた。2004年に発売したキムチ「こくうま」シリーズは、わずか２年で全国のキムチ市場のトップシェアを獲得。以降、右肩上がりで売り上げを伸ばしている。また、漬物のあらゆる可能性を引き出すための漬物機能研究所を設け、日々研究を進めており、業界初の機能性表示食品も開発した。2015年には後発ながら浅漬け市場にも参入。日本を代表する漬物専門メーカーである。

漬物の神髄は革新にあり

漬物といえば樽で漬け込んで量り売りしていた1962年。スーパーマーケットが相次いで開業し始めた頃、「きゅうりのキューちゃん」は誕生した。地産地消がほとんどの漬物業界にあって、大量生産・全国流通を可能にする画期的な技術を駆使した上、当時、漬物としては珍しいキュウリをあえて使用した。小袋包装で醤油風味、そしてそのキャッチーなネーミングで同商品は大ヒット。しかし、一時的なヒットにとどまらず、半世紀以上愛されてきたことには理由がある。それが、「キューちゃん」の自己革新性だ。

発売以来、常に時代と向き合い、リニューアルを重ねてきた。継続的な低塩化の取り組みで、当初10％以上あった塩分比率は現在4％以下に。さらに、ブランディングという観点にもいち早く注目し、継続的にCMなどで消費者に話題を提供してきた。現在では、春と秋の年２回、期間限定で「別味キューちゃん」を発売するほか、食べやすい「こつぶキューちゃん」も展開中だ。

発売わずか２年でトップシェアを獲得したキムチ「こくうま」も、「キューちゃん」の大量生産・全国流通という遺伝子を受け継いだ同社の看板商品だ。かつお魚醤とイカゴロ（イカ肝臓）を使用し、日本人向けの、ごはんに合うコクと旨みのある味付けにしつつ、本格的な辛さにもこだわる。もちろん、「キューちゃん」同様、時代のニーズに向き合い、リニューアルを続け、現在も売り上げを伸ばし続けている。

絶え間なき進化のための徹底した自己革新と技術革新。これこそが、東海漬物が漬物業界をリードするゆえんだ。

実は代々、「キューちゃん」のレシピを知っているのはメインの開発担当者とサブの担当者２人だけだという。現在メインの開発を担当しているのはまだ20代という若さ。この担当者が「キューちゃん」をリニューアルし、さらに進化させていく。伝統にあぐらをかくことなく、若い感性を積極的に取り入れていくという姿勢が、ロングセラーの秘訣なのかも。

PROFILE

1941年9月創立。包装漬物を主体として製造・販売。拠点は本社（愛知県豊橋市駅前大通2-28）、3支店（東京・大阪・名古屋）、9営業所、9工場、漬物機能研究所、品質保証部を有する。従業員数810人（2018年8月末現在）。

株式会社トーホー

売上高2,176.6億円(2019年1月期)と、国内最大規模を誇る業務用食品卸企業。「外食ビジネスをトータルにサポートする」と謳う通り、ディストリビューター(業務用食品卸売、DTB)事業のほか、業務用食品現金卸売(キャッシュ＆キャリー、C＆C)事業として、「A-プライス」をはじめとした店舗を全国に96店展開。さらに、兵庫県に食品スーパー「トーホーストア」も36店運営し、地域の人々にも親しまれる存在だ。M＆Aにも積極的で、国内のほか、シンガポールやマレーシアなど海外にも進出、常に新たな成長を模索する業界のリーディングカンパニーだ。

外食ビジネスをトータルにサポート！ 唯一無二の卸

創業後まもなく輸入コーヒー豆の取り引きから焙煎を始め、以来半世紀以上、プロの味にこだわり続けてきたことからもわかる通り、同社グループにとってもっとも強みとなるのがオリジナルの「toho coffee」だ。2017年には全面的にリニューアルし、あらゆる業態・シーンに合ったコーヒーを品ぞろえする。また、品質にこだわりユーザーニーズを取り入れて開発しているプライベートブランド商品の「EAST BEE」や「スマイルシェフ」など、その豊富な商品力も同社グループの強みだ。

毎年全国で開催する総合展示商談会では、同社グループならではの切り口で、数多くのブースを展開。食材だけにとどまらず品質管理や業務支援システム、店舗内装設計・施工など外食ビジネスをトータルにサポートする機能が充実しているのも同社グループの特長だ。2018年2月にはコーヒーマシーンや業務用調理機器の輸入・製造・販売を営むエフ・エム・アイがグループ入りし、さらにその機能が充実した。M＆Aにも積極的に取り組み、2008年以降26件、34社をグループ化するなどコア事業の強化を図っている。

DTB事業だけではなく、実際に店舗を構えるC＆C事業も営んでいる。「A-プライス」では、中小飲食店への提案力強化を図り、全店統一フェアとして「カフェ＆ランチ」「春の味覚」など業態や季節に応じて定期的にフェアを開催している。

2017年には新業態「せんどば」を千葉県船橋市にオープン。「プロの店舗スタッフがプロのお客様に食材を提供する」をコンセプトに、鮮度抜群の鮮魚・野菜や業務用食材を市場感覚で提供する。さらに、兵庫県では地域密着型の食品スーパー「トーホーストア」も運営しており、「外食」「中食」「内食」と「食」のあらゆるシーンを支える、まさに業界では稀有の食のオールラウンドプレイヤーだ。

毎年記者が楽しみにしているのが、総合展示商談会の、オリジナルテーマブースの多彩さと密度の濃さだ。2019年春の商談会では「コーヒー」「洋食」「朝食」「食のバリアフリー」など９つのテーマを提案。ひとつひとつ吟味していると、とてもではないが１日では回り切れない。多くの業務用卸の展示会の取材に行くが、この濃さは他を圧倒している。

PROFILE

1947年、有限会社藤町商店として創立し、1953年、東蜂産業株式会社設立。1983年に今後の発展を期し、社名を株式会社トーホーと改め、上場。本社所在地神戸市東灘区向洋町西5-9。従業員数約4,800人（2019年3月現在）。

鳥越製粉 株式会社

福岡県は北海道に次ぐ小麦の一大産地である。博多ラーメンはもちろん、うどん店も数多い。近年はラーメン用小麦「ラー麦」を開発、県内の製粉企業や食品メーカーが力を合わせてPRしている。鳥越製粉は明治10(1877)年に福岡県浮羽郡吉井町(現:福岡県うきは市吉井町)で創業、長く小麦の製粉、大麦の精麦などに関わってきた。また、ラーメンやうどんといった麺だけでなく、日本におけるフランスパンやドイツパンの普及にも大きく貢献してきた。独創的な開発力で、小麦粉や大麦、穀物の新たな可能性を広く発信し続けている。

時代の先を読む商品開発、穀物の力を信じて

鳥越製粉には多くの「日本初」がある。業務用のプレミックス粉の開発、日本で唯一のライ麦専門工場の建設、フランスパン専用小麦粉の発売、ブラン（小麦ふすま）を利用した低糖質食品の開発……そのすべてが時代を先取りしていることに驚かされる。たとえば日本で初めてのフランスパン専用粉「フランス」印が発売されたのは1960年のことである。日本のパンの黎明期は食パンと菓子パンがほとんど、欧州の食事パンの存在はほとんど知られていなかった。1978年には「ドイツパン研究会」が発足、今に至る。また、すっかり耳慣れた言葉となった「低糖質」だが、同社が糖質オフのパンミックス粉「パンdeスマート」を発売したのは今から12年前のこと。鳥越製粉は日本における低糖質食品のパイオニアなのである。

創業140年を超える同社は、いま新たな方向へ舵をとろうとしている。小麦粉の「製粉」、粉体を混合する「ミックス」、穀物を搗精（とうせい）する「精麦」、この3つの事業を展開するのは、鳥越製粉だけだ。同社ではこれら3つの事業を結び付け、穀物の新しい利用法を生み出していく考えだ。2019年1月には社内に「グレイン・プログレスチーム」が発足、もち麦・大麦・ふすま・全粒粉などの穀物を中心に、開発・製造・販売を展開する新組織だ。

すでに数々の大麦製品を発売している。押麦、きりむぎ、白麦のほか、そのまま調理素材として使えるレトルト加工したはだか麦の商品もある。水溶性食物繊維の一種であるβ-グルカンを豊富に含んだもち性大麦といったものもあり、おいしさと健康機能性をあわせもった素材として紹介していく。

かつて日本にヨーロッパの食事パンを紹介したように、糖質を抑えたパンを提案したように、我々の知らぬ新しい文化や健康へのヒントを、おいしさとともに届けてくれることだろう。

時代の先行く商品開発が抜きんでている同社、それは製パン講習会といったユーザー向けの勉強会でも発揮される。最新の技術とトレンドを伝授する講師は各国から招かれ、休憩時間には一緒に写真を撮りたい参加者の列ができるような有名シェフも多い。紹介するメニューもおしゃれ、講習会からしばらく経って、人気のブーランジュリーで見かけることも。

PROFILE

1877年創業。福岡市博多区比恵町5-1に本社を置く。全国6工場、8営業拠点を展開。製造品目は小麦粉、ミックス粉、ライ麦粉、もち麦・大麦、食品改良剤、製菓・製パン原材料など。売上高226億2,800万円（2018年12月期）。

株式会社 永谷園

日本を代表する即席食品「お茶づけ海苔」をはじめ、さまざまな料理に使える「松茸の味お吸いもの」、即席みそ汁の代名詞「あさげ」、オリジナルの中華総菜「麻婆春雨」、ラーメンと鍋を融合させた「煮込みラーメン」などジャンルを超え、人々に長きにわたって親しまれるロングセラー商品を数多く世に送り出してきた。永谷園は、江戸時代に煎茶の製法を開発した永谷宗円をルーツに持ち、「味ひとすじ」を企業理念としている。この理念のもと、オリジナリティあふれる商品とテレビCMを身上に、常に食品業界に新風を吹き込んでいる。

お茶づけの価値を次世代に継承

戦前、永谷宗円の末裔である永谷武蔵（たけぞう）は、東京で茶舗「永谷園」を営むかたわら、さまざまなアイデア商品を開発していた。その一つである「海苔茶」は、刻み海苔、抹茶、食塩などを合わせ、お湯を注いで飲むお吸いもののようなもので、当時大いに評判となった。

永谷園の始祖・永谷宗円

1952年、武蔵と息子の嘉男は、「海苔茶」にあられを加えるなどの改良を施し、即席のお茶づけの素「お茶づけ海苔」として発売。当時で1袋10円とかなり高級品であったが、戦後の復興が進み食生活が「質から量」に移りゆく転換期であったことから予想を上回るヒットとなった。翌年、嘉男は「株式会社永谷園本舗」を設立し、食品製造会社として本格的にスタートを切る。

「お茶づけ海苔」は、品質、パッケージともに発売以来ほとんど変わっていない。何度でも食べたくなるシンプルな味わいと、「江戸の情緒」をモチーフにした印象的なパッケージで、世代を超えて愛されてきた。

同社は近年、お茶づけの価値を次世代に継承する活動を積極的に展開している。2012年、宗円の命日5月17日を「お茶漬けの日」に制定。プロ野球の冠試合など、記念イベントを毎年開催している。2014年からは「日本の上に何のせる？」と銘打ち、全国のご当地食材をお茶づけにトッピングした食べ方を提案。2018年には人気アイドルグループ欅坂46とのコラボキャンペーンを実施し、若年層を中心に大きな話題となった。時代に合った新価値を提案し続ける姿勢が、同社の成長の原動力となっている。

近年では、新価値創造と新たなサブカテゴリーの創出をテーマとした商品展開や販促活動を行っている。食品メーカーとして、「健康寿命を延すことは使命」と位置づけ、健康軸の商品開発にも熱心。和漢素材配合の「くらしの和漢」シリーズや生姜という素材に着目した「冷え知らず」さんシリーズなどの提案に力を注ぐ。

PROFILE

永谷園ホールディングスの子会社。お茶づけ、ふりかけ、みそ汁などの加工食品を製造・販売。拠点は本社（東京都港区）、技術開発センター（東京都大田区）、13支店、2工場。連結従業員数2,620人（2018年3月末現在）。

お酒と大人への憧憬

黄桜　清酒「黄桜」一升瓶

軽快でリズミカルな一度聴いたら耳にこびりつく歌と、お色気シーン満載のアニメーションは日本酒業界を代表するCMだ。写真の「竜宮城編」では、いまとなってはNGであろうトップレスの女性カッパ達にもてなされ、酔い心地でうかれるカッパ男のキャラクターが憎めない。お茶の間で流れると気まずい空気になった家庭も多いはず。小学生だった当時、子供心に大人の飲むお酒と、それを楽しめる大人になることへの憧れが募ったのも懐かしい思い出だ。大人がこのCMを見ると一杯やりたくなったのだろうと、いまなら想像に難くない。実はこのカッパのデザイナーとしてつとに有名な小島功氏は1956年に初代から引き継いだ2代目である。

フジッコ「つけもの百選」

山口美江の演じるバリバリ仕事をこなすキャリアウーマン風の眼鏡の女性がエレベーター内でほっと一息つき、「ああ、しば漬け　食べたい」とつぶやく。このギャップは視聴者に大きな印象を与えたはずだ。自宅のテーブルで満面の笑みを浮かべてご飯と一緒にしば漬けを堪能し、明日への活力を取り戻す。このCMの放映される少し前、1986年に男女雇用機会均等法が施行された。寿退社して専業主婦になるのが当たり前だった旧来の女性像を打ち壊す、新時代の女性の象徴となった意味でエポックメイキングと言えるだろう。ちなみに「しば漬け食べたい」は流行語となり、しば漬けブームを巻き起こすきっかけにもなった。

新時代の女性の象徴

記憶に残り続ける関西

暗い話題を本人が明るく自虐

宝酒造　タカラcanチューハイ「デラックス」〈すりおろしりんご〉

人気女優の宮沢りえに「すったもんだがありました。」と言わせたCM。このセリフは、1994年の新語・流行語大賞に選ばれた。一世を風靡した超人気力士との婚約破棄という、ともすれば周りが触れにくいデリケートな話題を、当の本人が吹っ切ったような笑顔と前述のセリフで明るく自虐。さわやかで潔く、好感の持てるその内容は、男女分け隔てなく多くの支持を集めた。マイナスをプラスに、ネガティブをポジティブに、現実とリンクさせたCMはほかの例もあったと思うが、タイミング的にはドンピシャだった。

皆さんはこれら6つのCMのうち、いくつ知っていただろうか。40代以上の人なら全部を目にしたという人も多いはず。昭和から平成初期の時代に放映された、何十年経っても色あせない関西企業のCMを厳選したが、もちろんこれ以外にもユニークで印象的なCMはたくさん存在する。まだインターネットもSNSもなかった時代はテレビが情報収集の手段の主役として君臨し、お茶の間で流れるCMにはとてつもなく大きな影響力があった。商品の知名度を一気に押し上げる絶大な効果があった。それと同時に放映する側の企業も元気で勢いがあった。現在では消費量が最盛期の3分の1となった日本酒業界だが、かつては黄桜以外のメー

丸大食品「丸大ハンバーグ」

「入れ入れ風呂、入れ風呂〜♪」と聞こえる外国の民謡っぽい音楽はついつい口ずさんでしまうほどキャッチーだ。外国人の少女と少年が、小さな家の屋根をはるかに超える巨人と戯れる様子は微笑ましい。「大きくなれよ」とおそらく巨人が発するくぐもった声は説得力抜群であると同時に、「大き過ぎるやろっ」と大阪ノリで突っ込まずにはいられない。根底にあるのは、元気にすくすく育ってほしいという親の想いの代弁だろう。現代では当たり前に使われるCG技術もない時代。巨人は遠近法を利用して撮影されたという。同社は他に「わんぱくでもいい、たくましく育ってほしい」という名CMも有名で、人々の記憶に残っている。

説得力抜群の「大きくなれよ」

怖い? 不気味? そこが良いんだよ!

ケンミン食品「焼ビーフン」

薄暗い路地に佇む少年と少女の静止画。表情はどこか恨めしそうだ。背後の猫が「にゃ〜ん、にゃ〜ん」と鳴き続けること15秒。ようやく少年が声を出す。「おかあちゃん、ケンミンの焼ビーフンにピーマン入れんといてや〜」

商品パッケージが映るのはラスト数秒のみ。ナレーションさえないまま唐突にCMは終わる。「ケンミンの焼ビーフン」というパンチラインと、ちょっとしたトラウマを当時の子どもたちに植え付けることに見事成功したこのCMについて、同社の高村一成社長は述懐する。「予算がない中、いかにインパクトを与えられるか。ケンミン食品は知らなくても、ケンミンの焼ビーフンというフレーズを知っている人は多い……」インパクトを超えた何かを見るものに植え付けたこのCMは今なお語り継がれている。

企業のインパクトCM

カーのCMも、フレーズを口ずさめるようになるほど繰り返し流れていた。また、CMは時代を映す鏡でもあり、当時の人々のライフスタイルや流行、社会構造の変化、芸能・風俗などの一端も垣間見えてくるのが面白い。幸いなことに、ここで登場した企業はいまなお成長を続け、我々に高品質で安全安心な商品を提供してくれているので、知らない企業がないということはないはずだ。どれも見たことないという若い世代には、公式HPで公開されているCMもあるので、ぜひご覧になって当時の時代の雰囲気を感じ取ってほしい。

どストレートなわかめ愛

エースコック「わかめラーメン」

「ワンタンメン」とともに同社を代表するロングセラー商品の「わかめラーメン」。ミネラルたっぷりの食物繊維を豊富に含んだわかめをふんだんに使うことで、健康志向の消費者のニーズに見事にマッチした。人気に火が付いたのは、石立鉄男を起用したCMの影響も大きいはずだ。「わ〜かめわ〜かめ好き好きぃ〜♪」と、わかめ愛をどストレートに歌った曲もさることながら、石立鉄男が本当においしそうに食べるのも食欲を掻き立てられる。「お前はどこのわかめじゃ?」と問いかけるのもチャーミングだ。のちに柳沢慎吾によってリバイバルされたのも記憶に新しい。

株式会社 波里

藤波粉化加工所(栃木県佐野市)が発足した1947年を創業年とする。菓子と、米粉の一種である味甚(みじん)粉の製造からスタートした。自然の息吹を大切に……。この合言葉を胸に、米、ごま、大豆を中心とした自然素材を生かし、真摯にモノづくりと向き合ってきた。現在は、和菓子の原材料である上新粉、もち粉、米粉、ごま、きな粉を中心に、チアシード、キヌアなどのスーパーフードも豊富に展開する。2015年1月、こだわりの金ごま製品で知られる金ごま本舗(兵庫県宝塚市)をグループ化した。他と差別化を図れる付加価値製品に注力する。

自然素材を生かし、真摯にモノづくり

近年、同社の要の製品の一つに育っているのが、新しい需要に向けた米粉製品だ。上新粉やもち粉をはじめ、長年培った製粉技術を、より粒子の細かい米粉の製粉に生かしている。

家庭用米粉トップメーカーの同社の主力は、国産米粉使用の「お米の粉」シリーズだ。2018年春にリニューアル発売した。農林水産省「米粉製品の普及のための表示ガイドライン」の「米粉の用途別基準」による分類をいち早く取り入れ、パッケージに番号表示した。販売は順調という。

1番「菓子・料理用」は、揚げ物からシチューのとろみづけ、焼き菓子まで幅広く使える。「お料理自慢の薄力粉」「お米の粉で作ったミックス粉菓子・料理用」をラインアップしている。いずれも、グルテンフリーとした。

2番「パン用」は、小麦グルテンを配合した「もっちり手作りパンの強力粉」と、グルテンフリーの「カリッとお米の粉で作ったミックス粉パン用」をラインアップしている。

日本の食料自給率向上を目指した「フード・アクション・ニッポン」の推進パートナーでもある同社。その取り組みの一つである「米粉倶楽部」にも参画し、米粉の普及活動に力を入れている。米粉の原料は、栃木県内の農家との契約栽培を中心に、他県産米も積極的に使用。日本各地の水田の有効活用につなげたい思いがある。

独自技術を生かしたごま製品にも注目だ。2005年に「種実微粉砕ペースト及びその製造方法」で特許を取得。この製法を用いた、飲用にも使いやすいなめらかなペースト状のごま「ミクロペースト」を展開している。家庭用では、パウチ入り「濃厚なめらかねりごま」を2017年春から販売し、好評だ。

ヘルシーフードの育成にも力を注ぐ。「飲むきなこ」シリーズは、ごま、きな粉、スーパーフードといった同社の強みを結集した、期待の商品だ。

金ごま本舗では、全国で初めてオーダーメイド焙煎を導入した金ごまの専門店「金胡麻焙煎所」(なんばスカイオ6階)を、2018年10月にオープンした。コーヒー焙煎機を応用した焙煎機を導入。好みの量と、8段階から選べる焙煎度合いで、煎り立てを提供する。十人十色の好みに応えた、ここでしか味わえない、金ごまのおいしさを楽しめる。

PROFILE

1947年創業、1973年会社設立。本社・工場(栃木県佐野市村上町903)。その他、2営業所(東京、大阪)、2工場(足利、秋田)を有する。関連会社は金ごま本舗(兵庫県宝塚市)、他2社。グループ従業員数220人(2019年4月)。

株式会社 ニチレイフーズ

冷凍食品のトップメーカー。「本格炒め炒飯」や「特から」など、家庭用の定番カテゴリーでナンバーワン商品を持ち、業務用においても、チキンやコロッケ、ハンバーグなど主要カテゴリーでトップクラスの実力を誇る。一方で1994年に発売した、電子レンジで衣がサクッと仕上がるコロッケは業界の先駆けとなった。冷凍炒飯に炒める製造工程を持ち込んだのも同社が初めて。技術面においても業界で主導的役割を果たしてきた。ブランドステートメント「ほんの少しの、その差にこだわる。ニチレイ」には、ものづくりの信念とこだわりが表現されている。

家庭でプロの味「本格炒め炒飯」の実力

冷凍米飯「本格炒め炒飯」は2001年春の発売以来、18年連続で冷凍炒飯カテゴリー売上げナンバーワンを誇る。2017年度には同社の商品として初めて、売上高100億円を突破した。

「本格炒め炒飯」以前の冷凍炒飯は、調味料と具材をご飯に混ぜ込んだ、いわば中華風混ぜご飯。当時の冷凍米飯市場は、えびピラフが圧倒的な存在で、炒飯はマイナー商品だった。

炒飯は家庭でおいしく作るのが難しい料理だ。プロの料理人でも一度に本当においしく作れる量は2～3人前といわれ、大量に工業生産するのは不可能と考えられていた。反面、炒めればおいしくなることもわかっていた。

着目したのは“プロの技”だ。熱した油に溶き卵を流し込み、タイミング良くご飯を入れて強火で一気に炒める。米粒一つひとつに卵がコーティングされることで、パラッとした仕上がりになるのだ。

油の量、火力、具材を入れるタイミングなどプロの手順を忠実に再現し、炒めた香ばしさを際立たせるため具材は卵、焼豚、ネギのみにした。そしてお米の加工から炒め機への材料投入、凍結、包装まで一気通貫で行う製造ラインが完成。製品化まで約4年を要した。

香ばしさとパラッと感を飛躍的に向上させたのが2015年に導入した「三段階炒め」（特許製法）だ。中華鍋の形状が作る250℃以上の熱風空間を製造ラインに再現した。具材の焼豚は同じ船橋工場で内製化し、その煮汁を炒飯の調味料として活用、焦がしネギ油も新たに取り入れた。

その後も2017年に卵のコーティング技術を改良、2018年には焼豚を大きくカットし、量も1.2倍に増やした。2019年は“鍋肌しょうゆ”をイメージして、焦がしネギ油を改良した。

料理のセオリーに真摯に向き合い、プロの味と遜色ない水準まで品質は向上したが、改良にゴールはない。

量販店へのプレゼンに際し、営業担当者は電子レンジを持ち込み、バイヤーの目の前でレンジアップしてみせた。「調理中の香りと、食べたときの驚きから、採用は即決だった」という。当時の冷凍米飯は1袋500gが標準だったが、本格炒め炒飯は450g。それをものともせず、初年度に売上目標の2倍となる40億円を超え、競合ひしめく現在も支持を広げている。

PROFILE

2005年ニチレイグループ持株会社体制移行に伴って設立された。本社（東京都中央区）、全国8支社、グループ工場は国内15工場、海外はタイ、中国に有する。北海道の森工場は日本の冷凍食品事業発祥の地とされる。

日清医療食品 株式会社

ヘルスケアフードサービスのリーディングカンパニー。受託事業所数は全国で5,227か所(2019年1月時点)。マーケットシェアは病院で約30%、福祉施設で約23%といずれも業界トップである。少子高齢化や健康寿命の延伸などの社会問題に対応するため、①誰もが食を楽しめるメニュー開発②簡便調理による食事提供(モバイルプラス)③在宅向け健康な食事の開発(食宅便)④自動化・省力化の推進と衛生管理体制の強化など——独自の価値を創出。食の安定供給を使命とし、有事にはヘリコプターによる空輸を実施。想定外ゼロのサポート体制を構築。

大量・多品種の自動化工場で食事を安定供給

超高齢社会の到来で、国は医療機関の病床数の削減を掲げ、在宅医療へのシフトを図る医療と介護の一体的な改革を推進している。一方、少子化が進み人手不足が顕在化しており、医療・福祉施設においても食事サービスの提供現場における負荷低減のニーズが高まっている。これらの課題に対応し、365日欠かさず食事を安定供給できる体制を構築するため、127億円を投資して「モバイルプラス(写真右)」の専用工場となる「ヘルスケアフードファクトリー亀岡(写真上)」を2017年12月に稼働した。生産能力は既存のセントラルキッチン(最大で1万2千食/日)を大幅に上回る約10万食/日。8種類のメニューを作り分け、肉・魚・納豆などの禁止食にも対応する大量・多品種の自動化工場は世界でも類を見ない。

「モバイルプラス」は、セントラルキッチンで調理した均一な品質の食事を急速冷却し、真空パックで保存するクックチル方式を採用、全国各地に届ける食事サービスである。配送先の受託事業所では再加熱、和えるなどの簡単な調理だけで食事提供が可能となり、調理技術がない人でも高い品質の食事を安全に提供できる。導入により、事業所の人員削減や水道光熱費削減など様々なメリットを発揮する。

また、培ってきた高度な技術・ノウハウ・知見をもとに、弱い力でも噛みやすく、口の中でまとまり飲み込みやすい「モバイルプラスやわら御膳」や、見かけを工夫した「3Dムース」の開発にも取り組む。患者の回復や福祉施設の入所者のQOL(生活の質)の向上を支えるため、現場の声を活かした多種多様な「おいしい食事」の提案にまい進する。

産学連携にも積極的に取り組んでいる。龍谷大学や和洋女子大学など管理栄養士の養成を目指す大学の調理実習の授業に、「モバイルプラス」を提供。社会課題である少子高齢化とその対策や、省力化となるクックチル商品の有用性を伝えている。病院・福祉施設への食事サービスの実務を知る即戦力の人材を育成することで、業界活性化を図る。

PROFILE

1972年9月25日に設立。病院・福祉施設・保育施設への食事サービス、在宅配食サービス、レストラン事業を展開。提供食数は約130万食/日。2018年売上高2,375億円。社員数約45,332人(2019年1月時点)。

日清オイリオグループ 株式会社

1907年に「日清豆粕製造」の名称で創業、1918年に日清製油に社名を改め、各種植物油やミールなどを製造・販売する体制を整え、1924年には日本初のサラダ油「日清サラダ油」を発売した。戦後復興期にはドレッシングやマヨネーズの実演販売を通してサラダ油の普及に努め、1960年代には「日清サラダ油」はトップブランドに成長した。昭和から平成にかけては、サラダ油ギフトや「日清キャノーラ油」、「BOSCOオリーブオイル」など多面的な商品展開を進める。2002年に日清製油、リノール油脂、ニッコー製油が経営統合し、日清オイリオグループが誕生した。

「かけるオイル」で多面的に展開

日清オイリオグループは、さまざまな料理にオリーブ油やアマニ油、ごま油、マカダミアナッツオイルなどをかけて楽しむ、「かけるオイル」の取り組みを多面的に展開することで、家庭用油市場のさらなる活性化を図っている。

開封後も食用油の新鮮さを保つ、フレッシュキープボトルを採用した「鮮度のオイル」シリーズを中心に、テレビCMや各種イベントでオイルをかけて仕上げる、コラボレーションメニューの提供などを通じたコミュニケーション活動を展開。オリーブ油など付加価値カテゴリー商品の販売を拡大し、ひいては家庭用油市場全体をけん引する原動力とすることが目的だ。

「かけるオイル」市場は、植物油の健康性と栄養価への評価の高まりに加え、特長的な風味に優れたオリーブ油やごま油を中心に調味料的用途の広がりを背景に成長。同社調べでは2013年から17年の5年間で、年平均成長率で2ケタの伸びを示している成長市場として注目を集めている。今後もさらなる市場拡大に向けて、継続的に各種施策を推進していくとしている。

「かけるオイル」の最近の取り組みでは、今春の新商品としてフレッシュキープボトル「BOSCOプレミアムエキストラバージンオリーブオイル」を発売するなど、「鮮度のオイル」シリーズのラインアップ拡充を図っている。加えて、ごま油の風味を生かし、「かける・あえる」調理に適した調味料「日清味つけごま香油（ごま油×醤油、ごま油×塩にんにく）」といった、従来無かったタイプの商品を昨秋発売するなど、新しい試みにチャレンジしている。

また、カゴメのトマト関連製品や、ミツカンの調味酢とのコラボ展開、「日清アマニ油ドレッシング」シリーズなどドレッシング商品との展開ともからめた多面的な取り組みにより、「かけるオイル」市場の拡大に努める方針だ。

消化・吸収が良く、エネルギーになりやすいMCT（中鎖脂肪酸油）の特長を生かし、CMキャラクターにプロサッカー選手の長友佑都さん、モデルの長谷川潤さんを起用し、スポーツや美容分野で関連商品の展開を近年進めている。同社にとっては、今後の成長に向けてさらなる販売拡大を目指す分野であり、販売チャネル拡大などに取り組んでいる。

PROFILE

1907年創業。本社：東京都中央区新川1－23－1。油脂・油糧および加工食品、加工油脂、ファインケミカルなどの事業を展開。資本金163億円。17年度連結売上高3,379億円。従業員数2,769人（2018年3月末現在）

日清食品 株式会社

1958年に創業者・安藤百福氏が世界初の即席麺「チキンラーメン」を発明。1971年には世界初のカップ麺「カップヌードル」を発明。即席麺業界のリーディングカンパニーとして走り続けている。「チキンラーメン」「カップヌードル」「日清のどん兵衛」「日清焼そばU. F. O.」といった、即席麺を代表するブランドを多数持つ。また、即席麺に留まらず、新たな需要開拓にも余念がない。2018年には創業60周年を迎えた。「100年ブランドカンパニー」を掲げ、既存ブランドのブラッシュアップ、新ブランドの構築へチャレンジを続ける。

次世代型スマートファクトリー「関西工場」

「100年ブランドカンパニー」を目指す同社が、「次世代型スマートファクトリー」と位置づけるのが、2018年に第一期操業を開始した「関西工場」だ。2019年12月には工期を終え、即席麺の製造ライン10ラインを設置し、最大で日産400万食、年間10億食という製造能力を持つ、国内最大の即席麺工場だ。

ロボット技術を活用し、これまで人力で行っていた確認、検査、原材料や容器など資材の移動の自動化を実現。品質面では不良品の発生率を100万個に1個以下に抑える。

これらのロボットや検査機器の情報を管理する集中監視・管理室が「NASA室」（Nissin Automated Surveillance Administration室）だ。設備、品質管理カメラ、電気、水道、人など、工場内の全ての情報を画面上で一元管理できる体制を構築。これにより、ライン内に人が入らなくても、機器の稼働状況や製造工程を映像と数値データから把握し、管理することができる。

工場には、「カップヌードルミュージアム」で人気のアトラクション「マイカップヌードルファクトリー」と見学通路も設置。見学通路からは、全長200mの即席麺製造ラインのほとんどを見ることができる。

「日清食品がこれまでやってきた新たな技術を取り入れようと試行錯誤を繰り返した施設。将来的にはNASA室に国内外の工場の情報を集約し、製造の管理機能を集約することも想定している」（榎本孝廣工場長）。

また、2019年3月には即席麺業界初となる「認証パーム油」の使用を開始。環境に配慮した原材料調達を推進する。

【関西工場】
所在地＝滋賀県栗東市下鈎21-1
敷地面積9万9,865㎡
延床面積11万8,108㎡。

「おいしさ」はもちろんのこと、「食の楽しさ」を常に考える企業体質。ブランドマネージャー（BM）制度により、社内の各ブランド担当者を競わせることで、新たな価値創造につなげる。テレビCMやWebサイト、SNS等を積極的に活用し、常に新しい試みを通してユーザーとコミュニケーションを図っている。

PROFILE

1948年設立、1958年に日清食品に商号変更。2015年から代表取締役社長に安藤徳隆氏。東京本社（東京都新宿区新宿6-28-1）、大阪本社（大阪市淀川区西中島4-1-1）。全国に営業拠点を置く、日本最大の即席麺メーカー。

日東富士製粉 株式会社

1914年（大正3年）埼玉県熊谷市に松本米穀製粉として設立し、1930年に日東製粉に改称。1941年、富士製粉の前身である岳麓製粉が静岡県清水市（現・静岡市）に設立した。2006年4月、日東製粉と富士製粉の合併で日東富士製粉として新たなスタートを切った。

2007年6月三菱商事の連結子会社となった。2009年3月、増田製粉所の株式取得・業務提携、2014年3月創業100周年、2018年2月、増田製粉所の全株式を取得、連結子会社化した。製粉企業としての小麦粉シェアは4位、大手4社の一角を占める。

新しい商品・分野・市場へ事業展開進める

日東富士製粉は、大手製粉の一角を占めるが、他社とは異なり、専門分野や健康基軸の特徴ある小麦粉、関連製品を扱うのが特徴の製粉企業。製麺・製パン・製菓・惣菜（食品）向けに多くの小麦粉関連製品を扱うが、小麦粉では、中華麺用粉「天壇（てんだん）」、パン用粉「モンブラン」、菓子用粉「宝笠（たからがさ）」など、それぞれの世界のプロが一押しする特徴ある製品を揃えている。また、ふすまの研究も深く、胚芽を含むふすま（ブラン）を加熱後、乳酸菌と混合した「ブランサワー」は、ふすまの違和感を軽減し嗜好性の高いパン作りを可能にする。さらに、生産ラインには、小ロット多品種生産を可能にするSTラインを装備するほか、石臼挽きラインも持つ。

日東富士製粉では、2017年4月に新たな中期経営計画を策定、「新しい商品」「新しい分野」「新しい市場」へのビジネス拡大、原料調達・製造・販売・研究開発・物流などの全部門の連携を強化し、安全・安心の製品の安定供給に取り組んでいる。

商品開発力の強化にも取り組み、研究所と営業のコミュニケーションを図り、開発のスピードアップ、訴求力強化によって「規模では大手3社に届かないが、商品力で勝っていく」戦略を展開する。

海外事業にも力を入れ、ベトナムのプレミックス製造Nitto-Fuji International Vietnam Co.,Ltd.に加えタイでも新プレミックス工場の建設に着手するなど、海外市場の開拓も取り組む。

日東富士製粉には100年内外の歴史を有す「3つのルーツ」がある。日東製粉、富士製粉、増田製粉所の3社だ。それぞれ異なった歴史を有するが、合併・連結化に当たっては、「互いを尊重しながら統合を進め、各社が持つ小麦粉などの銘柄も生かしてきた」。そして、三菱商事の直系子会社である安心感、信用の高さも特徴だ。

製粉企業間のアライアンスの必要性を早くから唱えていた企業で、富士製粉との合併、増田製粉所との資本・業務提携、そして連結子会社化と事業拡大を図ってきた。また、小麦粉のみならず、ふすま加工では独自の技術を駆使する。親会社である三菱商事のバリューチェーンを活用し、ケンタッキーフライドチキン、ローソンのほか、販路は多岐にわたる。

PROFILE

本社は東京都中央区新川1-3-17。資本金25億円。連結売上高550億円（前期比11.0％増）、営業利益35億円（20.7％増）、経常利益38億円（19.8％増）、当期純利益30億円（28.4％増、2019年3月期予想）。従業員401人。

日本コカ·コーラ 株式会社

日本の生活者の多様な嗜好やライフスタイルに寄り添い、多種多様な商品ポートフォリオを展開している。その過程で誕生した数々のイノベーションは世界でも注目されており、ザ コカ·コーラ カンパニーの商品群において、もともと日本市場向けに開発されたブランドが世界各国で導入される例も珍しくない。「ジョージア」「アクエリアス」「い·ろ·は·す」「綾鷹」が代表例だ。日本コカ·コーラは守山工場を拠点にボトラー社に原液を供給するほか、市場トレンドの把握や消費者·購買者の分析を通じ、製品開発やマーケティング戦略の策定を行い、その実行をリードしている。

イノベーションに挑戦し、ハッピーを届ける

「コカ·コーラ」「ジョージア」「綾鷹」「い·ろ·は·す」「アクエリアス」など、多くのロングセラーブランドを展開し、さわやかさやハッピーな気持ちを届けている日本コカ·コーラ。生活者のニーズに応えるため、既存の発想や手法にとらわれず様々なイノベーションを追求する清涼飲料のトップ企業だ。

旗艦ブランドの「コカ·コーラ」では、2017年に特定保健用食品の「コカ·コーラ プラス」を、2018年に“もも”フレーバーの「コカ·コーラ ピーチ」やフローズン飲料「コカ·コーラ フローズンレモン」などを発売し好評を得た。

他ブランドでも多くのチャレンジを2018年に行っており、圧巻はレモンサワー専門ブランド「檸檬堂」の立ち上げだ（九州限定発売）。130年以上に及ぶコカ·コーラ社の歴史で初のアルコールのRTD（容器入り）飲料である。

無糖の強炭酸水では「カナダドライ ザ·タンサン·ストロング」を発売。コーヒーでは、水出し抽出の味わいが楽しめるPETの「ジョージア ジャパン クラフトマン」と、SOT缶の「ジョージア グラン微糖」を発売し、従来からのファンの期待に応えつつ、女性や若年層など新規顧客を開拓した。

一方、日本の厳選された天然水で作られた「い·ろ·は·す」は、6カ所の採水地に着目したコミュニケーションや水源保全活動などに取り組んでいる。

同社は「容器の2030年ビジョン」を2018年1月に公表。その内容は、「World Without Waste（廃棄物ゼロ社会）」の実現に向け、①PETボトルの原材料としてリサイクルPETや植物由来PETの採用を進め、1本あたり含有率を平均で50%以上にする②国内で販売した自社製品と同等量の容器の回収·リサイクルを目指す③地域の美化や海洋ゴミに関する啓発に積極的に参画する——の3点を骨子としている。

循環型社会の推進や、世界の容器ゴミ、海洋ゴミ問題に貢献していく考えだ。

自動販売機でも新しい試みに挑戦する同社。2016年には商品を購入してスタンプをためると商品1本と交換できるアプリ「CokeOn」を開始し、2019年4月時点でダウンロード数はなんと1,400万件を突破。歩くだけで商品がもらえる「Coke ON ウォーク」やキャッシュレス決済の「Coke ON Pay」、電子マネー決済でスタンプがたまるサービスも提供している。

PROFILE

1957年6月設立、1958年3月に現社名に変更。ザ コカ·コーラ カンパニーの日本法人。原液供給と清涼飲料の企画開発、マーケティングを行う。本社は東京都渋谷区渋谷4-6-3 。社員数487人（2018年3月末時点）。

ネスレ日本 株式会社

世界190カ国で事業展開し、約30万8,000人が働く世界最大の食品飲料企業のネスレ。サステナブル先進企業としても知られ、2007年に世界に先駆けCSV(Creating Shared Value=共通価値の創造)を発表し、2017年には、「生活の質を高め、さらに健康な未来づくりに貢献します」というパーパス(Purpose=存在意義)を公表した。ネスレ日本は、少子化や1～2人世帯の増加が進む成熟先進国の日本における「新しい現実」の中で顧客が抱える問題を発見し、製品だけでなく「ネスカフェ アンバサダー」などのサービスを通じ、その問題解決に取り組んでいる。

生活の質を高め、健康な未来づくりに貢献

「ネスカフェ」「キットカット」を中心に、革新的な製品やサービスを通じて顧客の問題解決に取り組んでいる。もともとは1960年に「ネスカフェ」(後の「ネスカフェ　エクセラ」)を発売し、CMで家族の朝食シーンや外国の街並みを映して日本人のコーヒーへの憧れを醸成した。1967年には日本初のフリーズドライ（凍結乾燥）製法を導入した付加価値製品の「ネスカフェ ゴールドブレンド」を発売して品質をさらに高め、「違いがわかる男」のCM展開で情緒的価値を根付かせてきた。

現在では、1～2人世帯や共働き世帯が増え、個食ニーズや家庭外消費のニーズの高まる中、お湯を沸かしたり、1杯ずつコーヒーを作るのは面倒という問題を解決するため、一杯抽出型のコーヒーマシン「ネスカフェ　ドルチェ グスト」を2007年に、「ネスカフェ バリスタ」を2009年に発売した。

また、家庭外のオフィス需要を開拓する「ネスカフェ アンバサダー」の募集を2012年に開始した。さらに、製品の品質向上に向け、2013年からはインスタントコーヒーをレギュラーソリュブルコーヒーに進化させている。「キットカット」は1973年に日本上陸し、その後、さまざまなラインアップが発売されて、これまでに350種類超になった。今では各エリア特有の味わいを展開することでお土産品としても有名になった。だが、人気を決定づけたのは、受験生応援の取り組みである。これは、2002年頃に九州の方言「きっと勝つとぉ」に商品名が似ていることから話題になったことがきっかけ。その後、大切な人に応援や感謝の気持ちを伝えるコミュニケーションツールの存在として支持されている。そして、2014年からは、「ネスレ　キットカット」のスイーツ専門店である「キットカット　ショコラトリー」をオープン。ナショナルブランドを超えた提案で、国内外で反響を呼んでいる。

CSVを通じて社会に影響を及ぼす3つの領域を定義している。「個人や家族」は、地域や職場でコミュニケーションが希薄化している問題を解決する「ネスカフェ アンバサダー」などを展開。「コミュニティ」では、“働き方改革”推進や沖縄での国産コーヒーの栽培を進める。「地球」では、二酸化炭素の排出量抑制や鉄道・海運輸送への転換などを推進している。

PROFILE

1913年創業、1933年6月設立。飲料、食料品、菓子、ペットフード等の製造・販売。本社は兵庫県神戸市中央区御幸通7-1-15ネスレハウス。工場3カ所、グループにネスレネスプレッソ社。従業員数約2,500人（2018年12月時点）。

株式会社 ノースイ

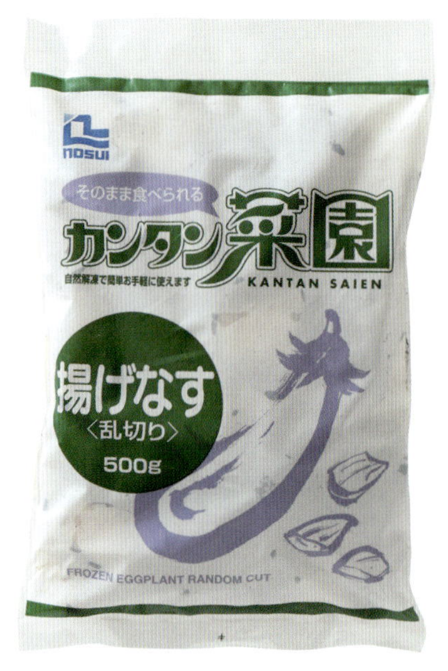

農水産物を原料にした冷凍食品の取り扱いに始まり、ハンバーグなど畜産加工品の製造業への参入、1990年代には中国山東省の大手食品メーカー龍大食品グループとの調理冷凍食品の合弁事業の開始――と事業の幅を広げてきた。中でも近年、急成長しているのが冷凍農産品事業だ。天候不順による生鮮野菜の価格高騰が頻発し、冷凍野菜市場は右肩上がりで伸びている。サービス業における人手不足やコンビニエンスストアなど新たな販路の成長も市場を後押ししている。この商機をつかみ、2017年度に取り扱い数量6万tを超え、業界トップに躍り出た。

冷凍野菜ナンバーワン、その戦略とは

ノースイの冷凍農産事業は産地の分散・多角化に際立った特徴をもつ。冷凍農産品の調達先は27カ国130工場（2018年度現在）に及ぶ。

世界的な人口増加に対し、耕作面積は減少が続き、異常気象も世界中で頻発している。日本の冷凍野菜産業にとって産地の分散、サプライヤーの多角化という課題は重要性を増しており、同社が進んでいる部分といえる。

調達先の中でも特に、中核企業に対しては自社の人員を駐在させ、製造機器の無償貸与や投融資を行う――すなわち、ヒト・モノ・カネを注いで関係を強めるのが同社の方針。品質向上と同時に、太いパイプが、対応の速さや安定数量の確保につながっている。

調達先が広がる中で、最も重視しているのが、品質・安全の確保だ。同社では農産部門専任の品質管理に10人体制を敷いている。農産品専任の品管担当をこれほど擁する企業はほかにはない。この品質保証の裏付けが営業戦略を下支えしている。

営業の基本戦略は、強い部分を徹底的に伸ばすこと、そして成長業態への経営資源の集中だ。

同社にとってポテトとフルーツが伝統的に強い分野。強みを伸ばすというのは当たり前のことだが、冷凍野菜の潜在需要を背景として、それを他の商品の採用にもつなげてきた。

今日の業容拡大の源泉が成長業態との取り組みだ。生活インフラとして成長を続けてきた、コンビニエンスストアに対しては、カウンターフードや中食弁当への製品供給、市販用商品のOEM受託、と全方位で取り組みを深めてきた。外食産業においても、トップ企業との取り組みを強みとしている。

2018年には新たに、シルバー施設向けの刻み冷凍野菜の取り扱いを始めた。シルバー産業も成長分野だ。今後も成長産業における冷凍野菜需要の受け皿となっていく構えといえそうだ。

冷凍野菜の国内供給量の9割を占める輸入品は2017年に初めて100万tを超えた。そのうちポテトが38万tほどの割合を占める。冷凍フルーツの輸入量は2年連続で1ケタ後半の伸びだが、大手コンビニが食べきりサイズの冷凍フルーツ市場を創出し、家庭用マーケットは大幅に拡大した。これらをキーワードにした同社の成長は必然ともいえる。

PROFILE

1956年設立。本社（東京都港区）、6支店、1営業所、関連会社として国内3工場、中国2工場を持つ。冷凍野菜のリパックと畜産加工品製造の主力工場である、ノースイ食品は2018年にFSSC22000を認証取得した。

ハウス食品 株式会社

多彩なカレールウやスパイス&シーズニングの香辛・調味加工食品を主軸に、スナック、デザート等の製造、販売を行っている。1963年の発売以来、日本のカレー市場を"「食で健康」クオリティ企業への変革"を掲げるハウス食品グループの中核を担う事業会社だ。けん引してきた「バーモントカレー」は、子どもから大人まで幅広い世代に愛されるロングセラーブランド。近年は食物アレルギーに配慮した「特定原材料7品目不使用」シリーズや、簡便調理に対応した「味付カレーパウダー」なども展開。時代のニーズにこたえて進化し続けている。

カレーを国民食として定着させる礎に

製品コンセプトの方向づけや市場分析力に長けた同社。1963年に「バーモントカレー」を発売した。"子どもも大人も一緒に食べられるマイルドなカレー"という新たなコンセプトで開発した同品は、"カレーは大人の男性向けの辛い食べ物"という当時の常識を覆し、カレーを日本の国民食として定着させるきっかけをつくった。

開発のヒントとなったのは、アメリカ東部のバーモント州に古くから伝わるリンゴとハチミツを使った健康法。味がマイルドになるうえ、美容や健康にもよいこれらの素材を使うという斬新な発想が、ヒットに結びついた。販売面も当時としてはユニークな"店頭での実演宣伝販売"という手法をとった。これは食品業界内で初めての試みだったという。

その後1973年に西城秀樹さんを起用したテレビCMで認知をさらに拡大。2000年代に入ると、世帯構造の変化を踏まえてトレーを小分け化した。2014年、食物アレルギー対応商品として「特定原材料7品目不使用バーモントカレー」を業界に先駆けて発売。2018年には「まもり高める乳酸菌L－137バーモントカレー中辛」や「塩分ひかえめ(25%オフ)バーモントカレー中辛」「塩分ひかえめ(25%オフ)ジャワカレー中辛」など健康軸の商品を次々と投入していく。

2019年には、これまで市場になかった子ども向けのカレーパウダー「味付カレーパウダー バーモントカレー味<甘口>」を発売し、大きな話題を呼ぶ。

2013年に創業100周年を迎えた。日本のカレー史に一大革命をもたらした「バーモントカレー」を筆頭に、カレーのトップメーカーとしてルウやレトルトからフレーク、パウダー、ペーストまで豊富なラインアップと味を提供している。近年では、健康志向の高まりを背景に、カレーの健康価値の研究にも力を入れ、多くの成果を得ている。

PROFILE

1913年11月創業、2013年4月設立。香辛食品など食品の製造・販売事業等を展開。拠点は、東京本社(東京都千代田区)と大阪本社(大阪府東大阪市)、1支社・7支店・4工場・1研究所。従業員数1,551人(2019年3月末現在)。

ハチ食品 株式会社

ハチ食品は1845年、現在の大阪市中央区瓦町に薬種問屋として創業した。1905年には、鬱金(ウコン)、生姜、唐辛子など、漢方に使用される生薬を使用し、日本で初めて国産カレー粉を製造、「蜂カレー」と名付けて販売を開始した。その後、カレー粉だけにとどまらず、スパイスやレトルトカレーのほか、パスタソースやスープ、炊き込みご飯の素など、バラエティに富んだ商品を数多く販売している。2018年3月期には過去最高売上高を更新。時流に乗った嗜好を探求し続け、様々なカテゴリーにチャレンジする精神を忘れない、稀有な老舗メーカーだ。

国産カレー粉の老舗、黄金に輝く蜂マーク

1903年。薬種問屋「大和屋」の二代目今村弥兵衛は漢方薬の原料となる鬱金(ウコン)の栽培に注力し、第五回内國勧業博覧会で有功褒賞を獲得するほど、熱心な研究・開発に勤しんでいた。ある日、漢方がしまってある蔵に入ってみると、どことなくカレーの匂いがすることに弥兵衛は気付いた。当時、欧風のカレー自体は知られていたが、原料はまだまだ未知のもの。カレー粉は「魔法の粉」と呼ばれ、すべてを輸入品に頼っていた。弥兵衛はそこに目を付け、鬱金粉を主原料としたカレー粉の開発に着手した。試行錯誤の末、2年後の1905年にようやく形になった時、ふと顔を上げると、蔵の窓に止まっている蜂に陽光が照りつけ黄金色に輝いていた。感銘を受けた弥兵衛はこれを「蜂カレー」と命名した。日本初の国産カレー粉の誕生である。同品は、商店などでの積極的なマネキンによる試食販売や宣伝広告を実施し知名度を高めた。

その後、スパイス・カレーを主軸にしながらも、パスタソース、スープ、シチューなど様々な商品を展開。手頃な価格で本格的な味わいを楽しめる商品のほか、高付加価値のレトルトカレーも販売するなど、あらゆる層に受け入れられる商品を数多く展開するのが同社の強みだ。

2016年には一時販売を中止していた「蜂カレー」を、スパイスの選定、調合、製法全てに同社の最高峰を尽くしリニューアル。170年以上続く老舗でありながら、現代の嗜好に常に向き合い商品開発を続ける、カレーのパイオニアメーカーである。

海外から仕入れたスパイスを自社で粉砕加工して独自に調合、そこからカレー粉やレトルト商品などを一貫して製造する仕組みを持っているのがハチ食品独自の強みだ。市販用レトルトカレーだけでも、2019年4月現在で60品以上をラインアップ。これほど多種多様な商品を開発することができるのも、そんな事情があってこそだ。老舗のノウハウ恐るべし。

PROFILE

1845年、薬種問屋大和屋として創業。1968年、ハチ食品株式会社に商号変更。カレー、スープ、レトルトなどを製造・販売する。拠点は本社(大阪市西淀川区御幣島2-18-31)、東京、名古屋、福岡に展開するほか、3工場を持つ。

株式会社 林原

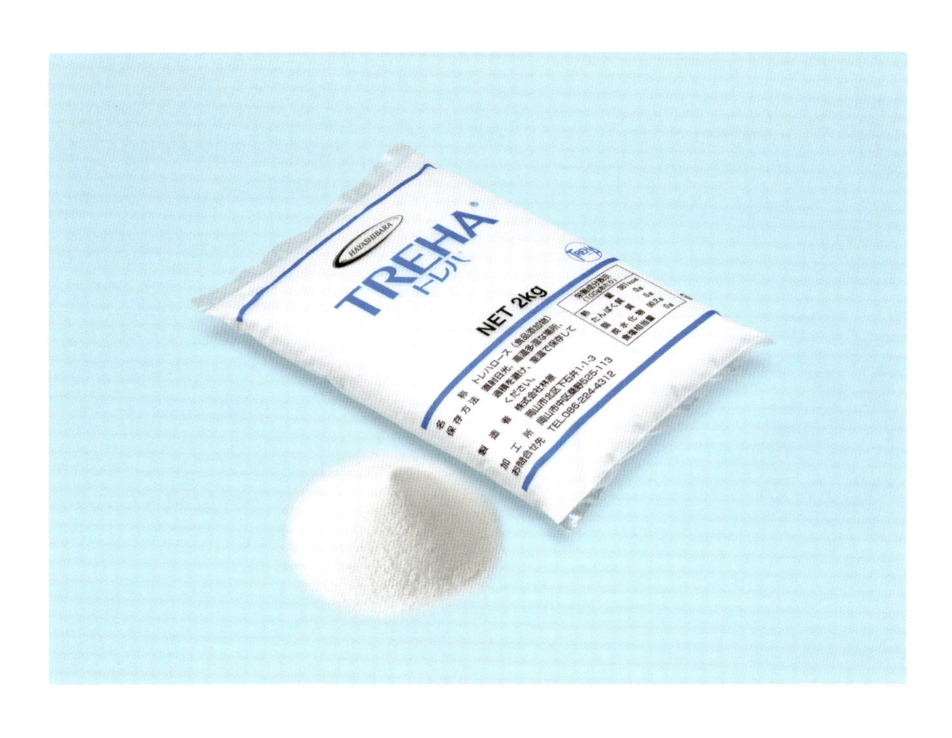

夢の糖、トレハロースが発見されたのは1832年のこと。きのこ類や酵母などに含まれているが抽出が難しく、かつては1kg数万円という大変高価な糖だった。名だたる企業が競って開発に取り組む中、林原がついに澱粉に酵素を作用させ、大量生産に成功する。1994年のことだ。「トレハ」として発売され、以来、食品や化粧品、医薬品など、さまざまな分野で活用されている。創業から136年、水飴製造業からスタートした同社は「バイオの技術で、未来を切り拓く」とし、新素材の開発に挑戦、食や健康、医療など多岐にわたる分野で独自の存在感を示している。

トレハロース、まだまだ広がる可能性

トレハロースは二糖の一種であり、甘味料と認識している人も多いだろう。実は甘みは砂糖の38%ほど、この糖の本領は物性改善機能にある。高い保水力があり、食品の舌触りをよくしたり、乾燥や変色を防ぐなど、食品の「おいしさ」に大きく貢献するのだ。特に、食品業界では欠かせない原料の一つとなっている。

「トレハ」が発売されてから約四半世紀、その用途はまだまだ広がり続けている。林原は「L'プラザ」というラボを東京と岡山に置いている。ここはユーザーとともに研究開発を行うための場所である。「用途が広がる」とはどのようなことか。トレハロースが保水力の強い糖であることは、すでによく知られているが、「ガラス化」という別の特徴を活かせば、逆の食感を生み出すことができる。つまり、しっとりしたものはよりしっとりと、パリッとした食感のものはよりパリッと、というように、その食品の特性をさらに引き立てる効果がみられるのである。こういった特性を利用して生まれたヒット商品は数多い。香りを引き立てたり抑えたりといった逆の効果、たんぱく質凝固の抑制、冷凍食品の組織保護、新たな機能が次々と発見される。同社は毎年「トレハロースシンポジウム」を開催しており、昨年で22回目を数えた。トレハロースのさまざまな機能が検証され、発表される場だ。一つの素材で22年間シンポジウムが開催できる。それが、この不思議な糖の可能性を示している。

柑橘由来の健康機能素材「糖転移ヘスペリジン」、イソマルトデキストリンを主成分とする水溶性食物繊維「ファイバリクサ」など、新たな健康食品素材も展開している。トレハロース同様、これらもまだまだ可能性が広がる素材だ。開発しただけでは終わらない。さらに磨き、未知なる価値を生み出すのだ。

岡山の林原といえばメセナ事業を思う人もいるだろう。かつてはゴビ砂漠で恐竜の化石発掘に乗り出したことも！現在は林原美術館のほか、年に1回「林原ライフセミナー」を開催、生活に役立つ情報を発信している。本業に関わる有益な情報を社会に還元する、それこそが企業の社会貢献のあるべき姿かもしれない。

PROFILE

1883年創業。本社は岡山市北区下石井1-1-3。東京支店・大阪支店のほか、全国6拠点に営業所を置き、研究・開発拠点は4か所、製造拠点として5工場を展開。2018年3月期の売上高は243億円、従業員数は651人。

株式会社 フードリエ

フードリエはエスフーズグループの一員として、主力のハム・ソーセージのほか、チルド食品、ラーメンの麺や具材など家庭用商品の製造・販売を行う。社名には、まるでアーティストがアトリエで多彩な作品をつぎつぎと生みだすように、「高い志を持って高品質でおいしい食品を創っていく」「そして、笑顔あふれる豊かな食卓創りに貢献していく」という想いが込められている。子会社には食肉加工品の製造・販売を行うデリフレッシュフーズ(埼玉県本庄市)や大阿蘇ハム(熊本市)などがあり、2017年にはコックフーズが子会社となっている。

朝食の定番「パリッと朝食ウインナー」

ハム・ソーセージ事業と調理食品事業の2つを軸に事業展開している。ハム・ソーセージ事業では、「パリッと朝食ウインナー」や「やみつきになる」シリーズなどを展開。主力商品の「パリッと朝食ウインナー」は、天然羊腸を使ったパリッとした食感が特徴のポーク＆チキンウインナー。飽きのこないあっさりとした味わいが特徴で中心規格を内容量230gに設定。近年は、消費者の多様なニーズに応えるため、爽やかなレモンの風味がおいしい「瀬戸内レモン」、国産ゆずの香りを効かせた「ゆずッと朝食」といったフレーバー品を期間限定で展開。また、年2回の消費者プレゼントキャンペーンを行い、ブランドの認知向上と新規顧客の獲得にも取り組む。

「やみつきになる」シリーズは、主要ターゲットをファミリー層とし、「辛口チョリソー」「レモン＆パセリ」「ブラックペッパー」の3種類を展開。原料肉に豚肉のみを使い、天然腸のパリッとした食感に仕上げている。特徴的なフレーバーを使用することで、ベーシックなウインナーでは味わえないおいしさが味わえる。

調理食品事業では、好みの麺メニューを作ることができる「麺好亭(めんはおてい)」などをそろえる。新商品では、パリパリの細麺とドレッシングがセットになった「パリパリサラダ」の姉妹品として「パスタのパリパリサラダとまとドレッシング」を投入。デュラム小麦を配合したフェットチーネタイプのパスタを揚げた麺とトマトドレッシング入りで、新たなサラダメニューの提案を行っている。

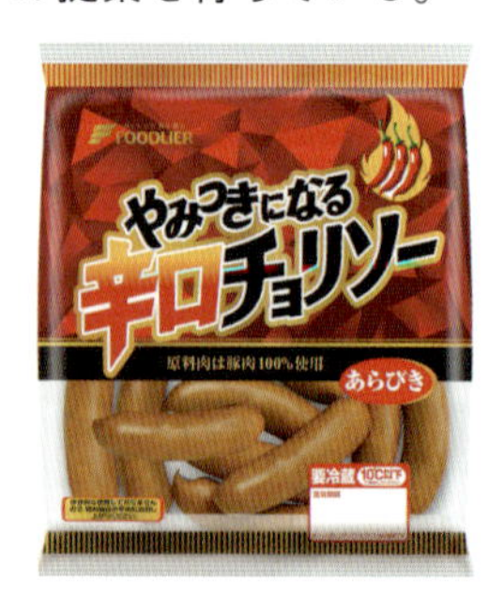

ニッチ市場に向けた独自展開に強みをもつ。サラダチキン市場に向けて、焼いて食べる「モーニングサラダチキンハーブ」を発売。また、おつまみ需要に対応して赤唐辛子のあとを引く辛さが特長の「チリマヨソーセージ」を投入している。また、価格競争が激しいハムカテゴリでは、ギフトブランドを冠した高品質商品を投入して差別化を図っている。

PROFILE

1950年設立。2014年にエスフーズグループ入り。同年、社名をグリコハムからフードリエに変更。本社(大阪府高槻市春日町7-16)。営業所15か所、工場3か所。売上高229億円、従業員数571人(2019年2月期)。

不二製油グループ本社 株式会社

チョコレート用油脂や業務用チョコレート、クリームやマーガリン、チーズといった製菓・製パン素材、大豆製品などを製造販売する食品素材メーカー。創業来、他社に追随することなく新分野を開拓する独自性をもつことが企業存続、発展への道であると考え、南方系の植物油脂に着目し、早い段階から海外で事業展開してきた。また大豆が人々の健康や環境に貢献するとの思いから半世紀にわたり大豆の研究、高度利用を行ってきた。植物性食素材を通じて社会にソリューションを提供する“Plant-based Food Solutions”を標榜し、世界中においしさと健康を届けている。

業務用チョコを拡大、世界市場で存在感

Industry 4.0（第4次産業革命）が現実化し、パラダイム転換を迎え、非連続な断絶（Disruption）の時代にある――。このような環境の中で持続的な成長を果たすため、中期経営計画（2017～2020年度）の4年間を、次なる飛躍に向けた重要な土台づくりの期間と位置づけ、布石を打ってきた。

その大きな一手が、業務用チョコレート製造の米国ブラマー チョコレート カンパニー（ブラマー社）の買収だ。同社は、中計の基本方針に掲げた「コアコンピタンスの強化」において、強みのチョコレート事業の拡大・発展を図っている。ブラマー社の買収で、世界3位の業務用チョコレートメーカーとなった。

ブラジルの ハラルド社、マレーシアの GCB スペシャリティ チョコレート社、オーストラリアのインダストリアル フード サービシズ社をグループに加え、チョコレート事業を強化するための M&A を一貫して実施してきた。既存事業会社を含め、環太平洋を中心に10カ国16拠点で業務用チョコレートの供給体制を持つことで、市場プレゼンスの向上を図る。

ブラマー社に対し、同社グループが得意とする油脂技術の導入や原料調達面の統合などにより、同社グループのチョコレート事業を強化する。さらに、同社グループが有する他の製品群の投入などを通じ、ブラマー社が有する北米市場の幅広い顧客に販売していくことでグループシナジーを強化する。同社グループでは、今後結果を出していくために、「社会にソリューションを生み出していく」という意識を全社員が持ち、“ことづくり”による共創活動に注力できるよう、さらなる意識改革を推し進めていく計画だ。オープンイノベーションにおいても同社の技術にとらわれず、柔軟にパートナーとの共創を図り、ソリューションを追求し企業価値向上を目指していく考えだ。

研究開発力と技術力が凄い、“何でも作ってしまえる”会社。大豆分野では、時代を常にリード。昨今話題の大豆ミートをどこよりも早く手掛けたのも不二製油で、トップシェアを誇る。世界初の独自技術で作ったプレミアム豆乳を用いた、画期的なチーズ様豆乳素材（豆乳発酵食品）も生み出した。大豆由来のツナやウニも実現した。今後も目が離せない。

PROFILE

1950年10月9日設立。油脂大手。油脂加工品や大豆たん白関連も展開。本社（大阪市北区中之島3-6-32 ダイビル本館 ※登記上：大阪府泉佐野市住吉町1。連結従業員数5,239人（国内2018年12月現在、海外同9月現在）。

フジッコ 株式会社

創業来、"健康とおいしさ"を追求し、成長し続けている。代表的なブランドは、塩こんぶ「ふじっ子」、佃煮「ふじっ子煮」、煮豆「おまめさん」、包装惣菜「おかず畑」、チルドゼリー「フルーツセラピー」、「カスピ海ヨーグルト」——。レンジで温めるだけの具だくさんチルドスープ「朝のたべるスープ」といった、おいしさと栄養バランス、簡便性を備えた商品も得意としている。健康機能性の研究にも力を注ぎ、大豆や黒豆、昆布、「カスピ海ヨーグルト」(乳酸菌)について、健康機能性を明らかにしてきた。「健康長寿」社会の実現に貢献すべく、チャレンジを続ける。

食べきりタイプで人気、「おばんざい小鉢」

成長を支える事業の一つが、日配惣菜と包装惣菜から成る惣菜事業だ。包装惣菜「おかず畑」の中でも、食べきりタイプ「おばんざい小鉢」シリーズが、その成長をけん引している。

同シリーズは、1人前食べきりサイズ・2個パック入りの、個食ニーズに対応した商品。品質の酸化劣化を防ぐ独自のスーパーフレッシュ包装と低温殺菌製法により、炒め煮・炒り煮メニューの「食感」「風合い」と、賞味期間60日の「日持ち」を両立させ、素材を生かした上質なおいしさを実現した。

袋惣菜よりも簡単に中身を取り出すことができ、お皿に移しかえずにそのままでも食べられる容器入りというのも人気のポイント。容器天面フィルムに心和む絵手紙を掲載し、春・夏・秋・冬シーズン毎に切り替え、変化を楽しめるよう、さりげない工夫をしている。

和惣菜のラインアップは、「ひじき煮」「きんぴら」「切干大根」「うの花」の4品。いずれも、通常の袋惣菜では出せない食感の良さを実現している。

2018年秋には生産設備を拡充し、サラダ3品（ポテト、栗かぼちゃ、ごぼう）を発売した。過剰な加熱や調味を抑え、素材の食感や風味を生かした。鮮度とおいしさを45日間保つ。

同シリーズを含む食べきりタイプの"小鉢"シリーズとして、煮豆「おまめさん豆小鉢」（きんとき、やさい豆、こんぶ豆、黒豆、三色豆）と、「佃煮小鉢」（花ごぼう、しょうが煮、味わかめ）を展開している。

「佃煮小鉢」は、2019年春の新製品。素材の良さを生かした、食感と風味の良い上質な"ご飯のお供"を提案する。窒素充填と気密性の高い容器入り。開封後に軽くフタをできるリシールフィルムを採用し、食べ残したときにラップやお皿への移しかえが不要とした。この機能性が認められ、「2018年日本パッケージングコンテストで「ジャパンスター賞」（最高賞）を受賞している。

ユニークな商品が豊富。介護食「ソフトデリ」は、見た目や味は漬物、煮豆そのものなのに、やわらかすぎる食感に驚く。"歯茎でつぶせる"やわらかさなのだ。また、親しみやすいネーミングも得意。2018年春に発売したボトル入り「ふりふり塩こんぶ」は、柔らかな粒状カットの塩こんぶを、調味料感覚で"ふりふり"振り出して使うことを表現した。

PROFILE

1960年11月創業。本社（神戸市中央区港島中町）、工場（兵庫3、埼玉1、千葉1、神奈川1、北海道1、鳥取1）、物流センター（兵庫1、埼玉1）、営業所全国21拠点を有す。グループ全体の従業員数2,409人（2019年3月）。

フジパン 株式会社

フジパンは1922年、名古屋の地にパン・和洋菓子製造販売業として創業した。第二次世界大戦でいったん休業するも、戦後は配給用のパン、その後は学校給食のパンを供給するなど、地元の人々の食を支えてきた。1958年には日本初のパン完全自動包装を導入、以来、全国に工場を置き、それからは高度経済成長期の日本の食を支えた。そんなフジパンは1993年に食パン「本仕込」を発売、まるでごはんのような"もっちり食感"はそれまでの食パンの流れを変えた。それから4年後、また大ヒットロングセラーとなる商品を世に出す。「ネオバターロール」だ。

「ネオバターロール」ヒットの陰にあるもの

「ネオバターロール」シリーズは現在、「ネオレーズンバターロール」「ネオ黒糖ロール」を合わせた3品で展開されている。この3品で食卓ロールの売上上位を占める人気商品だが、企画段階では「当たり前すぎる」と、周囲の反応は弱かった。開発者は「普遍的な嗜好を盛り込めば必ずヒットする」と力説、工場にはパンにクリームを注入する製造ラインがあったことから、開発がスタートした。作り始めてみると、パンの適所に適量のマーガリンを注入することが難しい。試行錯誤を重ねて課題をクリア、1997年に満を持して発売された。

「ネオバター」のおいしさにはいくつかの秘密がある。まず、課題となった「適量適所のマーガリン」だ。マーガリンについては"おいしく食べられるちょうどよい量"が考えられている上、1年を通した気温の変動に合わせて融点が調節されているのだ。また、パンの生地は注入マーガリンとの相性と、やわらかな食感にこだわった。2017年にはイーストフード・乳化剤の使用を極力抑えるなど、時代の嗜好を読み取りつつ、少しずつリニューアルを重ねてきた。

そして2019年春、「ネオバター」の生地はさらに"しっとりやわらか"に改良された。原材料の配合比率を見直し、生地を寝かせる時間を見直し、焼かずに生で食べてもやわらかく、口当たりの良い食感を目指した。昨今は焼かずに食べる高級食パンが人気。温めてもおいしい「ネオバター」だが、そのまま食べてもさらにおいしく、というのがリニューアルのポイントだ。

パンとマーガリン、このシンプルで普遍的な組み合わせ。誰でも気が付くようで、誰も気が付かなかった商品。そして、当たり前の好タッグをベストな状態で味わってもらうためのアイデアと工夫。ヒットの陰には必ず見えない努力がある。

「本仕込」「ネオバター」もロングセラーだが、実はもうひとつ、忘れてはいけないパンがある。1975年、携帯型サンドイッチ(2枚の食パンの耳を落として閉じ、中に具材をはさんだもの)「スナックサンド」を日本で初めて発売したのもフジパンなのである。現在もバラエティ豊かなラインアップで展開中、地元企業とのコラボ商品などは、お土産にも最適。

PROFILE

大正11(1922)年創業。名古屋市瑞穂区松園町1丁目50番地に本社を置き、全国に4事業部、8製造工場、13営業所を展開する。従業員は16,600人、年商は連結で2,756億円(2018年6月期)。

株式会社 不二家

銀座のシンボル不二家数寄屋橋店のオープンは1953年のこと。鉄筋3階建ての外壁にはネオンが輝き、2階、3階の喫茶室は総ガラス張りという斬新なデザインだった。1982年、やわらかな曲線のクリスタル・ビルへ改装し現在に至る。「ショートケーキ」は1922年に同社が製造・販売し、全国へ広がった。日本の洋菓子文化を大きく変えた逸品だ。洋菓子のイメージが強い同社だが、「カントリーマアム」や「LOOK」など、卸売菓子でも多くの人気ブランドを持ち、日本の菓子市場において、なくてはならない会社となっている。

スイーツで人々を幸せな気持ちにしたい

「カントリーマアム」は2019年に発売35周年を迎えた。季節限定品を積極的に投入しており、その際には国産やご当地のおいしいものを開発のキーワードにしている。「生産ラインは同じでも単なる味変わり商品ではなく、商品にストーリーを持たせ、店頭ではお客様に違う商品として受け取ってもらえるように心がけている」（同社）。

夏場には、冷やすことで一層おいしさが増す「冷やしカントリーマアム」を提案。薄焼きタイプで、ミント系フレーバーや果実をフレーバーに採用し、清涼感を訴求している。

「ホームパイ」も発売から50年以上たつ同社が誇るロングセラー商品。チョコレートを組み合わせた「ホームパイ（大人のリッチチョコ）」は、同社の富士裾野工場に新たな生産設備を導入し、2018年から本格展開に乗り出し、「ホームパイ」の存在価値をあらためて知らしめることとなった。「ホームパイ」においても、夏場にはチョコがけ商品を中心として冷やして食べる提案を行っている。

近年、卸売菓子全体では「健康」と「グルメ」をテーマとした商品開発、マーケティング活動を実施。チョコレート市場において、同社が得意とする大袋商品の増勢が続くなか、テーマのひとつ「健康」によって既存品の見せ方を変え、成功を収めている。ロングセラーの大袋商品「アーモンドチョコレート」や「ハートチョコレート（ピーナッツ）」などでパッケージ前面に、新たにアーモンドやピーナッツの栄養成分と「毎日イキイキ！」のキャッチコピーを載せ、健康感を訴求することにより店頭での回転率を向上させた。

銀座・数寄屋橋店の外観

不二家のスイーツへのこだわりと愛情が、「ショートケーキ」をはじめ「ミルキー」「LOOK」「カントリーマアム」など、多くのヒット商品を生み出してきた。「スイーツをもっとおいしくし、食べる人を幸せな気持ちにしたい」という創業からの思いに加え、近年ではスイーツを通して人々の健康に寄与していくことを目指し、さまざまな事業を展開している。

PROFILE

菓子・食品・アイスクリームなどの製造・卸売および洋菓子販売チェーン店、喫茶・飲食店の経営。拠点は本社（東京都文京区）のほか全国8工場、全国主要都市の支店、店舗多数。従業員数1,143人（2018年12月末現在）。

株式会社 フジワラテクノアート

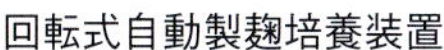
回転式自動製麹培養装置

粉体殺菌装置「ソニックステラ」

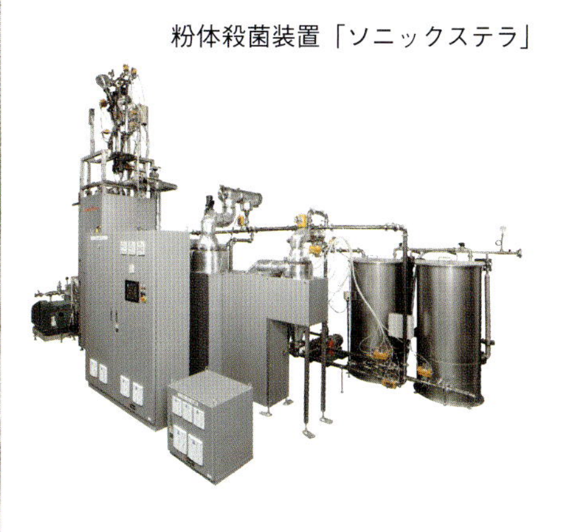

1933年の創業以来、醤油、味噌、清酒、焼酎などの醸造食品製造機械およびプラントを製造・販売している。職人の経験や勘に頼っていた醸造工程の自動化を実現した技術力を武器に、国内有数の醸造プラントメーカーとして、日本全国に事業を展開。販路は国内のみならず海外約30カ国におよび、世界を舞台に日本食文化を支えている。さらに2050年の未来を見据え、醸造分野で培った微生物のチカラを最大化する技術を、食糧、飼料、エネルギー、バイオ素材といった新たな産業分野に活用すべく技術開発を進め、「心豊かな循環型社会」実現への貢献を目指す。

麹づくりにおける卓越した技術力

同社は、多くの人手や厳しい作業環境が求められる醸造工程において、人の感性まで織り込んだ現場目線の機械やプラントを全国の食品メーカーに導入してきた。業界トップシェアを誇る同社の最大の強みは、醸造家の感性、スキル（匠の技）を機械化・自動化する技術があること。なかでも醸造製品の品質を決定する麹づくりにおいて卓越した技術力を誇る。同社の代表製品の「回転式自動製麹培養装置」は、盛込～製麹～出麹までを自動化、職人の経験と技をプログラム化したベクトル制御により、最適な温度・湿度管理のもとで高品質の麹づくりを可能にする。

プラント建設にあたっては、原料の熱処理、微生物の培養発酵制御、固液分離、殺菌などの醸造生産の要素技術を組み込んだ機器を効率的に、最適化して提供。生産ラインの効率化・合理化と、働く人に配慮した美しく快適な環境づくりは高い評価を受けている。

さらに、醸造で培った要素技術をもとに、一般食品分野向けに粉体殺菌装置「ソニックステラ」を開発。極超短時間加圧加熱瞬時減圧という世界初の殺菌原理により、粉体原料の品質劣化を最小限に抑えて安全で確実な殺菌を実現。国内外の粉体原料の可能性を大きく拡げることが期待されている。

2018年には開発ビジョン2050「世界で【微生物インダストリー】を共創」を策定。同社が得意とする麹づくりに代表される、「微生物の潜在能力を引き出し高度に応用利用する産業分野」を微生物インダストリーと命名し、醸造で培った技術の新たな産業分野への展開をスタートさせた。「次世代醸造プラント」「微生物ノウハウに基づく食糧生産システム」「微生物による新素材生産システム」の3つの開発分野が柱だ。様々なビジネスパートナーとの共創というスタイルで、循環型社会への貢献、その先にある心豊かな社会の実現に向けた技術開発を加速させている。

藤原恵子現社長は専業主婦から社長に転じ、女性経営者として会社を成長させてきた。ダイバーシティを生かす組織づくりに力を入れており、現在は約2割が女性社員で、特に技術職のリケジョが増えている。仕事と育児を両立して全社員が出産後も復帰しており、男性社員の育児参加も推奨。男女とも働きやすい環境づくりを推進している。

PROFILE

1933年6月15日に創業。醸造機械・食品機械等の開発、設計、製造、据付、販売及びプラントエンジニアリングを展開。働き方改革、健康経営にも注力。岡山県岡山市北区富吉2827-3。従業員数142人（2019年4月1日現在）。

フライスター 株式会社

2017年に創業70周年を迎えた老舗パン粉メーカー。看板商品の「フライスターセブン」は家庭用パン粉№1ブランド。長年愛されるロングセラー商品だ。70周年では企業理念や価値観の共有化のための活動を実施。部門間を越えて、社員発案の企画や催し物も多数実施した。80周年に向けてのチームビルディングを進め、新商品開発、パン粉の需要開拓と、様々な施策に取り組んでいる。「単にパン粉を売るのではない。フライを紹介するためのパーツとしてパン粉がある。フライ料理の魅力をもっと伝えていきたい」(関全男社長)。

新たなパン粉の付加価値創造へ

フライスターは創業当初、ベーキングパウダーの製造・販売を主業としていた。一台の高速粉砕機をきっかけに、パン粉の製造・販売に転身。未知の分野に飛び込み、1966年にフライスターセブンを発売。家庭用パン粉で、広域流通する数少ない商品として、全国のユーザーに長年愛されている。

近年は様々な付加価値の創造に取り組む。2015年発売の「サクサクパン粉」は、同社独自のクリスプ製法により、時間がたってもフライ料理のサクサクした食感が楽しめる商品。発売以来、着実に販売を拡大している。

また、生パン粉「フライスターセブン生パン粉」も投入した。保存性はドライパン粉に優位性があるが、家庭における本格的なフライ料理の需要に応える商品だ。2019年には「ザ・ナチュラルパン粉」と「糖質をおさえたパン粉」を発売。「ザ・ナチュラルパン粉」には北海道産小麦を使用。イーストフード、乳化剤、糖類、ショートニング不使用、トランス脂肪酸0gという、体にやさしいパン粉だ。「糖質をおさえたパン粉」は、同社従来品と比べて糖質最大40%カット・食物繊維約5倍という商品設計。

業務用の商品展開も広げ、最終製品の製造ライン耐性が高いパン粉の開発を進める。

これらの商品開発を支える社内体制として、「経営の品質」、「製品の品質」、「社員の品質」の3つの品質の向上を掲げる。経営の根幹の考えは「堅実経営」。工場での基本姿勢は「美の追究」。清潔で高性能な設備により、「美しい工場」にこだわる。それらを実現するため、社員の成長を重視。「誠実」であることを第一に、法令遵守、安全・安心への取組みを進め、2019年度中には東海工場、滋賀工場でFSSC22000の取得を予定している。

その名は、「パン粉戦士フライマン」。「揚げ物＝高カロリー＝太る」、このイメージをぶち壊すために立ち上がった、フライスターがプロデュースするヒーローだ。フライ料理の魅力を伝える各種企画を実施。調理イベントに留まらず、キャラクター、歌といった要素で、おいしく・楽しくフライ料理の魅力を発信する。

PROFILE

1947年に神奈川県鎌倉市で創業。関全男社長。現在はJR新横浜駅前に本社を構える。3工場、3営業所を構える家庭用パン粉の日本№1メーカー。社訓は「堅実経営」。経営と商品の「品質」を追求する。

株式会社 ブルボン

創業者の吉田吉造が、関東大震災の影響から地方への菓子供給が全面ストップした窮状を見て、「地方にも菓子の量産工場を」と決意したことに始まる。2019年に創業95周年を迎え、菓子売上高は国内トップクラス。クレープクッキー「ルマンド」、ビスケットとチョコレートを組み合わせた「アルフォートミニチョコレート」、チーズと米菓を組み合わせた「チーズおかき」、さまざまな種類の菓子をミニサイズで提案する「プチ」シリーズなど、ロングセラーブランド多数。アイスクリーム事業に参入したほか、健康に寄与する商品の開発、展開も行っている。

地域に根ざしたグローバル企業へ

同社は、品質保証第一主義に徹したモノづくりと、社会的にニーズが高まっている「健康」をテーマに、新しいビジネス・飛躍へのチャンスとして地域活性化に取り組む。さらに、持続可能な社会をデザインしていく健康増進総合支援企業として、社会へ貢献することを目指している。

地元・柏崎市において、水球チーム「ブルボンウォーターポロクラブ柏崎」の設立に協力し、地域に密着したスポーツチームの活動をサポート。また、高名な日本文学研究者ドナルド・キーン氏の顕彰施設「ドナルド・キーン・センター柏崎」の運営支援を行うなど、地域に根ざしながら世界につながるグローバル企業であり続けることを目指し、さまざまな地域貢献活動を行っている。

1974年、創業50周年節目の商品として発売した「ルマンド」のヒットにより大きく飛躍。透明フィルム袋形態として量産化したところ、最高月商20億円を売り上げ、年商はそれまでの200億円から405億円へ倍増した。2016年、展開領域をアイスクリームへ広げて「ルマンドアイス」を発売すると、売り切れ店が続出。その人気は今も健在だ。

人気では2018年に発売15周年を迎えた「アルフォートミニチョコレート」も負けていない。もともとはファミリー向けの袋入り商品だった「アルフォート」を、個食対応の小箱チョコレートへ衣替えしたことにより誕生した。プレミアム商品や期間限定品のほか、土産もの需要への対応で話題を喚起している。

駅前にそびえる本社ビルは柏崎のランドマークに

ビスケットをはじめとして、スナック、チョコレート、米菓、飲料など、多様なカテゴリーで人気商品を開発している。1995年1月の阪神淡路大震災の日に生産を開始したミネラルウォーターに象徴されるように、時代のニーズにこたえ、地域社会に寄り添った食の提供に努めている。海外展開も進めており、グローバル企業として今後の飛躍が期待される。

PROFILE

1924年、北日本製菓として創業。1989年、ブルボンへ社名変更。菓子、食品、飲料の製造・販売。拠点は本社（新潟県柏崎市）、赤坂・神戸オフィス、試作センター、9工場、全国支店。従業員数約4,900人（2019年3月末現在）。

ポッカサッポロ フード&ビバレッジ 株式会社

レモン、飲料、スープ、カフェ事業を国内で展開し、海外ではシンガポールを拠点としてPOKKAブランドを展開する同社。可能性を秘めた領域にいち早く目を向け、自社の強みとして成長・発展させ企業価値を高めてきた。国内の新規事業として2015年に豆乳事業へ参入し、2019年には新工場を設立して大豆・チルド事業を本格化させている。海外では東南アジアでの現地生産モデルを推進するなど、次のステージに向けたチャレンジを行う。毎日の生活に彩りと輝きをくわえる、新しい「おいしい」を次々と生み出し続けることをビジョンに活動している。

生活に彩りや輝きを加える「おいしい」を提案

6つのセグメント（レモン、飲料、スープ、カフェ、大豆・チルド、海外）で事業展開を行っている。レモン事業は、レモンそのものの価値を高め、健やかで潤いのある食生活に貢献する。1957年カクテル商材として発売された「ポッカレモン」は、用途訴求や容器・容量のバリエーションを増やすなど、時代の変化に合わせた商品を展開している。「キレートレモン」は、レモンの健康価値を手軽に体感できる飲料として基幹商品に成長した。

飲料事業は、感動と驚き、独自性のある商品展開を行っている。近年は、「加賀棒ほうじ茶」など希少な国産素材を使用した素材系飲料や、「つぶたっぷり贅沢みかん」など果実の粒がたっぷり入った食感系飲料「ほおばる果実」シリーズを展開し、オリジナリティを前面に打ち出した商品を幅広く取り揃えている。

スープ事業では、多様化する食生活のニーズに対応する商品を「じっくりコトコト」ブランド中心に展開する。1980年に缶入りスープを発売し、翌年に粉末インスタントスープでスープ市場に本格的に参入。以来、乾燥技術の研究を進めながら洋風スープのバリエーションを広げ、他社に先駆けてコーンの粒を加えるなど、ユニークなアイデアと独自の味作りや技術を活かした商品をラインアップしている。

2019年には仙台工場を新設し、カップ入りスープの製造設備及び粉末スープ顆粒原料の造粒設備を導入する。

大豆・チルド事業は、大豆の新たな健康価値の提供を目指している。2019年3月には群馬工場内に豆乳ヨーグルトを製造する豆乳ヨーグルト製造ラインを竣工・稼働した。従来の「ソヤファーム」「大豆農場」のブランド価値を活かしながら、「SOYBIO（ソイビオ）豆乳ヨーグルト」などの新商品開発を進め、いっそうの販路拡大やブランド力の向上を図っている。

2019年に新設した豆乳ヨーグルト製造ラインは、大豆→豆乳→発酵→充填まで一貫して製造できることが特徴。同年4月に発売した「SOYBIO 豆乳ヨーグルト プレーン無糖 400gカップ」は、プレーンタイプなのでアレンジが楽しめ、従来のヨーグルト風デザートの枠を超えて毎日の食卓に登場しそう。美容や健康に関心のある幅広い層に訴求している。

PROFILE

2012年3月設立（ポッカコーポレーションとサッポロ飲料の統合による）。飲料水及び食品事業、外食事業、他.。本社は愛知県名古屋市中区栄3-27-1。関連会社は国内外17社。工場2カ所。従業員数1,006人（2018年12月時点）。

株式会社 ホワイトマックス

作業着の販売会社たまゆらで役員を務めていた現会長が、傘下の卸売会社だったホワイトマックスを譲り受け、コンビニエンスストアの増加に伴う使い捨て手袋の需要増を見込んでメーカーとしてスタートした。以来、手袋やマスク、エプロン、帽子、作業服など安全衛生用品の企画開発から製造までを行い、食品メーカーや外食メーカーといったユーザーの多様なニーズに応えてきた。現在は仕入れ商品の販売に偏っている傾向があるが、今後は付加価値を高めた自社企画商品の比率を上げていき、2025年に売上高50億円、従業員数80人体制を目標に掲げている。

コンサルティング営業とファブレスに強み

同社の強みは、コンサルティング営業と、自社工場を持たないファブレスメーカーとして小回りの利くところだ。営業社員はお客により沿いながら、お客が直面している問題の解決策を提示することを心掛けている。ものづくりを行う上でのコンセプトは「ないものはつくろう」だ。自社工場のみでは様々な制約があるが、ファブレスであれば柔軟な対応が可能になる。

すでにある製品もより使いやすい形にして世に出してきた。型抜きが可能なウレタン100%エプロン「レッジェーロン」や、キャップの装着なしで粘着テープをセットできるオールステンレス製の金具「グッとかちん」がそうだ。「とことん突き止めると、こういう形になった」と、増本剛社長は前例のない製品を振り返る。その上で、「当社の強みはものづくりだが、ベースにあるのはディレクション能力で、これをどう高めるかに尽きる」と強調する。

新卒採用の説明会では、ディレクション能力をレゴブロックで分かりやすく例えている。たとえば、お客が城を作りたいと言った時、洋風か和風か、希望の大きさなどについてヒアリングを行う。和風の城であれば、敵から攻め込まれにくいように堀を作ることも提案する。これが同社の得意とするコンサルティング営業だ。その上で、城を作るレゴブロックをどこから調達するか、どこで着色してもらうか、最終的に誰に作ってもらうかをコントロールすることが必要になる。現実においても1つの製品を作るに当たり様々な事柄が絡んでくるが、それらをまとめていくことを同社ではディレクション能力と定義している。

2016年1月にはタイに独立法人ホワイトマックスタイランドを設立し、海外進出も果たした。現地の食品工場向けに、メイドインジャパンの製品を販売しており、設立3年目で単月黒字になりつつあるなど順風満帆だ。

2012年に会長や社長が様々なところで発してきた言葉をまとめた「信条カード」を作成。立派な社是や理念を掲げても、日頃から確認しないと忘れがちになる。新卒や中途入社の社員はこの「信条カード」の研修を必ず受け、社員全員が常に携行しているという。同じベクトルを向いて一致団結していくための欠かせないアイテムだ。

PROFILE

1983年6月設立。2009年2月に大阪府枚方市の現本社である新社屋に移転。安全衛生用品の製造販売で、食品業界の最重要課題である安全安心を支えている。従業員数42人(2019年4月現在)。

滋賀の新名所ラ　コリーナ近江八幡

修学旅行の定番
奈良の東大寺

パンダがいっぱい
アドベンチャーワールド

2府4県で構成される関西地方（諸説あり）では、海外からの観光客が押し寄せる大阪、数多くの歴史ある資源をもつ京都、異国情緒あふれる街並みの神戸などが注目を集めることが多い。

とはいえ、滋賀、奈良、和歌山も決して魅力がない訳ではない。いや、むしろ魅力にあふれていると言っても過言ではない。例えば、滋賀は、京都や大阪へのアクセス環境が良いことから人口増加率は全国でもトップクラスを誇る。また、たねやグループの旗艦店「ラ　コリーナ近江八幡」は新たな観光スポットとして人気を集めている。奈良では東大寺など歴史的価値をもつ観光資源が多いほか、近年はホテルの建設が相次ぎ、観光基盤も整備されているなど話題には事欠かない。そして、和歌山には弘法大師が開いた真言密教の聖地・高野山のほか、国内最多6頭のパンダが暮らすテーマパーク「アドベンチャーワールド」があるなど魅力が盛りだくさんだ。当コーナーではそんな3県の魅力をまとめてみた。

1 和歌山県

山！ 海！ パンダ！ ワイルドさが魅力

高野山のシンボル　根本大塔

● 和歌山のうまいもの

交通アクセスの悪さから“陸の孤島”とも言われる和歌山。だからこそ、独自の食文化がある。ちなみに、「アドベンチャーワールド」がある白浜町は羽田空港から約1時間のアクセスの良さが売り。近年は、貸事務所の白浜町ITビジネスオフィスを開設するなど企業誘致にも注力している。

（めはりずし） 熊野地方の山仕事の男たちの弁当として作られていた郷土食。にぎり飯を塩漬けの高菜の葉で包んだ寿司で、あまりの大きさに、食べるときに目を張るほど大きな口を開けなければならないことから名付けられたと言われる。高菜の漬物の味とご飯が醸すハーモニーが食欲をそそる。

（紀州うめどり） 梅干しの加工時に出る残り汁から抽出したエキスを餌と混ぜ合わせて与えている。地鶏のような赤い肉色で、コクと適度な弾力がありながら臭みがない特徴がある。和歌山県が優良な県産品を選定・推奨する「プレミア和歌山」制度にも選定されている。「紀州うめどり」が産んだ「紀州うめたまご」もある。

● 和歌山の偉人

太平洋に面した和歌山は数多くの偉人たちを輩出している。陸奥宗光（1844～1897年）は伊藤博文内閣で外務大臣として不平等条約の改正に尽力し、日英通商航海条約を調印。治外法権撤廃と関税自主権の一部回復に成功する功績を残した。また、南方熊楠（1867～1941年）は渡米後にイギリスの大英博物館で研究を行い、科学誌「Nature」に寄稿。日本人の中で最も多くの論文が採用されており、幅広い分野に多くの論文を発表した。

2 滋賀県

琵琶湖が育てた食と商い

琵琶湖に立つ白鬚神社の湖中鳥居

● 滋賀の食文化

滋賀県の食文化は琵琶湖と密接なつながりがある。琵琶湖固有種の魚を使った伝統料理として、ビワマスをしょうゆと一緒に炊き上げる炊き込みご飯や、ニゴロブナを塩漬けにして炊いたご飯と一緒に自然発酵させた「鮒寿司」がある。とくに「鮒寿司」は強烈なにおいから滋賀県独自の珍味としても有名。冷蔵庫などがない時代に魚を保存する方法として考え出された。チーズの風味と少しの酸味の効いた深い味わいが特徴。

(丁字麩) 小麦粉から抽出したグルテンを使用した生地を、昔ながらの鉄釜でじっくりと焼き上げた。四角い形が特徴的。植物性タンパクが豊富なほか、鉄分を多く含むなど栄養面も優れている。もちもちとした食感ですきやきやおでんなどの料理に使われる。

(赤こんにゃく) 近江八幡市で古くから食べられている赤色のこんにゃく。三二酸化鉄で着色されており、鉄分を多く含んでいる。その見た目から、提供が禁止された牛レバーの代替食品として需要が増えたと話題になった。

● 滋賀の商業

近江商人は大坂商人や伊勢商人と並ぶ日本三大商人の1つで、全国各地に進出し、豪商と呼ばれるまでに発展していった。伊藤忠商事と丸紅を創業した伊藤忠兵衛もその1人で、麻布の持ち下り（行商）から商いを始めた。近江商人の経営哲学に「商売において売り手と買い手の満足だけでなく、世の中にとっても良いものであるべき」という考え方の「三方よし」がある。このほか、滋賀発祥の企業として、東レ、平和堂、オーミケンシなどがある。

3 奈良県

鹿だけじゃない伝統ある大和の魅力

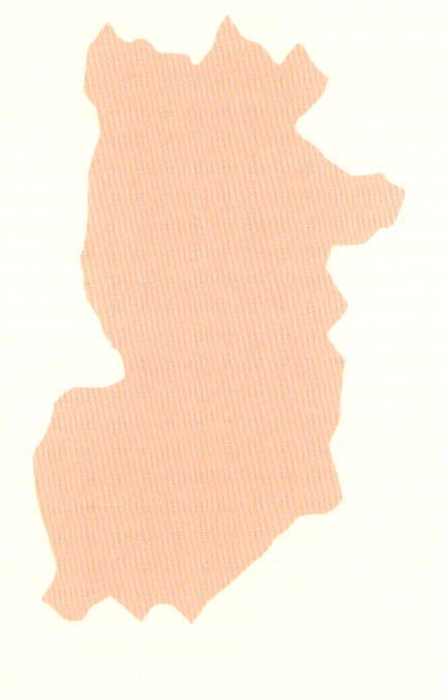

地元産のよもぎを使った中将餅

● 奈良の食文化

奈良の食べ物は、志賀直哉が随筆「奈良」で「食ひものはうまい物のない所だ」と記すなど、名物が少ないとのイメージが持たれがちだ。ただ、奈良漬や柿の葉寿司など全国に知られている食べ物もある。これら以外にもまだまだ知られていない魅力ある食べ物がたくさんある。

(みむろ) 厳選した大納言小豆を使った餡をパリッと香ばしい皮ではさんだ最中。170年以上にわたって受け継いだ製法で製造している。名前は大神神社の御神体山にちなんでいる。「こしあん」と「つぶあん」を別々の釜で炊き上げた後に混ぜあわせた香り高い餡の風味と、もち米で作った皮の味わいが特徴である。

(中将餅) 葛城の里に自生するよもぎを使ったよもぎ餅に、ぼたんの花びらを型どった餡をのせた。さらっとしたこしあんに大納言小豆の粒を少量加えて、あっさりとした中にもこくのある味わいに仕上げている。よもぎの香りと甘味を押さえた独自の餡との調和が絶妙にマッチしている。

● 奈良の文化

歴史ある奈良には、近代醸造法の基本となる酒造技術が確立されたことから日本清酒発祥の地とも言われる正暦寺、製氷販売業・冷蔵冷凍業の守護神である「氷室神社」など食に関連する寺社仏閣も多い。また、特産品である奈良の吉野杉は、江戸時代には「漏れにくい」「色がでにくい」「香りがつきにくい」といった特徴から酒樽や桶の部材として重宝された。現在でも長龍酒造（広陵町）が「吉野杉の樽酒」を製造している。

マリンフード 株式会社

マーガリン、チーズ、ホットケーキを主力に、多彩な商品の製造・販売を手掛ける食品メーカー。1957年の設立来、学校やホテル、レストラン、喫茶店や食品メーカーなどに向けた業務用商品のほか、量販店向けの家庭用商品も展開している。中でも、急成長しているのがチーズ事業だ。チーズ売上高は直近5年間で1.6倍になった。この間チーズ事業を支えているのが、泉大津工場(大阪府泉大津市)につづくチーズ生産拠点の長浜工場(滋賀県長浜市)だ。業務用「クッキングモッツァレラ」といったヒット商品も生み出している。

多彩なチーズ製品を生み出す長浜工場

長浜工場は、需要が高まるチーズの生産ラインを増強するために2012年から稼働。機能的な生産環境を実現した、同社の未来型新基準工場と位置付ける。2013年にISO9001認証、2014年にFSSC22000認証を取得。海外市場も強化しており、ハラール認証（キャンディーチーズ）も取得している。

竣工当初は3つの生産ラインでチーズの生産をスタートした。その後生産設備を増強し、現在は13の生産ラインで、273アイテムと豊富な製品を生産している。生産量は年々2割ほど増え、竣工当時から3倍の9,000tとなった。

目下、業務用、家庭用ともに熱い商品は、昨春発売したストリングタイプのクッキングモッツァレラだ。販売が大きく伸びている。業務用では、特に串カツや天ぷらのような揚げ物での採用が増えている。その理由は、商品の特徴であるチーズの伸びの良さだ。従来、揚げ物で使われるチーズはプロセスチーズで伸びがなかったが、同社のクッキングモッツァレラは揚げるとモッツァレラの特徴である伸びがある。大手回転寿司のサイドメニューで期間限定販売され、写真映えすることからSNSで話題にもなっている。揚げ物のほか、焼いたり、鍋の具材、サラダに生食でも楽しめ、汎用性が高い。家庭用でもSNSで料理研究家がさけるチーズを使用したフランス地方のジャガイモ料理「アリゴ」を紹介。これによりさけるチーズ全体の出荷数が伸びスーパーでも品薄になるなどの反響が3月中旬現在でも続いている。この影響で同社の出荷数も順調に伸びている。

業務用顧客に対するオーダーメード力で磨かれた商品開発力が光る。強みの一つ、フレーバータイプのマーガリンでは「ガーリックマーガリン」が有名だが、発売から10年目にしてSNSで取り上げられブレイクした「たらこスプレッド150g」といったヒット商品もある。ヴィーガン・アレルギー対応商品も手掛ける。「燻製バター」というオツな逸品も。

PROFILE

1957年3月15日設立。マーガリン、チーズ、ホットケーキ等の製造・販売事業を展開。拠点は、本社（大阪府豊中市豊南町東4-5-1）、3工場（本社・泉大津・長浜）、2支店、5営業所。従業員数464人（2019年2月現在）。

マルコメ 株式会社

魚沼醸造

魚沼糀サロン

マルコメは、1854年に長野県で創業したみそのトップメーカー。だし入りみそ「料亭の味」がヒット商品となり、だし入りみそという新しい市場を作った。最近では、健康をコンセプトに、計測器メーカータニタと共同開発した「丸の内タニタ食堂の減塩みそ」が消費者の健康志向の高まりに乗ってヒット商品となっている。また、世界のトップモデル、ミランダカーさんが商品キャラクターに起用された「プラス糀　無添加糀美人」も糀割合の高い甘めのみそを提案し、市場における大きなトレンドを作り、マーケットをけん引しているヒット商品と言える。

総合食品メーカーとして新たなステージへ

マルコメは、液みそのパイオニアでもある。液体にすることで、みそ汁以外の調味料としても、手軽に使えるスタイルを提案し、簡便、時短が求められる現代において、最もニーズに合致した商品として注目されている。

そして、甘酒ブームをけん引するトップメーカーでもある。今年は新潟県魚沼市に世界でも最大級の米糀工場「魚沼醸造」を、83億円を投資して建設した。生産能力は年間約2700t（乾燥米麹換算）を誇り、最需要期の夏に向けて、万全な体制を整えた。

消費者が自由に利用できる「魚沼糀サロン」では、そこでしか味わえない糀甘酒を使ったソフトクリームなども販売される。また、糀甘酒を使った手作り石鹸のワークショップなど、体験型施設も備えてあるほか、糀甘酒について楽しく学べるキッズコーナーには、首都圏以外では初となるペネロペのグッズを購入できるコーナーも設置されている。

今後もサロン限定の洋菓子をパティシエ、辻口博啓さんが、また和菓子を菓道家、三堀純一さんがプロデュースする予定となっている。

魚沼醸造の会長でもある青木時男社長は「素晴らしい越後三山の水系、この伏流水がかけがえのない自然天然の資産。これを一番に尊重しながら、魚沼で作られている米、田、自然、風土、これらを大切にして、製品を作っていきたい。みそで培ってきたノウハウを活かし、『しぜんを醸し、いのちを造る』というコーポレートメッセージを達成するべく、全力を上げて、皆さんとともに頑張っていきたい」と魚沼醸造の成功を目指して舵を切った。

地域に根差し、貴重な天然素材から食品を作り出す魚沼醸造を得た、マルコメは、みそメーカーという枠を越え、食品メーカーとして新たなステージへ駆け上がっていく。

新しい切り口のコラボ商品や、販促プロモーションのアイデアが豊富。「大江戸温泉物語　浦安万華郷」とのコラボ企画では、糀甘酒をイメージした露天風呂や、館内の飲食店ではマルコメ商品を使ったメニューを楽しむことができる。糀甘酒露天風呂では、男女で楽しめる水着露天風呂が、糀甘酒をイメージした白濁の湯となり話題を呼んだ。

PROFILE

家庭用・業務用みそ・即席みそ汁の製造販売など。1854年創業。本社：長野県長野市安茂里883番地。東京本部：東京都新宿区高田馬場1-34-7。従業員数436人。売上高450億8000万円(2018年3月期)

丸大食品 株式会社

丸大食品は1954年に大阪市福島区で魚肉ハム・ソーセージの製造販売を行う丸大食品工場として創業。現在はハム・ソーセージ、調理加工食品、食肉を軸に事業展開している総合食品メーカーだ。家庭用商品では、「燻製屋熟成あらびきポークウインナー」「スンドゥブ」などの主力商品を有する。また、ギフト商品では「王覇」「煌彩」シリーズでモンドセレクション最高金賞を受賞したアイテムを軸に展開。グループ会社にはヨーグルト・チルド飲料の製造・販売を行う安曇野食品工房、ハンバーグなど加工食品の製造・販売を行うマルシンフーズがある。

食を通じてスポーツを応援

丸大食品はハム・ソーセージを通じて、日本のスポーツ振興をサポートしてきた。昨年、東京オリンピック・パラリンピック競技大会組織委員会と「東京2020オフィシャルサポーター（ハム、ソーセージ）」契約を締結。夢に向かって頑張る全ての世代の“わんぱく”たちに「食」を通じてエールを送っている。また、2020年に開催される東京2020オリンピックに向けてキャンペーンを行うなど、オリンピックを絡めた販促展開を行っていく。

72時間以上じっくり熟成させることで肉の旨みを最大限に引き出している「燻製屋熟成あらびきポークウインナー」では、家庭用の主力商品としてオリンピックのロゴ入りパッケージ商品を展開。昨年、大袋を発売し、巾着タイプ、中袋をそろえるなどラインアップの強化も図っている。

1978年に発売された「チキンハンバーグ」は昨年、発売40周年を迎えた。40周年を記念したパッケージの展開やキャンペーンを実施した。

新商品では、おいしさそのままに一般品と比べて30%減塩した「うす塩」シリーズで、国立循環器病研究センターの「かるしお」認定アイテムを発売した。パッケージもリニューアルして、認定アイテムであることを訴求している。

スンドゥブ市場でシェアNo.1の「スンドゥブ」シリーズでは、辛さ20の「大辛」を発売（既存品の辛口で辛さ7）。2018年秋に投入した1人前の3個パックも好調に推移しており、シリーズの底上げにつながっている。

大豆たんぱく質から作った肉のような食感の素材を使った「大豆ライフ」シリーズを発売するなど、業界に先駆けた商品展開に強み。鶏むね肉から抽出した機能性素材「プラズマローゲン」を商品化して健康食品市場にも参入。グループ会社の安曇野食品工房では、ブラックタピオカ飲料などがコンビニエンス・ストアチャネルを中心に人気を集めている。

PROFILE

1954年大阪市で丸大食品工場として創業。本社（大阪府高槻市緑町21-3）、全国に営業所35ヵ所、物流センター10ヵ所、工場13ヵ所。グループ売上高2,395億円、グループ従業員数5,493人（2018年3月31日時点）。

丸美屋食品工業 株式会社

ふりかけや麻婆豆腐の素、釜めしの素、お茶漬け、レトルトカレーなど加工食品の製造・販売事業を行う。基幹3群の「のりたま」「麻婆豆腐の素」「釜めしの素」は、いずれも同社がパイオニアとして市場を開拓し、けん引してきた。こうしたロングセラーを守り続ける堅実さがある一方、時代の変化に迅速に対応する商品開発力を兼ね備えている。2018年12月期決算では、19期連続で増収となり、総売上高は500億円へ到達した。堅実な安定成長を続けていくため、ロングセラー商品を時代にあわせてメンテナンスしながら次代を担う商品の育成に取り組む。

麻婆豆腐を「家庭の味」として食卓へ

かつて中華料理専門店でしか味わえなかった麻婆豆腐にいち早く着目し、1971年に家庭用調味料として「麻婆豆腐の素」を全国で発売した。みそ汁の具、冷ややっこなどレパートリーの少ない豆腐メニューの新しい提案だ。

同社の社員ですら商品化するまで食べたことがなかったようなメニューを販売することは簡単ではなかったという。そこで、まずは味を知ってもらうため、徹底的な試食販売を繰り広げた。粘り強く続けた営業活動が実を結び、関東を中心に売り上げを伸ばしていくなか、地元のライバル会社が大きくシェアを握っていた関西エリアで事件が起きた。1973年のオイルショックだ。景気不安から撤退するメーカーが出たが、丸美屋食品は商品を供給し続けた。この努力から“どこの店でも手に入る存在”となり、「麻婆豆腐の素」は市民権を得た。

フライパンと豆腐があれば誰でも簡単に、おいしく調理することができる簡便性が支持された。当時の価格は120円で、3人分の調味料2袋入りだった。豆腐1丁40円の時代だったため、200円あれば家族5～6人がお腹いっぱい食べられる経済性の高いメニューだったことも、普及の追い風となった。

発売から50年近く経ち、「麻婆豆腐の素」は日本の食卓に欠かせない商品となった。プレミアム志向の「贅を味わう」シリーズも展開し、メニューの価値提案に努めている。

液体と具材をセットにした「タレふりかけ」を開発し、ドライ、ソフトに次ぐ第3世代のふりかけとして提案するなど、ふりかけのトップメーカーとして市場活性化に努める。「麻婆豆腐の素」群も売上高100億円台に乗せ、中華総菜の素のトップブランドとして市場をリード。主食として利用できる米飯商品にも力を注ぎ、食品業界での存在感を増している。

PROFILE

1951年4月創立。ふりかけ、麻婆豆腐の素、釜めしの素など加工食品の製造・販売を行う。拠点は本社（東京都杉並区）、銀座オフィス、2工場（埼玉、鳥取）、全国7支店・13営業所。従業員数388人（2019年4月現在）。

三菱食品 株式会社

売上高2兆5,134億円(2018年3月期)を誇る国内最大手の食品卸企業。2011年に「三菱食品」が誕生。菱食、明治屋商事、サンエス、フードサービスネットワークなど三菱商事グループの企業を統合し、加工食品・低温食品・酒類・菓子を揃えたフルライン体制で事業を展開する。現在、従来の"中間流通業"の枠を超え、食のバリューチェーン全体を事業領域とした"中核企業"を目指す中で、より川上に近い領域で収益性の高いビジネスを拡大・確立するため、強固なフルライン機能を活用した商品開発・トレーディング事業の強化も図っている。

「からだシフト」で卸ならではの商品提案

卸企業において、自社開発商品は競合他社との差別化のほか、収益確保を図る上でも重要な商品だ。ただ、メーカーとシェアを奪い合うことは卸の本分ではなく、どうしてもニッチな分野に留まることも多かった。そうした中で、まさに卸でなければできない取り組みとして成功を収めているのが同社のオリジナル健康ブランド「食べるをかえる からだシフト」だろう。

同ブランドのコンセプトは、サプリメントを摂るという形ではなく、おいしさ、バラエティ感、簡便性、継続性を主軸に、食事をとる中で、心も身体も元気にすること。健康コンセプトの商品は、さまざまなメーカーが取り組んできたことではあるが、単独メーカーで商品を発売しても、小売店売場のカテゴリー間の壁もあり、棚に埋もれてしまうことがしばしばだった。

そうした中、統一ブランド、パッケージのもと、加工食品のさまざまなカテゴリーで、それぞれを得意とするメーカーとの共同開発により商品を取り揃え、売場で集合陳列することにより健康志向ブランドを「面」で訴求、売場で存在感を放つことに成功している。これはまさに卸ならではの提案と言えよう。

商品展開は、近年、健康志向の食生活習慣として定着している緩やかな糖質制限＝ロカボに着目し、第1弾として「糖質コントロール」シリーズを2017年9月から常温食品で発売。現在、乾麺、レトルト食品、ミックス粉、スープなど32品を展開する。さらに2019年2月25日からは、同シリーズから冷凍食品8品を発売し、シリーズ計40アイテムを揃えた。

同時に、新たに第2弾シリーズとして「たんぱく質がもたらす効果を効果的に引き出すために毎食20g以上を分散して摂取する」考え方に基づいた「たんぱく質」シリーズの常温食品12品を発売。ブランド計52品ものバラエティで、さらなる市場開拓を目指す。

商品開発事業の強化の中で2018年4月、ブランド戦略本部を新設。輸入ブランドでは、グミのハリボー（ドイツ）、パスタのバリラ（イタリア）等で強みを活かした販促を強化。オリジナル商品では、缶詰のリリー、キャンディのかむかむなど歴史あるブランドのほか、近年はからだシフト以外にもクラフトビールのJ-CRAFTなど新ブランドでラインアップを拡大中。

PROFILE

設立は1925年、菱食の前身、北洋商会設立に遡る。東京・平和島の本社のほか、全国6支社を構え、4,427人の従業員を擁する（2018年4月1日現在）。2020年5月、東京の春日・後楽園両駅直結で建築中のビルに本社移転予定。

株式会社 明治

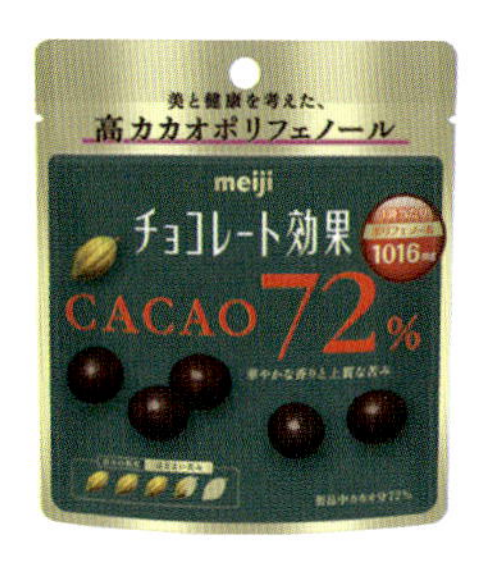

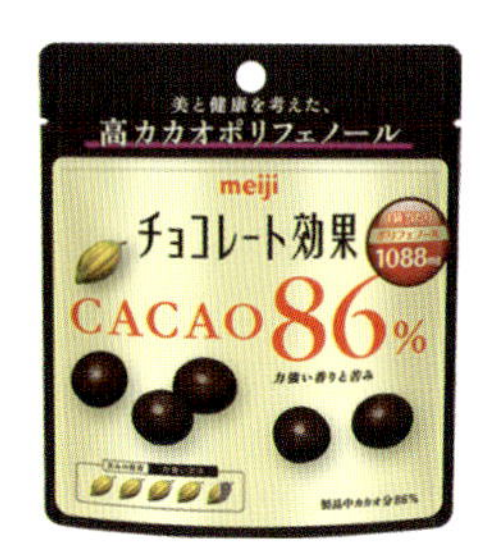

明治グループの食品事業を担う企業として、牛乳・乳製品、菓子、食品を軸に展開している。"食と健康のプロフェッショナルとして、一歩先を行く価値を創り続ける"というグループ理念のもと、主力のチョコレートカテゴリーの更なる強化、拡大に取り組む。近年はビーントゥバーチョコレートの「明治ザ・チョコレート」や、カカオポリフェノールの価値に着目した「チョコレート効果」により新たな市場を創造。さらには、カカオ・チョコレートを五感で体験できる施設「ハローチョコレート」を開設するなど、カテゴリー全体の活性化にも力を注ぐ。

高カカオチョコレート市場を創造

1926年に「明治ミルクチョコレート」が誕生し、「チョコレートは明治」の幕が開けた。発売当時、高級品だったチョコレートが広く普及したのは高度経済成長期以降で、その後もチョコレートは多様化、個性化の道を歩み、同社はラインアップを強化し、チョコレートを主力カテゴリーへと育て上げた。

1990年初めからカカオに含まれるポリフェノールの研究開発を始め、1995年のチョコレート・ココア国際栄養シンポジウムを通して、チョコレートの健康価値の情報発信を開始した。

その後1996年にココアブームが訪れると、それぞれに含まれるポリフェノールが注目され、話題を呼ぶ。そこで1998年、カカオポリフェノールが持つ健康価値に着目した大人向けのチョコレート「チョコレート効果」を発売した。1箱にカカオポリフェノールを豊富に含みながら、おいしさとほどよいビター感を両立させたチョコレートだ。発売初年度に約30億円を売り上げるヒットを記録し、8年後の2006年には約90億円へと拡大。同品が起点となり、流通菓子における高カカオチョコレート市場が生まれた。

トップブランドとして定着した後も、市場全体を見据えたさまざまな取り組みを展開。2014年に国内で大規模実証研究を実施し、この結果を広く発信すると、カカオポリフェノールの持つ健康価値が再び注目されるようになった。おいしいけれど体に悪いという日本人のチョコレートに対するネガティブなイメージが見直され、チョコレート喫食の習慣化を後押しすることになった。

2018年「チョコレート効果」シリーズの年間売上高は、約180億円にまで拡大した。いまや高カカオチョコレート市場の半分のシェアを持つ高カカオチョコの代名詞として市場をリードしている。

2018年までに「チョコレート効果」の売れ筋72%・86%の大袋商品を発売した。その好調ぶりからも、チョコレート喫食の習慣化が進んでいることが読み取れる。また、市場全体でグミキャンデーの伸長に目を見張るものがあり、そこには同社の「果汁グミ」が大きく貢献している。当面は、チョコレートとグミが同社菓子カテゴリーの成長エンジンを担う。

PROFILE

1916年設立の東京菓子がその後明治製菓に、翌年設立の極東煉乳が明治乳業となり、それぞれの業界のトップに成長。2009年経営統合し、共同持ち株会社・明治ホールディングスを設立、2011年食品事業会社、明治を発足した。

株式会社 明治

乳事業と菓子事業を主に、明治グループの食品事業を担う売上高1兆円企業。このうち「明治ブルガリアヨーグルト」は売上高約800億円と同社の売り上げの軸となるブランドであり、45年を経た今も時代のニーズに合った品ぞろえ、圧倒的なブランド力で成長、ヨーグルト市場をけん引している。牛乳同様に差別化が難しいとされるプレーンヨーグルトについては、ロングセラーブランドが直面する課題、顧客層の若返りに近年注力しており、常に市場拡大を意識したマーケティング、市場のプライスリーダーとして乳業各社、流通から期待されている。

本場認めた正統「明治ブルガリアヨーグルト」

開発のきっかけは1970年の大阪万博のブルガリア館でのプレーンヨーグルトとの衝撃の出会いであり、このヨーグルトを分けてもらい研究を開始したのが始まり。1971年日本初のプレーンヨーグルトを発売、しかしヨーグルト本来の爽やかな酸味がまだ日本人になじみが薄く、商談先での試食会では、予想以上の拒否反応を受け、非常に厳しいスタートとなった。このため本物であることの証である「ブルガリア」のネーミングが必要との思いを強くし、国名使用許可を求め粘り強く大使館と交渉した。1972年ブルガリア共和国から国名の使用許可が下り、1973年に国の名前を冠した「明治ブルガリアヨーグルト」を発売。馴染みのない味を市場に根付かせるまでには苦労したが、容器革命、菌株の見直しによる健康効果の向上、特定保健用食品の認可取得、製品ラインナップ充実などで、絶えず消費者の興味を引き付け購買動機を喚起、売り上げを着実に伸ばしてきた。消費ニーズに合わせ、簡便な飲むタイプ、家族をターゲットにした食べきりサイズの小分けタイプなども発売。ヨーグルトでは圧倒的なトップブランドとなり、現在日本で消費されるヨーグルトの2割を占めるまでになった。明治プロビオヨーグルト3ブランドを含めると国内の約4割以上が明治商品。

そして2018年12月発売45周年を迎え、都内で限定カフェをオープン。イベントの一つとして行った「マイパッケージ」作り＆プレゼントは、親子、カップルなどの顔写真が商品パッケージになる面白さ、SNS映えで若年層の関心を掴み、話題となった。パッケージイベントの最大の目的は「ブランドとの距離感を縮める」こと。2019年は各地イベント先などでも予定し、着実にユーザーの間口拡大を進めている。トップシェアの座に甘んじず、絶えず地道な仕掛けをやり続けることが同ブランドの成長を支えている。

研究開発力はもとより、マーケティングにおいても他社より頭一つ抜き出ている。子どもの顔をブルガリアヨーグルトのパッケージ表面に印刷してプレゼントする試みは、確実に若い母親の心を掴んでいる。記者も取材時に自分の顔写真入りパッケージを作り、もともと昔から食べていて身近なブランドだが親近感を感じた。

PROFILE

1916年設立の東京菓子がその後明治製菓に、翌年設立の極東煉乳が明治乳業となり、それぞれの業界のトップに成長。2009年経営統合し、共同持ち株会社・明治ホールディングスを設立、2011年食品事業会社、明治を発足した。

森永製菓 株式会社

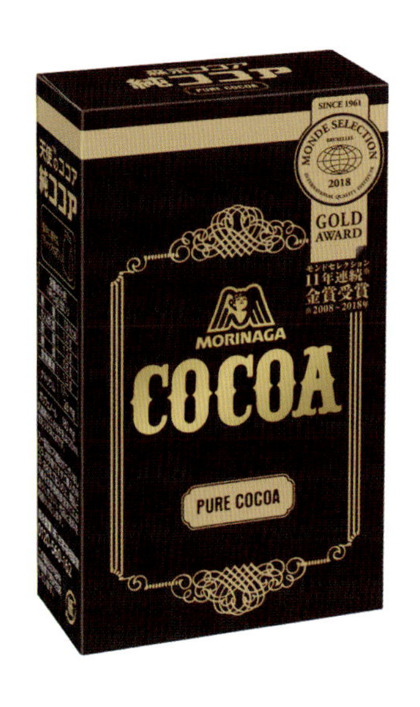

初代森永太一郎が「日本の人々へ栄養価のあるおいしい西洋菓子を届けたい」との夢を抱き、1899(明治32)年に創業した。現在は菓子・食品、冷菓、健康の3事業を柱に展開している。近年は少子高齢社会に応じた健康食品事業や海外事業を成長分野として強化。従来の枠を超えた新市場・新領域の開拓にも取り組んでいる。こうした同社の挑戦を支えるのが、圧倒的な知名度を誇るロングセラーブランドだ。なかでも、2019年に発売100周年を迎えた日本初の飲用ココア「森永ミルクココア」は、長年にわたり国内ココア市場のトップブランドとして親しまれている。

愛され続けて100年「森永ミルクココア」

1918年に日本で初めて、原料カカオ豆からチョコレートの一貫製造を開始した。翌19年に誕生したのが、日本初の飲用ココア「森永ミルクココア」だ。同社はこの年にカカオプレスを導入し、製品化を実現。欧米で昔から飲まれていた栄養豊富なココアを日本に広めたいとの思いから開発したという。しかし当時の日本では、なかなか受け入れてもらえず、画期的な販促策を次々と打ち出していく。

日本初の国産ミルクココア

まずは健康価値をアピール。登山家の栄養補給のため、富士山や白馬山に「ココア接待所」を設置した。1963年には「まんがココア」を発売。当時の子どもたちから絶大な人気があったマンガ「狼少年ケン」を広告やマスコットに使用するとこれが大ヒット。国民飲料として受け入れられるきっかけをつくった。

1965年には「牛乳用ココア」の発売により、アイスココアの飲用シーンを創出。さらに76年、現在でもおなじみの「ココアはやっぱり森永」のキャッチコピーを使いはじめる。テレビCMで、家族で飲用するイメージを定着させた。

その後、1995年に主婦向けの情報番組で「ココアの健康効果」が紹介されると需要拡大に火がついた。2000年代に入ってからもココアの健康価値は支持されていく。そこで2010年に「ミルクココアカロリー1/4」「ミルクココアカカオ2倍プラス」を、翌11年には「カカオ70」を発売した。

2019年に「森永ミルクココア」は発売100周年を迎えた。これからも同社は、ココアの新たな歴史を築いていく。

2019年に創業120周年を迎える。キャラメルやチョコレートなどをわが国で初めて大量生産化し、その普及に貢献してきた西洋菓子のパイオニア企業だ。その後も食品や冷菓、健康へと分野を広げ、今日ではココアやホットケーキミックス、甘酒など、カテゴリーのトップブランドを数多く有する。今後は健康食品や海外事業でさらなる飛躍が期待される。

PROFILE

1899年森永西洋菓子製造所創業、1910年2月23日設立。菓子食品、冷菓、健康、海外事業等を展開。拠点は、本社（東京都港区芝5-33-1）、1研究所、4工場、7支店、2海外営業所。従業員数1,303人（2018年3月末現在）。

森永乳業 株式会社

腸の中でも全身の健康リスクと深く関わる可能性がある大腸に働きかけるビフィズス菌。この同社代表商品が「ビヒダスヨーグルト」であり、ヨーグルト市場を40年以上にわたって牽引、プレーン「脂肪0」タイプについてはいち早く市場に根付かせた。このほかヨーグルト分野では「アロエ」「ギリシャヨーグルト」のカテゴリーを市場に確立させ、新たな需要の創出を果たしている。2019年はビフィズス菌の価値向上に改めて注力、これまでとは異なる新たな訴求切り口とその効果に関心が集まる。2019年は同社保有の「ビフィズス菌BB536」発見50周年。

一般に比べ酸や酸素に強いビフィズス菌BB536

そもそもビフィズス菌は乳酸菌とは異なるが、この違いを理解している消費者は少ない。そしてすべてのヨーグルトにビフィズス菌が含まれているわけではないこともあまり知られていない。同社は「ヨーグルトを選ぶうえで知っておきたい、ビフィズス菌と乳酸菌の違い」と題し、ビヒダスブランドサイト内で分かりやすく解説しており、関心のある一定層には響いている。これまでの主な訴求ポイントは、便通改善効果。しかし便秘レベルを超えた重大な課題が大腸にある（がんの部位別罹患率の第1位）ことが語られるようになってきた今、「便通改善」という特定の疾病に対する効果ではなく、腸内フローラの乱れ改善、つまり「全身の健康リスク対策」という視点で、ビフィズス菌の独自価値を高めていく方が時代のニーズに合っていると判断、2019年から訴求切り口を大きく変えていく。

2019年春ビヒダス全商品のパッケージに「大腸」の文字を入れリニューアル、直接的な言葉を入れることで消費者が手に取るきっかけを作り、ビヒダスを選ぶ理由へつなげていく。大腸への働きをより実感できる商品も投入。ブランドの一段上の成長ステージを目指すには、新しいユーザー獲得が必要であり、全身の健康リスク対策という切り口で幅広い年代を取り込めるか注目だ。ラインナップは現在プレーン、ドリンク、4個パック、個食の15品。

なお、ビフィズス菌は一般的に酸や酸素に弱く、食品への応用が難しいとされている。同社はヒト由来のビフィズス菌BB536を1969年発見、1978年にビヒダスヨーグルトを発売した。海外からも注目され、1986年にはビフィズス菌入りヨーグルトの製造方法をヨーロッパへ技術輸出、その後、フランスで農事勲章を受章、ドイツで菌体のライセンス製造契約し世界で発売されるなど、世界各国で同社の技術が利用されている。

砂糖不使用のプレーンヨーグルトは、酸味の少ないまろやかな味わいを実現。すっぱくて泣いていた子どもがビヒダスを食べてにっこり笑顔になる2015年のテレビCMはインパクト大で、プレーンヨーグルトはどれも同じ味と思っている消費者の心を突き動かした。乳のコク、酸味など全体のバランス感に優れていて、乳酸菌とビフィズス菌の2菌入りでお得感も。

PROFILE

1917年乳製品の製造を主に行う日本煉乳が設立、その後森永製菓との合併分離を経過して、1949年森永乳業が設立した。1967年森永商事の乳製品販売部門を譲り受け現在の体制となり、2017年創業100周年を迎えた。

株式会社 ヤクルト本社

予防医学を目指し、微生物の力に着目した創始者の代田稔博士が、生きて腸に届いて有用な働きをする乳酸菌の強化培養に成功したのが現在の「乳酸菌 シロタ株」。これを"多くの人に健康を届けたい"という精神から商品化したのが乳酸菌飲料「ヤクルト」だ。今日では世界で毎日約4,000万本(2018年度実績)が愛飲されている。この精神は全事業活動に脈々と受け継がれているという。人に良い働きをする乳酸菌やビフィズス菌などの微生物を「プロバイオティクス」として健康に役立てようという考えが注目されているが、同社はそのパイオニアだ。

世界の人々から選ばれるブランドに

国内の食品事業では、健康に役立つ研究活動を通じて、選び抜いたプロバイオティクスをライフスタイルに合わせて摂取できるように、生きたまま腸内に到達するように強化培養された「乳酸菌 シロタ株」と「ビフィズス菌 BY株」が摂取できる乳製品を中心に、ラインアップしている。

「乳酸菌 シロタ株」は、乳製品乳酸菌飲料の「Newヤクルト」「ヤクルト400」「シンバイオティクス ヤクルトW」「毎日飲むヤクルト」などと、はっ酵乳の「ジョア」を展開する。「ビフィズス菌 BY株」は、「BF-1」や「ミルミル」などがある。

また、その他の飲料・食品分野は、「蕃爽麗茶」や「ミルージュ」、「黒酢ドリンク」のほか、乳酸菌シロタ株および豆乳由来の大豆イソフラボンが摂取できる「ヤクルトのはっ酵豆乳」など、生活習慣や野菜不足といった現代人の身体の不安に応える商品を展開。

同社の事業を支えている大きな力は、なんといってもヤクルトグループ独自の「ヤクルトレディ」による宅配サービスだ。地域に根差して活動する「ヤクルトレディ」は、国内で約3万5,000人が活躍している。商品だけでなく、プロバイオティクスの働きなどさまざまな情報を届ける地域の健康アドバイザーの役割も担っている。

海外でも日本発の宅配型サービスをモデル化し、多くの「ヤクルト」が世界中で飲まれている。同社の海外進出は、1964年の台湾ヤクルトを皮切りに、28の事業所と1つの研究所を中心に、38の国と地域（2018年度、日本除く）で主として乳製品乳酸菌飲料「ヤクルト」の販売を行っている。海外のヤクルトレディは約47,000人、社員数は約22,400人（同）で、乳製品1日平均販売本数は、2018年度に大台の約3,000万本を突破した。世界中の人々から毎日選ばれるブランドに成長している。

プロバイオティクスの可能性を求めて、2012年から「宇宙プロジェクト」を推進している。これは、宇宙航空研究開発機構（JAXA）と共同で行う国際宇宙ステーション（ISS）での研究だ。「乳酸菌 シロタ株」を含む試験用サンプルを宇宙飛行士に飲んでもらい、体調の変化を調査するという内容で、得られた知見は地球上の人々の健康増進にも生かす考えだ。

PROFILE

1955年4月設立。食品、化粧品、医薬品などの製造・販売など。本社は東京都港区東新橋1-1-19。国内は本社工場7カ所、研究所1カ所。関連会社は国内約140社、海外約30社。従業員数2,848人（2018年3月末時点）。

藪田産業 株式会社

日本酒業界で「ヤブタ」の名を知らなければもぐりだ。そう言っても過言ではないほど、同社の「藪田式連続もろみ搾り機（通称ヤブタ）」はこれまで数多くの酒蔵の省力化と品質向上に貢献してきた。全国で造り酒屋の数が1,200社ほどと言われる中、累計2,500台以上の納入台数を誇ると聞けば、あながち誇張でもないことが分かるだろう。「ヤブタ」は元々、1963年に関連会社の大和酒造が開発。同社はこの画期的な製品の製造・販売を目的に設立された。それ以降もたゆまぬ努力で改善に取り組み、生産の高効率化や省力化を通じて品質の向上を目指してきた。

業界で「ヤブタ」を知らなければもぐり

ひとたびTV番組でその健康・美容効果が紹介されると、店頭からあっという間に姿を消す酒粕。日本酒の元となるもろみを搾ることによって、飲むための日本酒と、副産物である酒粕に分けられている。米と麹のみで作る麹の甘酒と違って、酒粕の甘酒が完全なノンアルコールでないのはそのためだ。

この分離作業を上槽（じょうそう）と呼ぶが、「ヤブタ」は従来の方法では丸2日以上必要とした上槽工程を、半分となる24時間に短縮させた。それだけにとどまらず、日本酒の品質向上と粕処理を含めた酒造り現場の労働環境の改善に大きく貢献してきた。

「ヤブタ」は横長の巨大な本体フレームに、ろ板と呼ばれる畳1枚大の板を縦にはめ込み、左右から強い圧力をかけることで日本酒を搾る仕組み。ロングセラーである所以は、絶え間ない品質向上と効率化への挑戦だ。たとえば、初代A型アルミろ板からろ布の脱着を容易にしたB型、さらに軽量化されたポリプロピレン（PP）のろ板をラインアップに加えたことが挙げられる。

新型のPP製のろ板は、アルミニウム性のものより約10kg軽く、導入先からは「ハンドリングがいい」と大好評だ。ろ板は酒造りが終わった春に取り外し、酒造りが始まる秋にセッティングし直される。年に2回必要で、多ければ数十枚の脱着が必要で、想像しただけでも大変な重労働である。10kg軽量化の恩恵は計り知れない。

同社は「ヤブタ」のみならず、吟醸用こしき、無通風製麹装置、火入れ殺菌装置などの製品が全国の日本酒の製造現場で活躍している。売上構成比は、日本酒、焼酎、みりん、食酢などの食品分野と、化学工業や半導体など一般産業分野でほぼ同じ比率。ほかにも、減圧蒸留装置や限外沪過システム、クラフトビール製造設備など幅広い製品を揃えており、国内外の生産現場で高い評価を獲得するに至っている。

これまでも海外案件を数多く手掛けグローバルに活動してきた。海外では近年、日本食とともに日本酒の人気も急上昇しているが、ベトナムや韓国、米国、タイなどで日本酒や焼酎を生産する計画はかなり多く、同社へ見学に訪れるケースも増えているという。国内では確固たる地位を築いているが、「世界のヤブタ」となる日も近そうだ。

PROFILE

1963年に大阪市阿倍野区に設立。現本社（兵庫県明石市）には1971年に移転。同社のろ過、蒸留、濃縮、液化、糖化、殺菌の技術は、食品のみならず幅広い産業分野のものづくりを支えている。従業員数は70人（2019年3月末現在）。

山崎製パン 株式会社

2018年に創業70周年を迎えた日本最大手の製パンメーカー。創業者・飯島藤十郎社主の「良品廉価・顧客本位」の考えのもと、日本全国にできたてのパンを販売するメーカーとなった。2015年12月期決算で、グループ連結売上高1兆円を達成。その後も増収を続けている。「創業100周年には売上高2兆円の実現を目指す」(飯島延浩社長)。パンのある食卓を楽しむ企画も多数実施。2019年には人気企画「春のパンまつり」が39回目を迎えた。「白いお皿」がもれなくもらえるこの企画では、これまでに5億枚以上の「白いお皿」をプレゼントしている。

食パンのあらゆるニーズに応える

山崎製パンは食パン、菓子パン、和菓子、洋菓子、調理パン、米飯類、調理麺、菓子など様々な製品を製造。また、ベーカリー「ヴィ・ド・フランス」、コンビニエンスストア「デイリーヤマザキ」の運営など事業は多岐にわたる。

その中、日本の食卓に欠かせない「食パン」の改良を常に続ける。主力ブランドは「ロイヤルブレッド」「超芳醇」「ダブルソフト」の3つだ。

「ロイヤルブレッド」は小麦本来の味と香りが楽しめるため、「生食」はもちろん、トースト、サンドイッチとも相性が良い。良質な上級小麦粉とバターを使用し、2012年の発売からスタンダードな食パンとして販売も拡大している。「ダブルソフト」は耳までやわらかい食感が人気のロングセラーブランド。「全粒粉」タイプも投入し、おいしさと健康の両面のニーズに応える。「超芳醇」は独自の「湯捏（ゆごね）製法」により、小麦本来の甘みを引き出す。

店頭で活躍するのはM（マーケット）クルー。製品紹介に加え、親子で楽しめるサンドイッチ教室等を通して、食パンの魅力を発信する。

また、ルヴァン種の技術を導入。2016年にグループの一員となったトム・キャット・ベーカリー社（ニューヨーク州）から取り入れた。従来は難しいとされていた、ライン製造を可能とした製品を増やしている。山型食パン「新食感宣言ルヴァン」、子供からお年寄りまで楽しめる柔らかさが特徴の「ふんわり食パン」でもルヴァン種を活かす。

加えて、手頃なサイズと贅沢な素材を使用した「ゴールドシリーズ」もラインナップ。食パンへのあらゆるニーズに応えるべく製品ラインナップを展開する。

北は北海道、南は熊本まで、全国23工場で、毎日約200万個の食パンを焼き上げ、日本の食卓を支える。

「あんパンを食べたらホッとした」。こういった声を災害の後に聞く機会は多い。1994年の阪神淡路大震災の際、山崎製パンでは飯島延浩社長と幹部が現地入りし、救援食糧としてのパンの供給体制を整えた。その後、災害時の緊急対応体制を強化。災害が起こっても、パンが真っ先に被災者に届く取組みを構築している。

PROFILE

1948年6月設立。飯島延浩社長。日本最大の製パンメーカー。製パン事業の他、ベーカリーの経営、コンビニエンスストア事業も展開。従業員19,478人、販売店舗110,688店舗(2018年12月末現在)。

ヤマザキビスケット 株式会社

日米合弁企業として創立し、2016年9月から商号を「ヤマザキビスケット株式会社」へ変更した。「ルヴァン」「ノアール」などブランド力のある商品を多数展開している。なかでも日本初の成型ポテトチップス「チップスター」は、長年にわたり人々に愛されてきたロングセラー商品。その円筒型のパッケージは2018年度グッドデザイン・ロングライフデザイン賞に輝いた。サッカーファンの間でJリーグ開幕の前哨戦として親しまれている「YBCルヴァンカップ」開催や途上国における開発援助活動の支援等、社会貢献活動にも力を入れている。

日本初の成型ポテトチップスを開発

日本のクラッカー市場のパイオニアとして、同社が力を注ぐのが「ルヴァン」ブランドだ。消費者のニーズやライフスタイルの多様化を受けて、2017年には「ルヴァンプライム」を発売。これに併せてプレーンクラッカーの「ルヴァンクラシカル」を刷新し、日本の定番クラッカーとして、その地位を揺るぎないものにしている。ファンの間で“究極のココアビスケット”と囁かれる「ノアール」はヤマザキビスケットが味、品質ともに徹底的にこだわり抜いた製品で、人気商品となっている。ココアビスケットの表面に日本のシンボル「桜」と勝利や栄光のシンボル「月桂樹」の模様を刻印している。

同社を語るうえで欠かせないのは、1976年に日本初の成型ポテトチップス「チップスター」を開発したことだ。当時、急成長するアメリカのスナック市場に着目し、日本のスナック分野にはない新製品として開発。ポテトフライに最も適したアメリカ・アイダホ産中心のポテトフレークと植物油脂を使い、さっぱりとした味わいにしている。

この「チップスター」のトレードマークが、菓子業界で初めて採用した円筒型のパッケージだ。一目見たら忘れられないインパクトがあり、2018年度グッドデザイン・ロングライフデザイン賞に輝いた。見た目だけでなく、丸筒の改良も進めている。1992年から環境問題に配慮した100%紙製のリサイクルパッケージへと変更。2016年以降は紙筒をつぶしやすくするため、全品の底面にミシン目（切れ目）を施した「ユニバーサルデザイン」を採用している。

2016年9月に新生「ヤマザキビスケット」がスタートした。創業当時から「価値ある製品の提供」を企業理念に掲げる同社では、近年「チップスター」に次ぐ新たな柱の育成を図っている。中でも「エアリアル」はミルフィーユ状に生地を4層に重ねたコーンスナックで、同社の技術力の高さが光る商品。2009年の発売時から大幅に売り上げを伸ばしている。

PROFILE

1970年10月創立。ビスケット、スナック、キャンデー等、菓子の製造販売を行う。拠点は、本社（東京都新宿区西新宿1-26-2　新宿野村ビル40F）、本社の他15営業所、1工場を有する。従業員数1,070人（2019年4月現在）。

ヤマサ醤油 株式会社

昆布だしの味付けぽん酢として「昆布ぽん酢」は1999年8月に発売され、今年20周年を迎えた。ヤマサ醤油の醤油加工品としてもう一つの看板商品である「昆布つゆ」が1997年に発売され、昆布だしのまろやかさが受けたことで、「昆布ぽん酢」の発売となった。発売後は鍋用だけでなく、餃子やサラダ、焼魚など汎用性も訴求し、順調に成長。今期は柑橘感をアップしてよりさわやかな味にリニューアルした。20周年を記念した500㎖ペットボトルも新発売。また発売時からテレビCM出演の草彅剛さんが4月から再登場して「昆布ぽん酢」を盛り上げている。

昆布ぽん酢――柑橘感アップでよりさわやかに

「昆布ぽん酢」は1999年8月に360㎖瓶で発売され、その後600㎖PETの容量を揃えたが、20周年を記念して500㎖PETの新容量を加えた。また、柑橘感をアップしてよりさわやかな味わいにリニューアルした。

発売当時、ぽん酢市場は先発メーカーの商品が市場を席巻していたことから、参入するには付加価値が必要と判断。ちょうど2年前に鰹だしが主流だった濃縮つゆ市場に昆布だしをメインに使った「昆布つゆ」を発売したところ、そのまろやかさが好評を博した。そこで昆布だしのぽん酢「昆布ぽん酢」の発売となった。現在では、この2品が醤油加工品の主力となっている。

商品開発に当たってポイントとなったのが2点。一つはだし入りはどうしてもにごりが発生するが、これを取り除いてクリアな液体にすること。もう一つが醤油、果汁、食酢、だしの配合バランス。これらをクリアした結果、さっぱりとまろやかなぽん酢が完成した。これまで酸味が苦手な人や子供にも受け入れられる味を実現した。まろやかさをイメージしたデザインの360㎖瓶での発売となった。

「昆布ぽん酢」がヒット商品として定着したのは、味の点に加え、鍋以外の汎用性を訴求したことがあげられる。餃子、焼肉、焼き魚、さらにはサラダと和洋中のメニューを提案したことだ。この汎用性が消費者の支持を受けて、現在に続いている。

また草彅剛さんが出演するテレビCMも人気定着の要因だ。発売当初から「昆布ぽん酢」のCMに出演、一時「昆布ぽん酢」のCMを休んだこともあるが、「昆布ぽん酢」の再CMに草彅さん以外の出演はない。草彅さん出演の新CMは4月10日から放映している。また20周年記念の500㎖PETには草彅さんの自筆メッセージをプリントしたボトル（3パターン）を2月から50万本予定で発売している。

2016年から「昆布ぽん酢」と「昆布つゆ」の2品で「昆布のチカラ」キャンペーンを展開している。昆布だしのおいしさの秘密や昆布だしと肉や魚のうま味との相乗効果などをPR。2019年は家族よろこんブゥ～！をテーマに「豚のっけレシピ」を提案、「昆布ぽん酢」では「さっぱり豚のっけ！和風サラダ」などを紹介している。

PROFILE

初代濱口儀兵衛が紀州から銚子に渡り、ヤマサ醤油を創業したのは1645年。1928年に株式会社に改組。醤油及び関連調味料の製造・販売のほか、医薬品類の製造・販売も手掛ける。本社は千葉県銚子市新生町2-10-1。

UCC 上島珈琲 株式会社

いつでも、どこでも、一人でも多くの人においしいコーヒーを届けたい――という創業精神を受け継ぐUCC上島珈琲。生産国での栽培から、原料調達、研究開発、焙煎加工、販売、文化、品質保証まで、コーヒーに関する全ての事業を自社で手掛けている。

これまでも世界初の缶コーヒー、日本初の真空包装レギュラーコーヒー、日本独自の喫茶業態など、常にコーヒーの新たな可能性を追求してきた。「カップから農園まで」一貫したビジネスモデルで「Good Coffee Smile!」の創造を図り、最高のコーヒーのおいしさと楽しさにこだわり続けている。

「カップから農園まで」の活動で笑顔広げる

家庭用・業務用コーヒー、コーヒー飲料、一杯抽出コーヒーシステム、海外製品などを展開する同社。日本市場では、業務用・家庭用・工業用の全レギュラーコーヒー市場でトップシェアを堅持している。世界レベルのさまざまなコーヒー抽出大会のチャンピオンを多数輩出していることも特徴だ。

家庭用コーヒーでは、2000年以来19年連続で家庭用レギュラーコーヒー売上No.1の主力ブランド「UCC ゴールドスペシャル」をはじめ、一杯抽出型ドリップコーヒーを中心に他カテゴリーでも展開する「同 職人の珈琲」などの人気ブランドがある。また、おいしさそのままにカフェインを取り除いた「同 おいしいカフェインレスコーヒー」、ブレンド技術を駆使したインスタントコーヒー「同 ザ・ブレンド」などであらゆるシーンに対応する。

コーヒー飲料では、世界で初めて開発した缶コーヒー「同 ミルクコーヒー」（1969年発売）が、世界中の缶コーヒー市場を創造した。そして、ブラック無糖缶コーヒーのパイオニア「同 BLACK無糖」は、無糖RTDコーヒーの礎を築いた。

UCCグループのネットワークは、欧州・アジアなど世界20数カ国・地域へ広がり、UCCブランドの製品はアジアやアメリカなどでも展開中だ。

農園は、1981年に日本のコーヒー業界で初めてジャマイカのブルーマウンテンコーヒーエリアで農園事業を手がけ、直営農園を開設。その後、ハワイにも直営農園を開設し、生産地で自らコーヒーを育て、栽培段階からコーヒーの品質をコントロールしている。

コーヒー文化の発信では、1987年に世界で唯一のコーヒー専門の博物館「UCCコーヒー博物館」（神戸市）を設立。そして、2007年にはコーヒー全般を体系的かつ段階的に学べる教育機関「UCCコーヒーアカデミー」を開校し、神戸と東京で展開している。

利用者の好みの味覚に合ったコーヒーを提案するWEBサービス「My COFFEE STYLE」の展開を2019年3月から開始している。16種類の豆の中から嗜好に合ったコーヒーが毎月届く定期購買（サブスクリプション）のサービスだ。飲むたびに感想を「My COFFEE マップ」に登録すれば、自分だけのコーヒーマップの完成度が高くなるのが面白い。

PROFILE

1933年創業、1951年設立。コーヒー、紅茶、ココアの輸入と加工、販売。缶コーヒー等の飲料の製造、販売。9つの工場と研究所を有する。本社は兵庫県神戸市中央区港島中町7-7-7。従業員数992人（2018年12月期）。

雪印メグミルク 株式会社

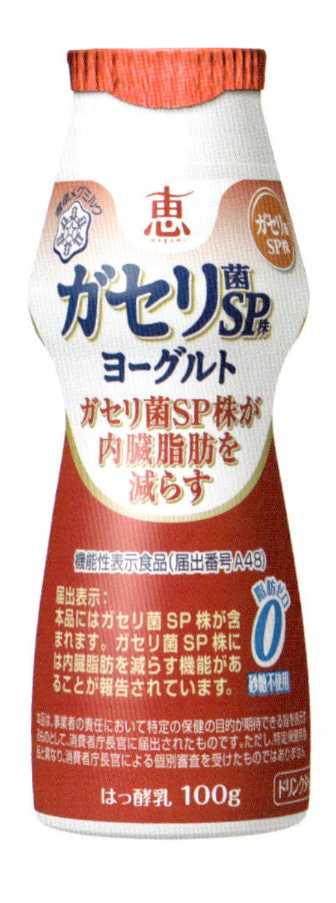

酪農家のための生産組織として設立された北海道製酪販売組合が前身。1925年北海道でのバター製造から出発し、チーズを中心に事業を拡大した。2009年雪印乳業と日本ミルクコミュニティの経営統合により共同持株会社・雪印メグミルクが設立、2011年両社が吸収合併し事業会社となった。現在、酪農生産への貢献などを使命とし、牛乳、ヨーグルト、チーズ、バターなどを製造販売しており、中でもヨーグルトは健康志向の高まりを背景に、乳酸菌「ガセリ菌ＳＰ株」を使用した機能性ヨーグルトが急成長している。

現代ニーズ合致「恵megumiガセリ菌SP株ヨーグルト」

「ガセリ菌ＳＰ株」の働きは、「内臓脂肪を減らすのを助ける」こと。しかしこれをパッケージに表記できたのは、機能性表示食品表示の認可を取得した2015年以降で、2011年発売当初は中身の特徴を伝えきれず売り上げは低迷していた。もともと乳業の歴史が長く、乳業界のプライスリーダーだった同社は、乳の研究開発力において業界でも一目置かれており、「ガセリ菌ＳＰ（スノー・プロバイオティクス）株」の発見と商品化は、期待値が高かっただけに歯がゆい思いだった。

ヒトによる試験を重ね、肥満傾向にある被験者の脂肪軽減などに効果があることを確認。エビデンスを蓄積し、消費者庁へ提出、認可が下りるのを待った。2015年、ヨーグルト商品では初めて機能性表示が受理され、その年の8月に食べるタイプ、ドリンクタイプを機能性表示食品としてリニューアル。それまで「長くとどまる」と控えめだったパッケージ表記を、「ガセリ菌ＳＰ株が内臓脂肪を減らす」と明確な内容に一新したことで訴求力が高まった。

俳優の向井理を起用したテレビCM投下、これに加え2015年は内臓脂肪の蓄積がもとになるメタボリックシンドロームが社会的に注目され、時代のニーズに合致、売り上げは飛躍的に拡大した。西（京都）と東（神奈川）の工場の生産体制を強化し、能力を大きく引き上げ、同時にラインアップを拡充、存在感あるブランドに急成長した。

2018年食べるタイプで特定保健用食品（トクホ）を取得し、トクホが与える安心感、お墨付きで、新規購入者やリピーターを獲得。2019年春はテレビCMを一新し、インパクトを強め、成長路路線を確かなものにしている。

「内臓脂肪」は、病気予防意識が高まる中で幅広い年齢層の関心を掴む。同ヨーグルトは、時代のニーズにうまく合致し、タイミングよく投入できた成功商品の一つといえる。

そもそもガセリ菌ヨーグルト個食の発売は、女性の認知率は高いが男性との接点が少ない「恵」ブランドの強化策が出発点。ガセリ菌の価値向上でCVS棚を獲得し、サラリーマンとの接点を果たしている。恵ブランドで括ってコミュニケーション効率化ができていることが、他社とは異なっていて、将来的なブランド戦略の中でどう生きてくるのか気になる。

PROFILE

本社は東京・四ツ谷。登記上本店は北海道札幌市東区苗穂町。21支店・営業所、17工場、従業員数は5,000人強。国内とオーストラリア、台湾、タイに計約30のグループ会社がある。1946年から実業団チーム、スキー部を所有。

吉原食糧 株式会社

讃岐、に続く言葉は？ と問うと、多くの人が「うどん」と答えるだろう。讃岐うどんは日本で広く普及し、海外にも進出するまでになった。瀬戸大橋が開通して30年余り、全国チェーンのうどん店もずいぶん増えたが、うどん大国香川県の名はゆらぐことがない。その香川の地で、讃岐うどんの変遷を定点観測している企業がある。坂出市の製粉企業、吉原食糧だ。讃岐うどんのための香川県産小麦「さぬきの夢」の生みの親のひとりでもある。1902年創業の同社は、原料供給という立場から讃岐うどんの過去・現在・未来を見つめる。

進化するさぬきうどんの未来を見据えて

毎年11月、吉原食糧は本社工場内で「さぬきうどんタイムカプセル」というイベントを開催する。テーマは「食べて知る、讃岐うどんの歴史と未来」。これまで開催は12回を数える。時間を超えて、2つの時代のうどんを来場者に食べ比べてもらうことがメインテーマ。例えば、過去のうどんは大正時代の水車製粉の「加工帳」をもとに当時のレシピを再現、石臼挽きした県産小麦を使用する。未来のうどんは5年後程度の、近未来の食感を想定した讃岐うどんだ。

この「近未来の食感を想定」というのが、同社の独特の視点だ。吉原良一社長は言う。「実は讃岐うどんの食感の好みは変化している。1997年頃、開発の立場からその変化に気が付いた」。このころから、香川県内のうどん店では弾力性に加えて「もちもち性」の食感が評価されるようになったという。そこで同社が開発したのが、オーストラリア産のうどん用小麦ASWと国産小麦、それぞれの特性を融合させた「ハイブリッド小麦粉」だ。2種の小麦をただブレンドするのではない。1粒の小麦を50以上の部位に挽き分け、それぞれの小麦の特徴ある部分のみを合わせる、それが「ハイブリッド（特性の融合）」だ。うどんにすると、めんの中心部には讃岐うどん特有の弾力があり、その周囲はもちもちとした食感に仕上がる。黄みがかったクリーミーな色調に、絹のようななめらかな食感、国産小麦特有の風味も備えている。

小麦粉はシンプルな素材であり、その開発は難しい。同社は小麦粉を科学的見地から分析し、次々と画期的な製品を生み出している。「未来のうどんを見据えながら開発を進めている。讃岐の食文化を原料小麦粉から支えていく。そして、その記録を残し次世代に伝えていくという使命がある」と吉原社長。土地に根付いた独特の食文化は、こうして守られ、そして進化していく。

同社の先進的な製品の数々。小麦胚芽粉「スウィートポリフェ」は砂糖と置き換えできるほどの甘みがあり、かつポリフェノール含量量が小麦粉の9倍という機能をもつ。筋肉の動きをスムーズにするミックス粉「マッスル麺」という製品も。機能性の高い製品だが、いずれもたいへんおいしいのである。それがスゴイ！

PROFILE

1902年創業、1950年会社設立。香川県坂出市林田町4285-152に本社工場を置く。吉原良一社長は『だから「さぬきうどん」は旨い』、『さぬきうどんの真相を求めて』（ともに旭屋出版）を上梓。

ライフフーズ 株式会社

冷凍野菜のパイオニアとして、日本の冷凍野菜産業の創成期から主導的役割を果たしてきた。取り扱う商品は国内はもとより、海外は中国、台湾、東南アジアをはじめ、北米、中南米、欧州に至るまで世界各国に及ぶ。生活者のニーズにこたえるため、生産者と一体となって徹底した衛生管理と開発努力を重ねてきた。通年で実施している農業研修は、企業姿勢をよく表している。"農業研修だより"としてホームページにも公開しているが、この研修には、社員に実際に体感して生産者の立場で野菜を語れる、本当の"野菜のプロ"であってほしいとの思いを込めている。

冷凍カリフラワーライスの先駆け

欧米でRiced Cauliflowerとして定着している、カリフラワーを細かく刻んでごはんの代用品にするダイエット食が最近、日本でも普及しつつある。外食産業ではカリフラワーライスを使った手巻き寿司やカレーライスがメニューにあらわれはじめ、量販店の店頭にも冷凍カリフラワーライスが並びはじめている。その冷凍カリフラワーライスを日本市場に紹介する先駆けとなったのが、同社が2018年6月に発売した「カリフラ」だ。

カリフラはカリフラワーをダイスサイズよりも細かい3㎜に刻んで、ごはん風に仕立てている。白ご飯と比べて、糖質は16分の1、カロリーは6分の1（日本食品標準成分表より）と圧倒的に低く、ビタミンCやカリウムなどの栄養素も豊富なためダイエット食として優れている。

低糖質ダイエットブームを背景に、コメを主食とする日本では、コメの代用品として欧米以上に市場性が見込めると考えて商品化を決めた。ブロッコリーでも同種商品は作れるが、コメの代用として、白いカリフラワーしか商品化は考えなかったという。

欧米で市場が確立されている商品であることから、工場に特段の設備投資が不要なため、リスクが小さいことも商品化を後押しした。

最大の課題は日本ではまだ一般的に知られていない商品を、どのように売り込むかということだった。

「カリフラカレー」「カリフラ手巻き寿司」「カリフラリゾット」「桜えびと枝豆のカリフラご飯」——など、カリフラを使った多彩なメニューを開発し、そのメニュー集とともに提案を進めた。

その結果、問い合わせが殺到。全く新しい商品としては異例の反応の良さだった。それは現在、後発品が複数発売されていることからもわかる。

カリフラは業務用が主体だが、家庭用に自社ブランド展開している強みも生かして、市場への浸透を図る。

日本市場にいち早く冷凍カリフラワーライスを紹介したのは、冷凍野菜のパイオニアとしての面目躍如たるところ。矢野良一社長は「新たな食を提案できる商材を持てたことで、会社が一丸となって、どう売るかを考えた。営業のスキルアップにもつながったと思う」と話す。士気の高揚を含め、数字では測れない部分でも、先行者として得たものは大きかったのではないか。

PROFILE

1973年創業。本社（東京都中央区）、札幌・仙台・大阪に営業所、千葉・市川市にリパックセンターを有する。同センターは食品安全に係る国際標準規格ISO22000を取得し、管理を徹底。年間売上高132億円（2017年度）。

六甲バター 株式会社

六甲山麓に本社を構え、Q･B･Bブランドで知られる六甲バター。社名は、創業の品にちなむ。1948年、戦後の荒廃した神戸の街で「これからは平和だ」と平和油脂工業を創業。少量でも栄養価の高い食品を提供したいと、当時人造バターと呼ばれていたマーガリンの製造を始めた。学校給食を中心に普及し、1954年、商品名から現在の社名に変更した。1958年、豪州クイーンズランド州乳製品公団との出会いが転機となり、豪州チーズを輸入し、プロセスチーズの製造に踏み出した。目指すは、世界一のプロセスチーズメーカー。2019年春、新たな主力工場が誕生した。

神戸工場が誕生、目指すは世界一

日本におけるプロセスチーズの食文化に大きく貢献してきた。おいしくて栄養豊富なチーズを子どもたちの健康に役立てたい、食卓で手軽に楽しんでほしい。その思いから、世界で初めて発売したスティックチーズ、日本で初めて個包装を始めたスライスチーズ、圧倒的なシェアを誇るベビーチーズなどを世に送り出してきた。近年では「チーズデザート6P」シリーズが、チーズデザートのパイオニアとなった。

1972年に発売したベビーチーズは、現在、年間2億本以上の販売数となっている驚異的な商品だ。バラエティ展開により、定番9品に加え、プレミアム3品（うち1品期間限定）を揃え、販売は好調に伸びている。

2018年12月に70周年を迎えた同社。2019年4月、稲美工場に替わる新たな主力工場「神戸工場」（神戸市西区）が一部稼働を始めた。来年5月の全面稼働を目指す。需要増を受け、生産能力は稲美工場の約1.5倍（2014年比）の約4万tに拡大。建屋内の増設スペースに加えて将来の拡張増築にも対応できる建屋設計とした。将来的なプロセスチーズの需要増も視界に入っている。

新工場は、同社プロセスチーズの製造技術を結集した。IOT、AIなどの技術を導入し、製造履歴管理や生産性の向上に努めた。また、稲美工場の生産設備だけでなく、技術開発研究所と品質保証部門を移設。企画・開発、製造、品質の一体型体制が実現した。

世界一のプロセスチーズメーカーを標ぼうする同社。開発主導型のメーカーとして、チャレンジしつづける。

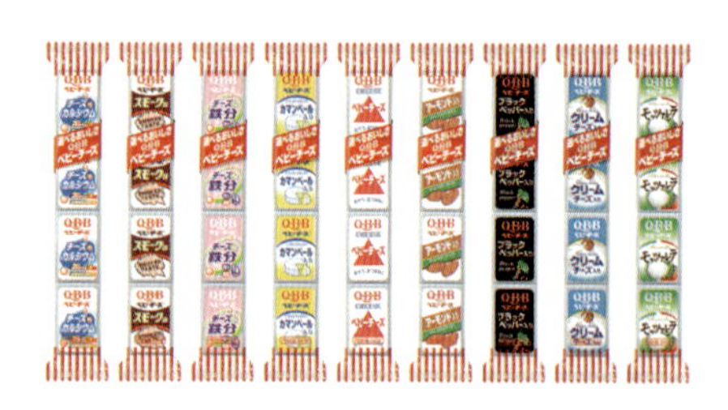

神戸市立王子動物園と美術館にほど近い、心和むエリアに本社がある。そんな六甲バターは、海外事業にも力を入れている。2018年11月、インドネシアの三菱商事との合弁会社においてチーズの製造販売を本格的に始めた。インドネシアの流通形態に対応し、常温チーズを展開。また、韓国においてQ･B･Bチーズ製品の本格販売を始めた。今後が注視される。

PROFILE

1948年12月13日設立。本社（神戸市中央区）、3支店（東京、大阪、名古屋）、3工場（神戸、稲美、長野）。正規従業員数405人（2018年12月）。チーズのほか、ナッツ、スイス「リンツチョコレート」（輸入販売）を手掛ける。

カバーイラスト・デザイン　Murgraph

おいしいはおもしろい
ニッポンの食をささえる素敵な会社

発行日　2019年5月31日 第1刷発行
編　者　食品産業新聞社
発行者　馬上直樹
発行所　食品産業新聞社
〒110-0015
東京都台東区東上野2-1-11サンフィールドビル
（大代表）03-6231-6091
本文デザイン　トーヨー企画
印刷所　昭和誠輝堂

ISBN978-4-87990-020-3
Printed In Japan